KB230804

메카트로닉스에 의한
전자회로 기초

工學博士 西堀賢司 著 · 月刊 電氣技術 編輯部 譯

전자 부품의 기초 지식	디지털 회로에 대한 수의 표현
디지털 회로의 기초	디지털 IC의 기초	디지털 회로의 응용
마이크로컴퓨터의 기초	컴퓨터와 기계간의 인터페이스
아날로그 IC의 기초	측정기

메카트로닉스에 의한 전자회로기초

Original edition
Fundamentals of Electronic Circuits for Mechatronics
written by Kenji Nishibori
Copyright ⓒ 1997 by Kenji Nishibori
published by CORONA PUBLISHING CO., LTD.

Korean language edition published by Seong An Dang, Inc.
Copyright ⓒ 1997 by Seong An Dang, Inc.

All rights reserved. No part of this publication may be
reproduced, stored in a retrieval system, or transmitted, in
any form or by any means, electronic, mechanical, photo-
copying, recording, or otherwise, without the prior written
permission of the publisher.

이 책의 어느 부분도 성안당 발행인의 서면 동의 없이는 재제본하거나 재생
시스템을 사용한 복제, 보관, 전기적, 기계적 복사, DTP에의 도움, 녹음 또
는 향후 개발될 어떠한 복제 매체를 통해서도 전용할 수 없습니다.

한국어판 판권 소유 : 도서출판 성안당
ⓒ 1997~2011. 도서출판 성안당 Printed in Korea

간행사

마이크로 일렉트로닉스의 등장으로, 기계기술과 전자기술의 융합이 가능해짐에 따라 항공기, 자동차, 산업용 로봇, 공작기계, 재봉틀, 카메라 등 다수의 기계가 지능화, 시스템화, 통합화되어, 소위 메커트로닉스 제품으로 변모하고 있다. 메커트로닉스 (Mechatronics)란 이 같은 메커트로닉스 제품의 설계·제조의 기초를 이루는 새로운 공학을 말한다.

이 시리즈는 메커트로닉스를 체계적이면서 평이하게 해설하는 것을 목적으로 하여 기획되었다.

메커트로닉스는 발전도상의 공학이기 때문에 그 학문체계를 어떻게 생각할 것인가, 메커트로닉스를 배우기 위한 커리큘럼은 어떠해야 할 것인가에 대해서 완벽하게 확립되어 있는 것은 아니다. 본 시리즈의 기획에 임해서는 이들 문제에 대해 메커트로닉스의 각 분야를 전문으로 하는 편집위원들이 오랜 동안 논의를 거듭했다. 필자를 포함해 필자가 소속되어 있는 나고야 대학 전자기계공학과에서 현재의 커리큘럼에 귀착하기까지 추진해 온 논의 내용들이, 여기서 다른 멤버들간에 재현되는 것을 보는 것은 매우 흥미로운 일이었다. 본 시리즈는 여기서 얻은 결론에 따라, 그리고 책의 권수가 과다해지지 않도록 각 권의 테마·내용을 엄선하여 구성했다.

본 시리즈에 의해 메커트로닉스의 기본기술에서 메커트로닉스 제품의 실제문제에까지 메커트로닉스의 주요한 부분은 커버될 것으로 확신한다. 한편 메커트로닉스의 기본이 되는 기계공학 부분은 필요에 따라 기계계통 대학 강의시리즈(코로나사 간행) 등으로 보완하면 메커트로닉스 엔지니어로서의 필요사항은 모두 망라될 것으로 생각한다.

메커트로닉스를 기초부터 배우기 원하는 전자기계·정밀기계 등 기계관련의 학생·기술자들은 이 시리즈를 애독해 주기 바란다. 또 메커트로닉스 교육에 종사하는 사람들에게도 이 시리즈가 참고가 되길 바라는 마음이다.

급속히 발전해나가고 있는 메커트로닉스의 장래에 대응해, 이 시리즈도 계속적으로 발전시켜 나갈 생각이므로, 각 권에 관한 의견이나 시리즈의 구성에 관해 좋은 의견을 갖고 있다면 보내주기 바란다.

편집위원장 安 田 仁 彦

  메커트로닉스(mechatronics)는 기계공학(메커닉스 : mechanics)과 전자공학(일렉트로닉스 : electronics)의 경계 영역을 다루는 기술로, 기계제품의 일렉트로닉스화나 컴퓨터에 의한 기계의 지능(인텔리전트 : intelligent)화, 로봇 등의 제어기술로 대표된다.

  집적회로(IC)의 등장에 따라, 현재는 기계기술자가 전기·전자공학에 관한 고도의 지식과 경험이 없이도 고성능의 전자장치를 단기간에 저가격으로 제작할 수 있는 시대가 되었다. 또 컴퓨터의 보급에 따라, 하드웨어인 기계에 소프트웨어가 조합됨으로써 기계기술자들에게 커다란 변혁을 초래했다. 앞으로 기계계통 기술자들은 컴퓨터를 포함한 전자기술 도입의 필요성을 점점 더 실감하게 될 것이다.

  이상과 같은 배경에 따라, 오늘날에는 디지털 IC 중심의 집적회로를 이용한 전자장치의 설계·제작, 컴퓨터를 조합하여 기계를 지능화하기 위한 인터페이스의 설계·제작 등이 기계·전자기계 관련 학생·기술자가 습득해 두어야 할 기초기술이 되고 있다.

  이 책은 기계공학과의 학생을 대상으로 강의하면서 그 연구 과정에서 다양한 회로를 제작함으로써 얻은 경험을 바탕으로 정리한 것이다. 집필에 있어서는 특히 다음과 같은 점에 유의했다.

❶ 기계·전자기계 계통의 학생·기술자가 메커트로닉스 회로를 배우는 데 있어 필수적일 것으로 생각되는 내용에 중점을 두었다.
❷ 전자기술의 기초를 실제로 설계·제작하는 측에 서서 평이하게 해설했다.
❸ 단편적인 전자부품의 지식만으로는 실제적인 사용법을 배울 수 없기 때문에, 각 부품을 조합한 실용적 회로를 많이 취급해 실천적인 기술을 체득할 수 있도록 했다.
❹ 기초적인 이해를 심화하기 위해 그림이나 예제를 많이 넣고 연습문제를 추가했다.

  이 책은 전 9장으로 구성되어 있다. 제1장에서는 기초적인 전자부품의 기초지식으로서 저항, 콘덴서, 코일, 다이오드, 트랜지스터의 특성과 사용법에 대해 개략적으로 설명하고 있다. 제2장에서는 디지털 회로에서의 수에 대한 표현방식인 2진수, 16진수, BCD 코드에 대해 기술했다. 제3장에서는 디지털 회로의 기초로서 논리회로를 이해하기 위한 기본적인 사항을 설명했으며, 제4장에서는 디지털 IC의 기초로서 실제적으로 많이 사용되고 있는 TTL과 C-MOS에 관한 기초지식을, 제5장에서는 디지털 회로의 응용으로서 플립플롭이나 카운터, 디코더 등 실용적인 IC나 회로에 대해 설명하고 있다. 제6장에서는 마이크로컴퓨터의 기초지식으로서 마이컴의 구성이나 버스의 역할 등에 대해 기술했고, 제7장에서는 컴퓨터와 기계의 인터페이스로서 병렬입출력 인터페이스를 중심으로 응용 예를 들어 설명했다. 제8장에서는 아날로그 IC의 기초로서 OP 앰프의 특성 및 사용법을 기술했으며, 마지막으로 제9장에서는 회로의 동작을 확인하는 측정기로서 테스터와 오실로스코프의 사용법을 개략적으로 설명했다.

한편, 이 책의 구성에는 많은 저서와 자료들을 여러모로 참고했는데, 이들 저자에 대해 깊은 감사의 뜻을 표하는 바이며, 또 본서 원고의 검토를 통해 유익한 지적과 조언을 해주신 大同공업대학 杉本利孝 교수와 도요타자동차(주)의 黑須則明씨에게도 충심으로 감사드린다.

마지막으로 이 책을 출판할 기회를 주신 나고야 대학의 安田仁彦 교수 및 간행에 힘써주신 (주)코로나사의 모든 관계자들에게 진심으로 감사드린다.

西 堀 賢 司

차 례

제 1 장 전자 부품의 기초 지식

제 2 장 디지털 회로에 대한 수의 표현

제 3 장 디지털 회로의 기초

제 4 장 디지털 IC의 기초

제 5 장   디지털 회로의 응용

제 6 장 마이크로컴퓨터의 기초

제 7 장 컴퓨터와 기계간의 인터페이스

제 8 장 아날로그 IC의 기초

제 9 장 측 정 기

전자 부품의 기초 지식

　기본적인 전자 부품으로서 에너지원을 가지고 있지 않은 저항, 콘덴서, 코일(inductor)은 수동 소자라 부르며, 반도체의 다이오드나 트랜지스터는 능동 소자라 부른다. 이들 전자 부품은 아날로그 회로나 디지털 회로에 없어서는 안되는 것이며, 집적도를 높인 마이크로 컴퓨터의 주변 회로에도 사용되기 때문에 각 부품의 특성과 사용 방법에 관한 기초 지식을 알아 둘 필요가 있다.

1.1 저 항

　저항(resistance)은 전류의 흐름을 제어하는 것이다. 저항을 얻기 위해 사용하는 부품을 저항기(resistor)라 부른다.

1.1.1 저항의 특성

〔1〕옴의 법칙
　〔그림 1.1〕과 같이 저항 $R[\Omega]$에 전압 $V[V]$를 가하면 R에 흐르는 전류 $I[A]$는 잘 알고 있는 옴의 법칙(Ohm's law)에 의해 다음 식으로 표시된다.

$$I = \frac{V}{R} \quad\cdots\cdots\cdots\cdots\cdots\cdots\cdots\cdots\cdots\cdots\cdots\cdots\cdots\cdots (1.1)$$

이 때 저항기에서 소비되는 전력 $P[W]$는 다음 식으로 구할 수 있다.

$$P = IV = I^2 R \quad\cdots\cdots\cdots\cdots\cdots\cdots\cdots\cdots\cdots\cdots\cdots\cdots (1.2)$$

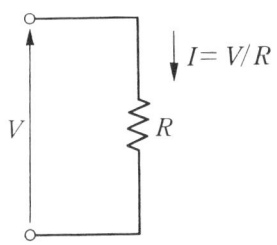

그림 1.1 옴의 법칙

【예제】 **1.** 저항 $R=100[\Omega]$에 전압 $V=5[\text{V}]$를 가할 때 흐르는 전류 I와 소비 전력 P를 구하여라.

해답 흐르는 전류 $I=V/R=5/100=0.05[\text{A}](=50[\text{mA}])$이며, 소비 전력은 $P=IV=0.05\times 5=0.25[\text{W}](=1/4[\text{W}])$가 된다.

[2] 교류에 대한 특성

[그림 1.2]와 같이 교류 전압 $v(t)=V\sin\omega t$가 저항 R에 공급되면 저항을 흐르는 전류 $i(t)$는 다음 식으로 표시된다.

$$i(t)=\frac{v(t)}{R}=\frac{V}{R}\sin\omega t \quad\text{(1.3)}$$

순저항을 흐르는 전류 $i(t)$와 전압 $v(t)$의 시간적인 관계는 [그림 1.3]과 같다. 즉 둘에 위상(phase)의 차는 없고, 동상(inphase)이라고 한다. 이 성질을 이용하여 회로의 전류 위상을 저항의 단자간 전압에서 조사할 수 있다.

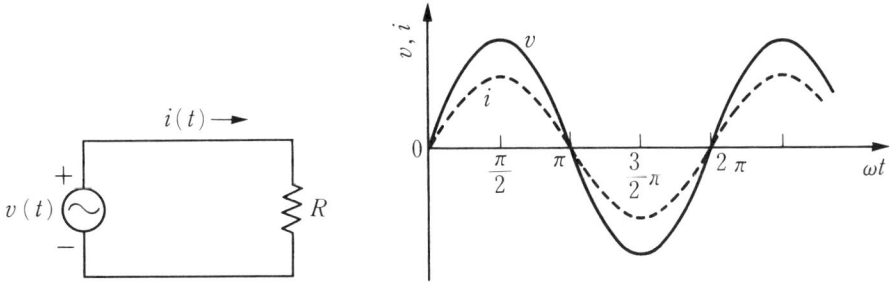

그림 1.2 교류 회로에 대한 저항   그림 1.3 저항에 대한 교류 전압과 전류의 위상 관계

1.1.2 저항기의 종류

전자 회로에 사용되는 저항기는 크게 고정 저항기(fixed resistor)와 가변 저항기(variable resistor)로 나누며, 회로도에 사용되는 기호는 [그림 1.4]와 같다. (a)는 고정 저항기이며, (b)는 가변 저항기를 나타낸다. 회로에서는 일반적으로 옴$[\Omega]$의 단위를 생략하는 경우가 많다.

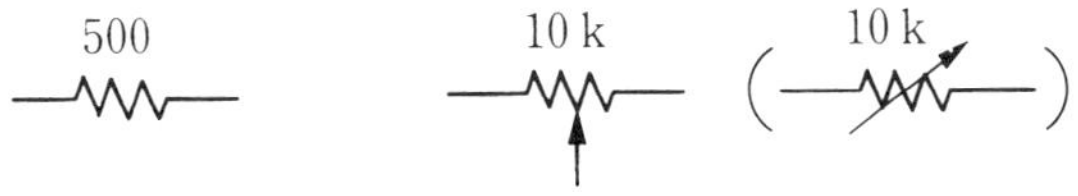

(a) 고정 저항기($500\,\Omega$)   (b) 가변 저항기($10\,\text{k}\Omega$)

그림 1.4 저항기의 기호

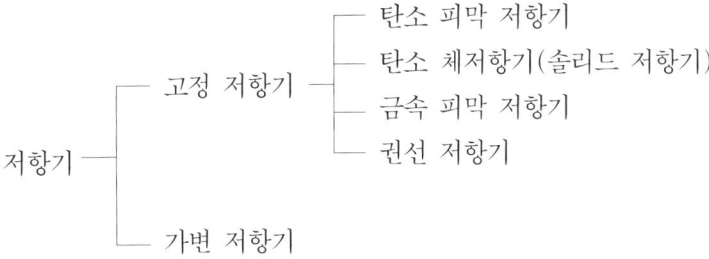

〔1〕 고정 저항기와 컬러 코드

　탄소 피막 저항기(carbon film resistor)는 카본 저항기라고도 부르며, 가격과 성능 면에서 일반용 저항기의 주류를 이루고 있다. 탄소 체저항기(carbon solid resistor)는 일반적으로 솔리드 저항기라 부르며, 탄소 가루와 수지를 혼합하여 만든 것으로서 악조건 하에서 사용해도 강하지만 특성은 탄소 피막 저항기보다 약간 떨어진다. 금속 피막 저항기(metal film resistor)는 온도에 의한 저항 변화가 적어서 고정도를 요구하는 회로에 사용된다. 권선 저항기(wire wound resistor)에는 정밀용으로 전력용이 있다. 전력용 으로는 케이스를 시멘트로 충진시킨 시멘트 저항기(cement resistor)가 흔히 사용된다.

표 1.1 저항의 컬러 코드

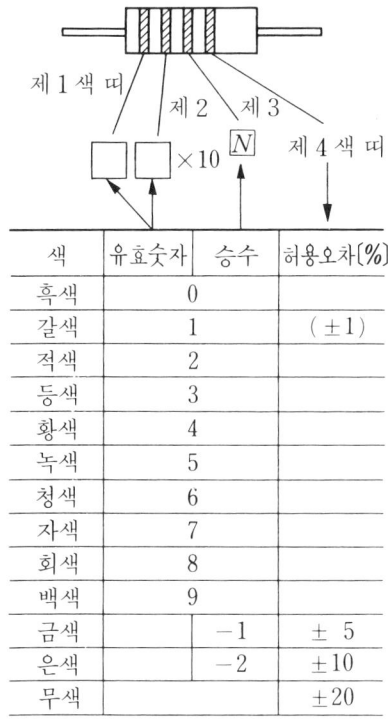

색	유효숫자	승수	허용오차[%]
흑색	0		
갈색	1		(±1)
적색	2		
등색	3		
황색	4		
녹색	5		
청색	6		
자색	7		
회색	8		
백색	9		
금색		−1	±5
은색		−2	±10
무색			±20

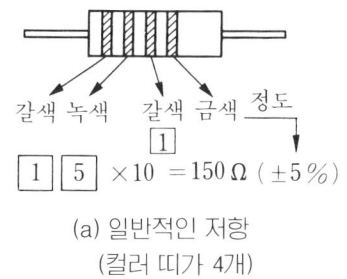

(a) 일반적인 저항
(컬러 띠가 4개)

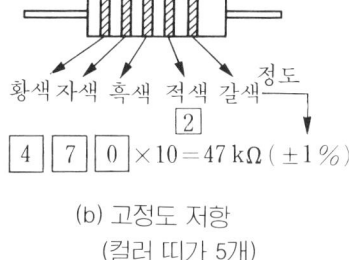

(b) 고정도 저항
(컬러 띠가 5개)

그림 1.5 저항 컬러 코드의 예

전자 회로에 흔히 사용되는 저항기는 1/4〔W〕(또는 1/2〔W〕)의 탄소 피막 저항기이며, 동체에 저항값이 컬러 코드(color code)로 표시되어 있다. 따라서 저항을 사용하기 위해서는 반드시 컬러 코드를 알아야 한다. 컬러 코드 보는 방법은 〔표 1.1〕과 같다. 유효 숫자와 승수를 읽으면 저항값을 알 수 있다. 일반적으로 사용되는 저항기는 컬러 띠가 4개이며, 허용 오차(tolerance)가 ±5〔%〕인 것이 많다. 특별히 정도를 필요로 하는 경우에는 금속 피막형의 정도가 ±1〔%〕인 것이 사용된다. 이 경우에는 컬러 띠가 5개이며, 4개의 것보다 유효 숫자가 1개 증가한다.

【예제】 2. 〔그림 1.5〕에 있는 저항기의 컬러 코드에서 저항값을 읽어라.

〔해답〕 (a)는 컬러 띠가 4개이므로 제1, 제2 색띠에서 유효 숫자는 15이고 승수 $N=1$이므로 저항값은 $15 \times 10^1 = 150$〔Ω〕(정도 ±5〔%〕)이다. (b)는 컬러 띠가 5개이므로 저항값은 $470 \times 10^2 = 4.7$〔kΩ〕(정도 ±1〔%〕)이다.

저항값을 컬러 코드로 표시하지 않고 3자리의 숫자로 표시하는 방법도 있다. 예를 들면 "502 J"에서 숫자 502는 $50 \times 10^2 = 5$〔kΩ〕을 나타내며, 기호 J는 정도가 ±5〔%〕인 것을 나타낸다.

일반적으로 구입하기 쉬운 저항값은 〔표 1.2〕에 나타낸 E 24 계열로 유효 숫자는 허용 오차를 고려하여 등비 급수적으로 되어 있다.

표 1.2 저항값의 종류

계열	저항값 ($\times 10^N$ Ω)						허용 오차
E 6	1.0	1.5	2.2	3.3	4.7	6.8	±20%
E12	1.0	1.5	2.2	3.3	4.7	6.8	±10%
	1.2	1.8	2.7	3.9	5.6	8.2	
E24	1.0	1.5	2.2	3.3	4.7	6.8	± 5 %
	1.1	1.6	2.4	3.6	5.1	7.5	
	1.2	1.8	2.7	3.9	5.6	8.2	
	1.3	2.0	3.0	4.3	6.2	9.1	

〔2〕 저항 네트워크

1개의 용기(package)에 여러 개의 저항체를 내장하여 IC 칩의 단자를 가진 부품을 저항 네트워크(network resistor) 또는 집합 저항이라 부르며, SIP(Single In-line Package)형과 IC 타입의 DIP(Dual In-line Package)형이 있다.

〔그림 1.6〕은 저항 네트워크의 예와 그 내부 구조를 나타낸 것이다. 이들은 프린트 기판에 장착하기 쉽고 여러 개 저항의 특성이 같을 때 사용된다. 이들 저항값은 컬러 코

드가 아닌 3자리의 숫자로 표시된다. 예를 들면 "332 J"는 1개의 저항값이 $33 \times 10^2 = 3.3[k\Omega]$ (정도 $\pm 5[\%]$)임을 나타낸다. 또 공통(common) 단자는 칩 표면에 점 표시가 있다.

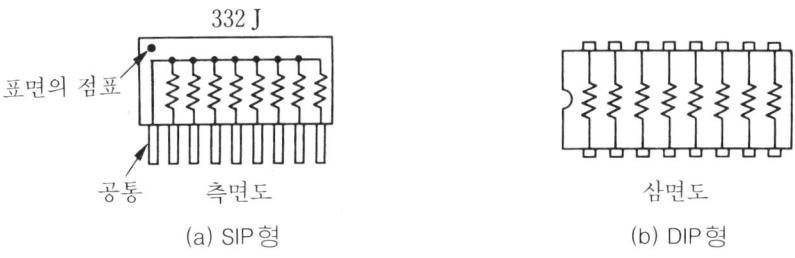

그림 1.6 저항 네트워크의 예와 내부 구조

〔3〕가변 저항기

〔그림 1.7〕은 대표적인 3단자형의 가변 저항기를 나타낸 것이다. 단자 1, 3 사이의 저항값이 공칭값이다. 축(shift)을 시계 방향(CW : Clock Wise)으로 회전시키면 단자 1, 2 사이의 저항값이 $0[\Omega]$부터 규정값까지 연속적으로 가변된다. 회전각에 대한 저항값의 변화가 직선적이며, 10회전이나 20회전의 다회전형으로 바니어 다이얼(vanier dial)을 가진 것도 있다. 다음에서 설명할 전압을 분압할 목적으로 사용되는 가변 저항기는 일반적으로 포텐셔미터(potentiometer)라 부른다.

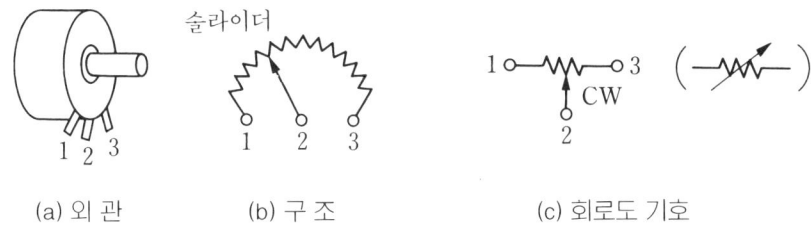

그림 1.7 가변 저항기

〔그림 1.8〕에 나타낸 것은 소형으로서 프린트 기판상에 사용되는 것을 트리머 (trimmer)라 부르며, 마이너스 드라이버 등으로 미조정 된다. 또 한번 조정한 후 접착제 등으로 고정한 것도 있으며 반고정 저항기(semifixed resistor)라고도 부른다. 반고정 저항기를 사용하여 미조정하는 경우는 전체의 가변 범위를 될 수 있는 한 좁게하는 경우이다.

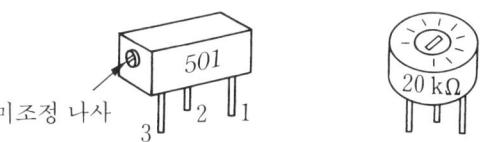

그림 1.8 프린트 기판상에서 사용하는 트리머 종류

1.1.3 저항의 기능

저항의 2가지 기능은 전류 제한과 전압의 분할(분압)이다.

〔1〕합성 저항

① 직렬 접속 : 저항을 〔그림 1.9(a)〕와 같이 직렬로 접속하면 합성 저항(resultant resistance)의 값 R은 다음과 같이 각 저항값의 합이 된다.

$$R = R_1 + R_2 \quad\text{(1.4)}$$

② 병렬 접속 : 저항을 〔그림 1.10〕과 같이 병렬로 접속하면 각 저항의 단자간 전압 V는 똑같으며, 각 저항을 흐르는 전류는 분류된다. 각 전류의 값은 옴의 법칙에 의해 다음과 같다.

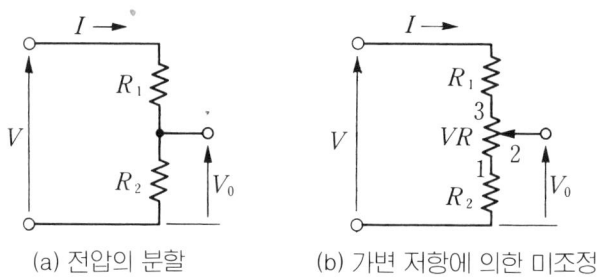

(a) 전압의 분할   (b) 가변 저항에 의한 미조정

그림 1.9 저항의 직렬 접속

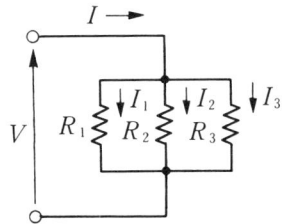

그림 1.10 저항의 병렬 접속

$$I_1 = \frac{V}{R_1} , \quad I_2 = \frac{V}{R_2} , \quad I_3 = \frac{V}{R_3} \quad\text{(1.5)}$$

각 전류의 합이 전류 I가 되므로 다음 식과 같다.

$$I = I_1 + I_2 + I_3 \quad\text{(1.6)}$$

두 식에 의해 합성 저항 $R(=V/I)$는 다음 식으로 구할 수 있다.

$$\frac{1}{R} = \frac{1}{R_1} + \frac{1}{R_2} + \frac{1}{R_3} \quad\text{(1.7)}$$

즉, 저항의 병렬 접속에서는 합성 저항의 역수는 각 저항값의 역수의 합과 같다.

〔2〕 전압의 분할

〔그림 1.9(a)〕에 표시한 저항의 직렬 접속 회로에서는 각 저항에 흐르는 전류 I는 일정하며, 옴의 법칙에서 각 저항에 의해 전압이 분할(분압)된다. 저항 R_2에 의해서 분압된 전압 V_0는 다음과 같다.

$$V_0 = \frac{R_2}{R_1 + R_2}\ V \ \cdots\cdots\cdots\cdots\cdots\cdots\cdots\cdots\cdots\cdots\cdots\cdots\cdots\cdots\cdots (1.8)$$

이 분압 전압 V_0를 미조정 할 경우에는 〔그림 1.9(b)〕와 같이 가변 저항을 넣는다. 이 접속에서는 가변 저항의 축을 오른쪽으로 돌리면 전압 V_0는 증가한다.

【예제】 3. 기준 전압 10.0〔V〕를 만들기 위해 〔그림 1.11(a), (b)〕에 나타낸 방법을 사용할 경우 전압 V_a, V_b가 가변되는 범위를 구하여라.(단, 고정 저항은 $R_1 = 4.7$〔kΩ〕, $R_2 = 10$〔kΩ〕, 가변 저항은 $VR = 1$〔kΩ〕이다.)

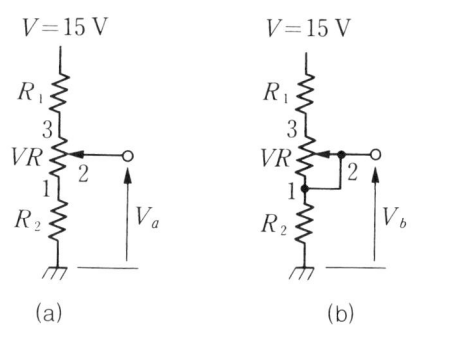

그림 1.11 가변 저항의 접속법

해답 ① (a)의 방법에서 전압 V_a의 최대값, 최소값은 다음과 같다.

$$V_{a(\max)} = \frac{VR + R_2}{R_1 + VR + R_2}\ V = \frac{11}{15.7} \times 15 = 10.5 \text{〔V〕}$$

$$V_{a(\min)} = \frac{R_2}{R_1 + VR + R_2}\ V = \frac{10}{15.7} \times 15 = 9.6 \text{〔V〕}$$

∴ $V_a = 9.6 \sim 10.5$〔V〕로 가변 범위는 0.9〔V〕가 된다.

② (b)의 방법에서는 가변 저항의 단자 2와 1이 접속되어 있으므로 다음과 같다.

$$V_{b(\max)} = \frac{R_2}{R_1 + R_2}\ V = \frac{10}{14.7} \times 15 = 10.2 \text{〔V〕}$$

$$V_{b(\min)} = \frac{R_2}{R_1 + VR + R_2}\ V = V_{a(\min)} = 9.6 \text{〔V〕}$$

∴ $V_b = 9.6 \sim 10.2$〔V〕로 가변 범위는 0.6〔V〕가 된다.

이 결과에서 알 수 있는 바와 같이 가변 저항을 (b)와 같이 접속하여 사용하면 전압의 미조정이 보다 세밀하게 된다. 단 각 저항을 흐르는 전류는 조정에 따라 변화한다.

1.2 콘덴서

콘덴서(condenser)는 전하(charge)를 축적하는 성질을 가진 소자이며, 저항과 함께 전자 회로에서 중요한 역할을 한다.

1.2.1 콘덴서의 특성

〔1〕 정전 용량

콘덴서의 단자에 직류 전압 V를 가하면 콘덴서에 축적되는 전하량 Q〔C : coulunm〕는 다음 식으로 주어진다.

$$Q = CV \quad\text{(1.9)}$$

여기서 C는 콘덴서의 정전 용량(electrostatic capacity)이며, 단위는 F(Farad)이다. 실제의 사용에서는 μF(microfarad), pF(picofarad)의 단위가 흔히 사용되며, 회로도에는 F를 생략하는 경우가 많다. 단위의 관계는 다음과 같다.

$$1\mu\text{F} = 10^{-6}\text{F}, \quad 1\text{pF} = 10^{-6}\mu\text{F} = 10^{-12}\text{F} \quad\text{(1.10)}$$

〔2〕 콘덴서의 합성 용량

① 직렬 접속 : 〔그림 1.12(a)〕와 같이 정전 용량 C_1, C_2, C_3의 콘덴서를 직렬 접속한 경우의 합성 용량 C를 생각해 보자. 각 콘덴서에 축적된 정하량 Q는 정전 유도 작용에 의해 같게 되기 때문에 각 콘덴서의 단자간 전압은 다음과 같다.

$$V_1 = \frac{Q}{C_1} , \quad V_2 = \frac{Q}{C_2} , \quad V_3 = \frac{Q}{C_3} \quad\text{(1.11)}$$

전체의 전압 $V = V_1 + V_2 + V_3$에 식(1.11)을 대입하면 다음과 같다.

$$V = \left(\frac{1}{C_1} + \frac{1}{C_2} + \frac{1}{C_3} \right) Q \quad\text{(1.12)}$$

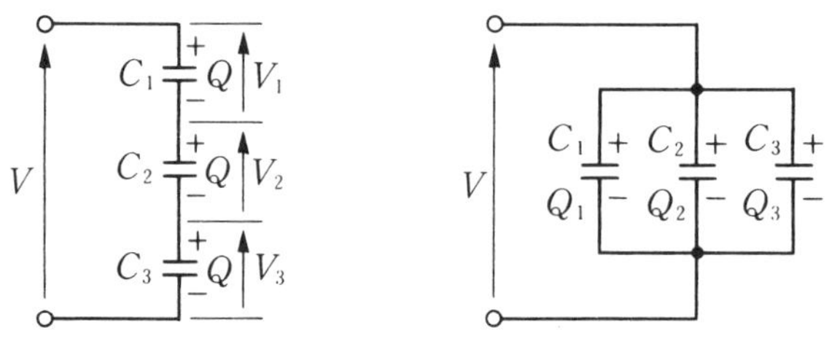

(a) 직렬 접속   (b) 병렬 접속

그림 1. 12 콘덴서의 합성 용량

합성 용량 C에 대해 $Q=CV$의 관계에서 다음 식을 얻는다.

$$\frac{1}{C} = \frac{1}{C_1} + \frac{1}{C_2} + \frac{1}{C_3}$$ ·· (1.13)

② 병렬 접속 : 〔그림 1.12(b)〕와 같이 콘덴서를 병렬 접속하면 각 콘덴서의 단자간 전압 V는 같지만 각각의 전하량은 다음과 같다.

$$Q_1 = C_1 V, \quad Q_2 = C_2 V, \quad Q_3 = C_3 V$$ ···································· (1.14)

전체의 전하량 Q는

$$Q = Q_1 + Q_2 + Q_3 = (C_1 + C_2 + C_3)V$$ ································· (1.15)

따라서 합성 용량 C는 다음과 같다.

$$C = \frac{Q}{V} = C_1 + C_2 + C_3$$ ··· (1.16)

이와 같이 콘덴서의 직렬과 병렬의 접속에 의한 합성 용량의 관계식은 저항 합성 경우의 역이 된다.

〔3〕 교류에 대한 특성

【예제】 4. 〔그림 1.13(a)〕와 같이 콘덴서에 교류 전압 $v(t) = V\sin\omega t$를 공급할 때 전류 $i(t)$와 공급 전압 $v(t)$의 관계를 그림으로 나타내어라.

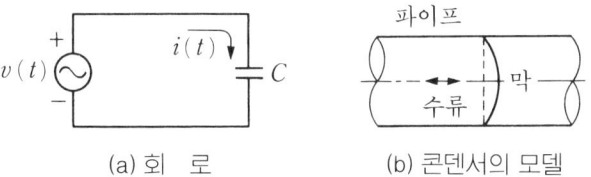

(a) 회　로　　　　　　(b) 콘덴서의 모델

그림 1. 13　교류 회로에 대한 콘덴서

콘덴서의 전하량 $Q(t)$는

$$Q(t) = Cv(t) = CV\sin\omega t$$ ··· (1.17)

따라서 흐르는 전류 $i(t)$는 다음과 같다.

$$i(t) = \frac{dQ}{dt} = \omega CV\cos\omega t = \omega CV\sin\left(\omega t + \frac{\pi}{2}\right)$$ ························· (1.18)

이것에 의해 전류 $i(t)$는 공급 전압 $v(t)$보다 $\pi/2(90°)$만큼 위상이 빠름을 알 수 있다. 시간적인 관계를 그림으로 나타내면 〔그림 1.14〕와 같다.

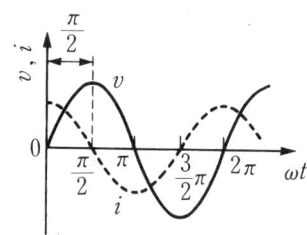

그림 1. 14　콘덴서에 대한 교류 전압과 전류의 위상 관계

전류 $i(t)$와 전압 $v(t)$의 실효값을 각각 I_{rms}, V_{rms}라 하면 식(1.18)은 다음과 같이 바꿔 쓸 수 있다.

$$I_{rms} = \frac{V_{rms}}{X_c} \quad\text{(1.19)}$$

여기서, X_c는 다음과 같다.

$$X_c = \frac{1}{\omega C} = \frac{1}{2\pi f C} \, [\Omega] \quad\text{(1.20)}$$

이것을 용량 리액턴스(capacitive reactance)라 부르며 콘덴서가 교류 전류에 대해 나타내는 저항에 해당된다. X_c의 값은 주파수 f가 높아질수록 작아지므로 콘덴서는 직류는 통과시키지 못하지만 교류는 잘 통과시킴을 알 수 있다.

콘덴서는 [그림 1.13(b)]와 같이 파이프 내의 맥동류(전류)에 의해 수압(전압)을 전파하는 막으로 보면 이해하기 쉽다.

1.2.2 콘덴서의 종류

[1] 콘덴서의 분류

대표적인 콘덴서를 분류하면 다음과 같다.

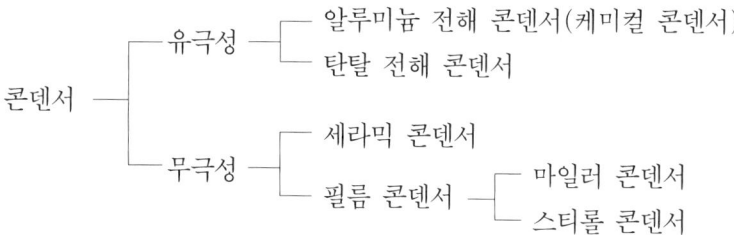

① 알루미늄 전해 콘덴서(aluminum electrolytic condenser)와 탄탈(tantalum) 전해 콘덴서 : 극성(플러스와 마이너스)이 있지만, 세라믹 콘덴서나 필름 콘덴서에는 없다. 알루미늄 전해 콘덴서는 간단히 전해 콘덴서라고도 부르며, 일반적으

로 가격이 싸고 대용량이기 때문에 전원 평활 회로를 위시하여 널리 사용되고 있다. 그러나 누설 전류가 크고 고주파 특성이 좋지 않다. 시정수 회로 등 고성능을 요구하는 경우에는 탄탈 전해 콘덴서가 사용된다.

② 세라믹 콘덴서(ceramic condenser) : 세라믹을 유전체로 한 것으로서 가격이 싸서 고주파의 바이어스용이나 잡음 방지 등에 널리 사용된다. 온도에 의한 용량 변화가 크고, 수 십〔%〕까지도 변화하므로 용량의 정도를 필요로 하지 않는 곳에서만 사용된다.

③ 필름 콘덴서(film condenser) : 절연 필름을 전극박에 감은 것으로서 콘덴서로서의 성능이 우수하다. 폴리에스테르(polyester) 필름을 사용한 것은 마일러(Mylar)콘덴서라 부르며 널리 사용되고 있다. 폴리스티롤(polystyrol) 필름을 사용한 스티롤 콘덴서는 온도 변화가 대단히 작으므로 시정수 회로 등 정도가 필요한 경우에 사용된다.

〔2〕 콘덴서의 표시 방법

〔그림 1.15〕는 대표적인 콘덴서와 그 표시 방법을 나타낸 것이다. (a)의 알루미늄 전해 콘덴서는 외형이 비교적 크므로 정전 용량이 μF의 단위로 직접 인쇄되어 있다. 극성의 구별을 위해 마이너스($-$)의 표시가 인쇄되어 있으며, 직류 전압이 높은 쪽에 플러스를 접속한다. 플러스와 마이너스를 반대로 접속하면 전해 콘덴서가 파손되므로 주의한다. 회로도의 기호에는 극판 사이에 사선을 그어 극성을 나타낸다. 내압(역내압)은 사용할 전압의 2~3배로 선택한다.

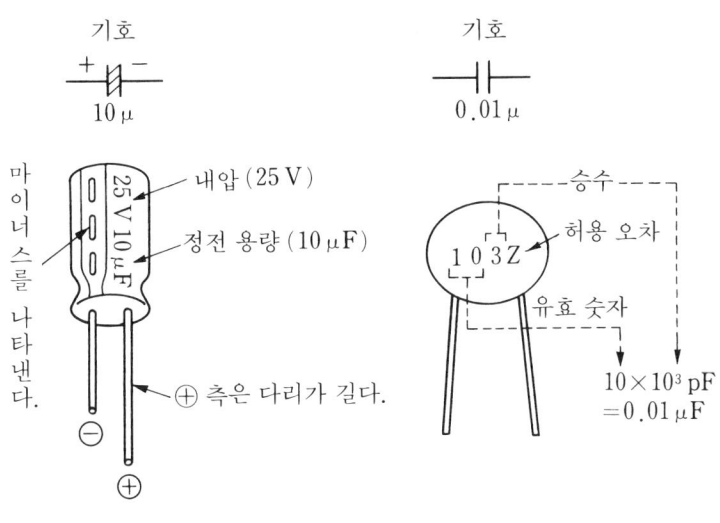

(a) 알루미늄 전해 콘덴서   (b) 세라믹 콘덴서

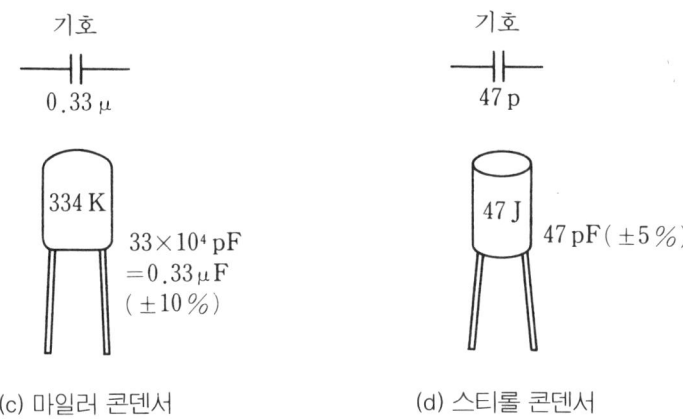

그림 1. 15 대표적인 콘덴서와 표시 방법

 (b)의 세라믹 콘덴서나 (c), (d)의 필름 콘덴서는 소용량의 것이 많고, 용량은 컬러 코드로 표시하지 않는 저항과 똑같이 3자리의 숫자로 표시한다. 단위는 pF이다. 이들 콘덴서에는 극성의 구별은 없고 회로도에도 극성은 기입하지 않는다. 〔표 1.3〕은 기호로 나타낸 용량의 허용 오차(정도)이다.

표 1.3 콘덴서의 용량 허용 오차(일부)

기 호	F	G	J	K	M	N	Z
허용 오차 〔%〕	± 1	± 2	± 5	±10	±20	±30	+80 −20

【예제】5. 〔그림 1.15(b), (d)〕의 콘덴서의 정전 용량과 허용 오차를 나타내어라.

 해답 앞의 2자리가 유효 숫자이고, 세번째 자리가 승수를 나타낸다. (b)의 「103 Z」는 용량이 $10 \times 10^3 = 10^4$〔PF〕$= 0.01$〔μF〕이며, 기호 Z는 〔표 1.3〕에서 허용 오차 $+80$〔%〕~ -20〔%〕를 나타낸다. 용량이 100〔pF〕미만의 콘덴서에서는 용량을 그대로 수치로 표시하므로 「47 J」는 47〔pF〕(± 5〔%〕)를 나타낸다.

1.2.3 콘덴서의 기능

〔1〕일시적인 충전기

 ① 적분 회로 : 전하를 축적하는 콘덴서 C와 전류를 제어하는 저항 R로 〔그림 1.16(a)〕와 같이 구성한 회로를 RC 적분 회로라 부른다. 〔그림 1.16(b)〕는 적분 회로의 펄스(pulse) 입력에 대한 응답의 개략을 나타낸 것이다.

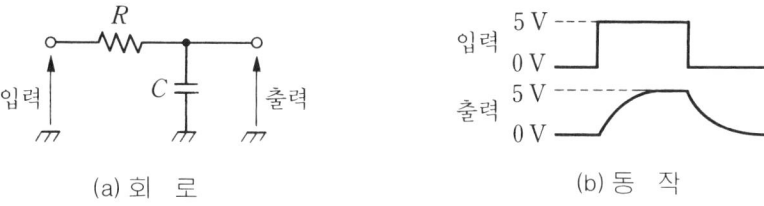

(a) 회 로   (b) 동 작

그림 1. 16 *RC* 적분 회로

〔그림 1.17(a), (b)〕는 *RC* 적분 회로의 스텝(step) 입력 전압 *V*의 상승(rise time)과 하강(fall time)에 대한 출력 전압의 변화를 나타낸다. 〔그림 1.17(a)〕의 신호에 대한 출력 전압 $V_u(t)$는 다음 식으로 표시된다.

$$V_u(t) = V(1 - e^{-\frac{t}{\tau}}) \quad\text{... (1.21)}$$

여기서, τ 는 시상수(time constant)로서 다음과 같다.

$$\tau = RC \quad\text{... (1.22)}$$

저항 *R*의 단위를 〔Ω〕, 콘덴서 *C*의 단위를 〔F〕이라 하면 시상수 τ 의 단위는 〔s〕이며, 이 τ 의 값은 〔그림 1.17(a)〕에서 출력 전압 $V_u(t)$가 스텝 입력 전압 *V*의 63.2〔%〕(1−e-1＝1−1/2.72＝0.632)에 달할 때까지의 시간이다.

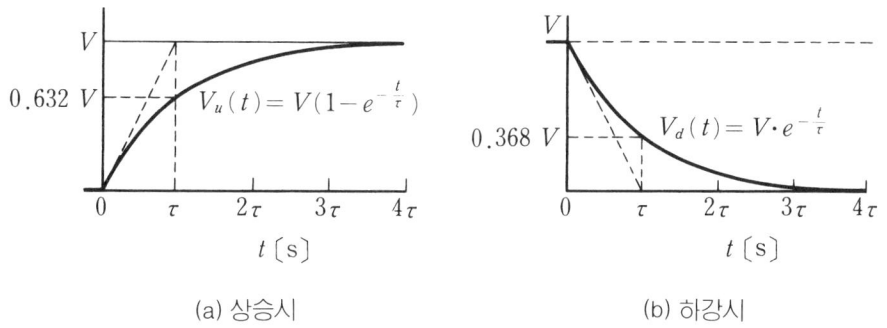

(a) 상승시   (b) 하강시

그림 1. 17 적분 회로의 스텝 입력 응답

한편, 스텝상의 하강 신호에 대한 출력 전압 $V_d(t)$는 다음 식으로 표시된다.

$$V_d(t) = V \cdot e^{-\frac{t}{\tau}} \quad\text{... (1.23)}$$

〔그림 1.17(b)〕에서 시상수 τ 후의 출력 전압 $V_d(t)$는 하강 전의 전압 *V*의 36.8〔%〕로 저하한다.

따라서 RC 적분 회로는 시간 폭이 좁은 펄스를 흡수하는 등 고주파 성분을 통과하지 않는 저역 여파기(low-pass filter)의 기능을 갖는다.

【예제】 6. 〔그림 1.16(a)〕에 나타낸 적분 회로에서 저항 $R=20$〔kΩ〕, 콘덴서 $C=1$〔μF〕일 때 시상수 τ를 구하여라.

[해답] 식 (1.22)에 의해

$\tau = RC = 20 \times 10^3 \times 10^{-6} = 2 \times 10^{-2}$〔s〕$= 20$〔ms〕가 된다.

② 미분 회로 : 〔그림 1.18(a)〕와 같이 구성된 회로를 RC 미분 회로라 부른다. 이것은 〔그림 1.16(a)〕의 회로에서 R과 C를 바꾸어 넣은 회로이다. 〔그림 1.18(b)〕는 미분 회로의 펄스 입력에 대한 응답의 개요를 나타낸 것이다. 미분 회로는 입력 신호의 변화가 크면 출력에 급격한 임펄스(impulse)가 나타난다. 따라서 고주파 성분을 통과시키는 고역 여파기(high-pass filter)의 기능을 가지며, 펄스 신호의 상승 또는 하강의 간편한 검출법으로도 이용된다.

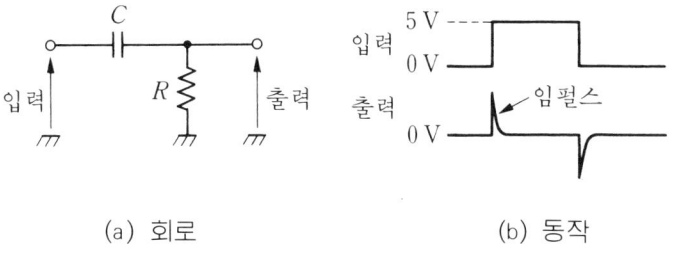

(a) 회로   (b) 동작

그림 1. 18 RC 미분회로

〔2〕 교류 성분의 제거

콘덴서는 교류 성분만을 통과시키는 성질을 이용하여 직류 회로 내의 고주파의 교류 성분을 접지로 떨어뜨려 제거할 수 있다. 이와 같은 목적의 콘덴서를 측로 콘덴서(by-pass condenser), 간단히 패스콘이라 부르며, 잡음 방지용으로도 사용된다. 이 경우 콘덴서의 용량과 정도는 중요하지 않다.

1.3 코일(inductor)

도선을 감은 코일에 전류를 흐르게 하면 자속이 발생한다. 그 성질을 코일의 인덕턴스(inductance)라 한다. 그래서 코일을 인덕터(inductor)라고도 부른다.

〔1〕 인덕턴스의 특성

〔그림 1.19〕에서 전류 i를 흐르게 하면 자속 ϕ〔wb〕가 발생한다.

$$\phi = L \cdot i \quad \cdots\cdots\cdots\cdots\cdots\cdots\cdots\cdots\cdots\cdots\cdots\cdots\cdots\cdots\cdots\cdots\cdots (1.24)$$

여기서 L은 코일의 인덕턴스이고, 단위는 H(Henry)이고, 전자 회로에서는 mH의 단위가 주로 사용된다.

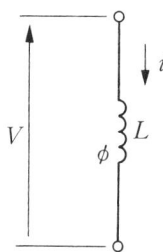

그림 1. 19 코일에 대한 전압과 전류

자속 ϕ가 변화하면 전자 유도 작용에 의해서 유도 기전력이 발생한다.

$$V = \frac{d\phi}{dt} = L \frac{di}{dt} \quad \cdots\cdots\cdots\cdots\cdots\cdots\cdots\cdots\cdots\cdots\cdots\cdots\cdots (1.25)$$

이 전압 V〔V〕는 코일에 흐르는 전류의 변화를 방해하는 방향으로 생기기 때문에 역기전력이라고도 부른다. 코일에 흐르는 전류를 급격히 멈추면($di/dt < 0$) 큰 역기전력 $V(<0)$가 생겨 장해가 될 수 있다. 다음에 설명할, 릴레이의 코일에 병렬로 다이오드를 넣는 것은 이 역기전력을 피하기 위한 것이다.

〔2〕 교류에 대한 특성

【예제】7. 〔그림 1.20(a)〕와 같이 인덕턴스 L의 코일에 교류 전압 $v(t) = V\sin\omega t$ 를 공급할 때 전류 $i(t)$와 공급 전압 $v(t)$의 관계를 그림으로 나타내어라.

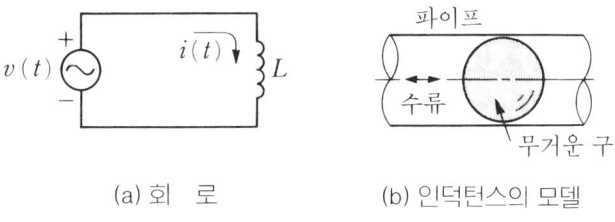

(a) 회 로   (b) 인덕턴스의 모델

그림 1. 20 교류 회로에 대한 인덕턴스

〔해답〕 교류 전압 $v(t) = V\sin\omega t$를 공급하면 코일을 흐르는 전류 $i(t)$는 식(1.25)에 의해 다음과 같이 된다.

$$i(t) = \frac{1}{L}\int v(t)dt = -\frac{V}{\omega L}\cos\omega t = \frac{v}{\omega L}\sin\left(\omega t - \frac{\pi}{2}\right) \dotfill (1.26)$$

이것에 의해 전류 $i(t)$는 전압 $v(t)$보다 $\pi/2(90°)$ 위상이 늦어짐을 알 수 있다. 시간적인 관계를 그림으로 나타내면 〔그림 1.21〕과 같다.

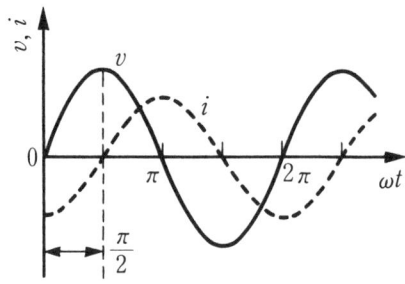

그림 1.21 인덕턴스에 대한 교류 전압과 전류의 위상 관계

식(1.26)은 전류 $i(t)$와 전압 $v(t)$의 실효값을 각각 I_{rms}, V_{rms}라 하면 다음과 같이 바꿔 쓸 수 있다.

$$I_{rms} = \frac{V_{rms}}{X_L} \dotfill (1.27)$$

여기서, X_L은 유도 리액턴스(inductive reactance)라 부르며, 다음과 같다.

$$X_L = \omega L = 2\pi f L \,[\Omega] \dotfill (1.28)$$

코일이 교류 전류에 대해 나타낸 저항에 해당한다. X_L의 값은 주파수 f가 높을수록 커지므로 코일(인덕터)에서는 주파수가 높은 교류는 통과하기 어렵다.

코일은 〔그림 1.20(b)〕와 같이 파이프 내에서 수압(전압)에 의해 수류(전류)와 함께 움직이는 무거운(관성력이 큰) 구로 보면 이해하기 쉽다.

〔3〕 코일의 이용

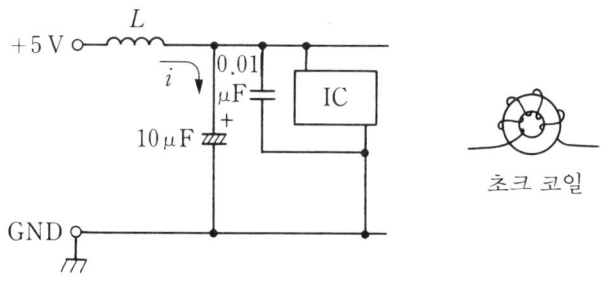

그림 1.22 초크 코일에 의한 전원 잡음의 방지

코일이 교류 전류에 대해 큰 저항을 나타내는 성질을 이용한 것이 초크 코일(choke coil)이며, 직류 전원의 평활 회로 등에 사용된다. 〔그림 1.22〕는 외부 전원으로부터의 잡음을 방지하기 위해 기판상에 초크 코일이 연결된 예를 나타낸 것이다.

또 코일은 교류에 대한 전압과 전류의 위상차를 이용하여 콘덴서와 함께 LC 공진 회로를 만드는 소자도 있다.

1.4 다이오드

반도체(semiconductor) 소자 중에서 가장 간단한 것이 다이오드(diode)이다. 다이오드는 그 용도에 따라서 일반 다이오드, 제너 다이오드, 발광 다이오드(LED)로 나누어진다.

1.4.1 일반 다이오드

〔1〕 구조와 전기적 특성

〔그림 1.23〕은 일반적으로 쓰이는 pn 접합형 다이오드의 구조 모델이다. 이것은 p형 반도체와 n형 반도체를 접합한 것이며, p형 반도체 쪽에 높은 전압(순방향 바이어스)을 공급하면 p형에서는 정공(hole)이, n형에는 자유 전자가 접합면을 넘어서 이동하기 때문에 애노드(anode : 양극)에서 캐소드(cathode : 음극, kathode)를 향해서 수방향 전류(forward current) I_F가 흐른다. 캐소드는 일반적으로 K로 표시한다. 여기서 전자의 흐름은 전류의 방향과 반대이다. 전류가 흐르도록 공급된 전압을 수방향 전압(forward voltage) V_F라 하며, 반대로 전압을 가해도 전류는 역방향으로는 흐르지 않는다. 이것을 다이오드의 정류 작용이라 한다.

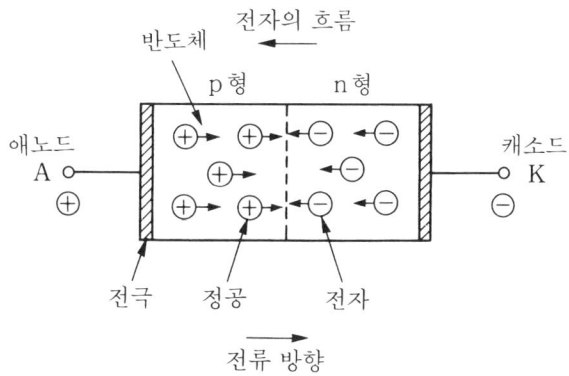

그림 1.23 접합 다이오드의 구조 모델

〔그림 1.24〕는 pn 접합형 Si(silicon) 다이오드의 전압-전류 특성을 나타낸 것이다. 순방향 전압 V를 높이면서 임의의 전압 $V_{th}≒0.7$〔V〕를 넘으면 급격히 전류 I가 흐른다. 이와 같은 경계선이 되는 전압을 스레숄드 전압(threshold voltage : 차단값 전압)이라 한다. Ge(germanium) 다이오드의 스레숄드 전압은 Si 다이오드보다 낮으며, $V_{th}≒0.3$〔V〕이다.

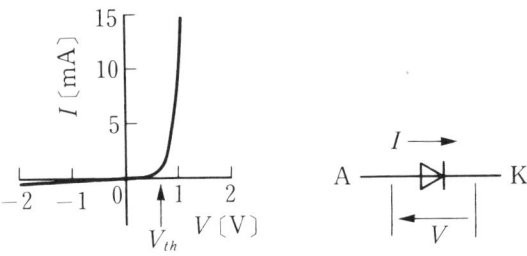

그림 1.24 다이오드의 전압-전류 특성

〔그림 1.25〕는 RC 미분 회로를 응용한 펄스의 상승을 검출하는 회로를 나타낸 것이다. 디지털 회로에서는 전원 전압 이상 및 음전압을 커트할 필요가 있다. 미분 회로의 출력에 2개의 다이오드 D_1, D_2가 접속된다. 다이오드 D_1은 가늘고 긴 임펄스의 +5〔V〕(전원 전압) 이상의 부분을 커트하고, D_2는 음측의 임펄스를 흡수한다. 단, 미분 회로는 잡음에 약하다.

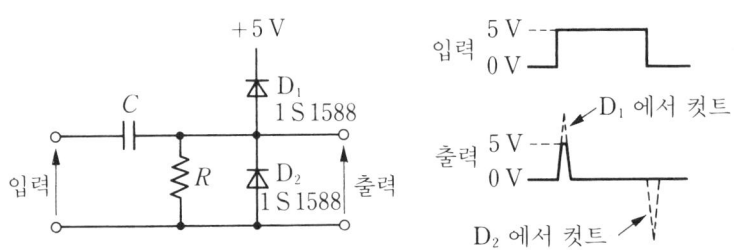

그림 1.25 펄스의 상승 검출

〔2〕 외관과 회로 기호

〔그림 1.26〕은 일반적인 다이오드의 외관과 회로 기호를 나타낸 것이다. 다이오드는 기호에서 화살표로 나타낸 순방향으로만 전류가 흐른다. 다이오드의 캐소드와 애노드를 구분하는 표시는 캐소드측에 붙어 있는 띠모양의 마크이다. 다이오드를 비롯하여 반도체는 열에 약하므로 필요 이상 장시간 가열하지 않도록 한다.

다이오드의 형명은 전자 기계 공학회(EIAJ)에 등록되어 있는 것은 1S1588과 같이 머리에 "1S"가 붙어 있다. 그 밖에는 제조회사가 독자적으로 명명한 것(V 03G 등)이 있다.

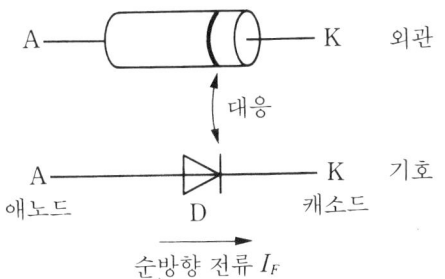

A —▭— K 외관

↕ 대응

A —▷|— K 기호
애노드 D 캐소드

→ 순방향 전류 I_F

그림 1.26 다이오드의 외관과 회로 기호

〔3〕 다이오드의 브리지 접속

다이오드는 순방향으로만 전류를 통과시키므로 교류를 직류로 바꾸는 정류 회로 (rectifying circuit)에서는 〔그림 1.27(a)〕와 같은 다이오드의 브리지 접속(bridge connection)이 사용된다.

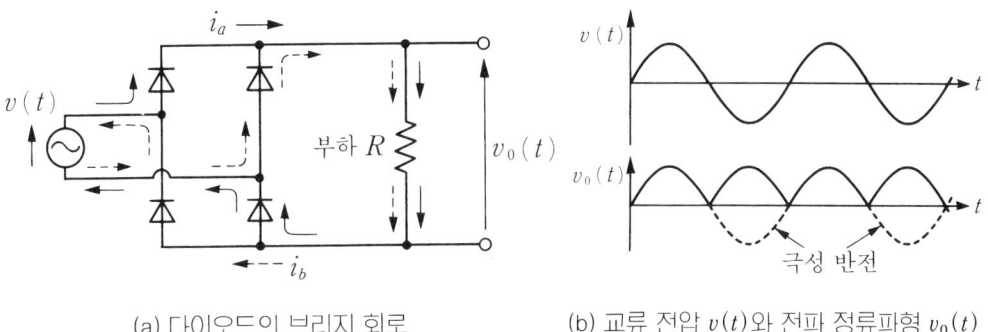

(a) 다이오드의 브리지 회로   (b) 교류 전압 $v(t)$와 전파 정류파형 $v_0(t)$

그림 1.27 다이오드에 의한 전파정류

【예제】 8. 〔그림 1.27(a)〕의 회로에 교류 전압 $v(t)$를 공급할 때 전류가 흐르는 방향을 나타내어라. 또 부하 R의 양단에 가해지는 출력 전압 $v_0(t)$의 파형을 대강 그려보아라.

해답 교류 전압 $v(t)$의 위쪽이 양 전압일 때는 실선으로 표시된 전류 i_a가 흐르고, 반대로 $v(t)$의 아래쪽이 양 전압일 때는 점선으로 표시된 전류 i_b가 흐른다. 동시에 부하 R에는 한 방향만의 전류가 흘러 출력 전압 $v_0(t)$는 전파 정류(full-wave rectification)되어 〔그림 1.27(b)〕와 같이 된다.

다이오드 브리지는 〔그림 1.28〕과 같이 1개의 패키지로 된 것이 판매되고 있으며, 정류 브리지라고도 한다.

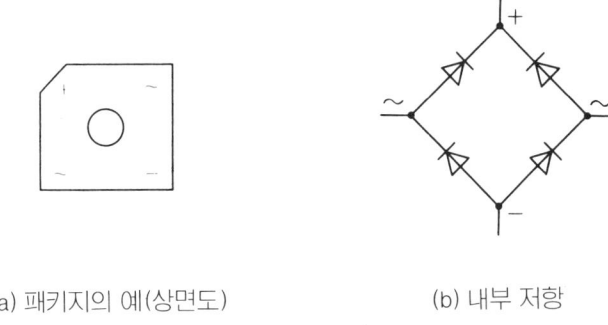

(a) 패키지의 예(상면도)   (b) 내부 저항

그림 1.28 다이오드 브리지

1.4.2 제너 다이오드

〔그림 1.29〕는 제너 다이오드(Zener diode)의 외형과 회로 기호이다. 외형은 일반 다이오드 〔그림 1.26〕와 똑같다. 제너 다이오드는 일정한 정전압을 꺼내는 소자이기 때문에 정전압 다이오드(voltage-regulator diode)라고도 부른다. 이것은 역방향의 강하 전압 특성을 이용한 것이다.

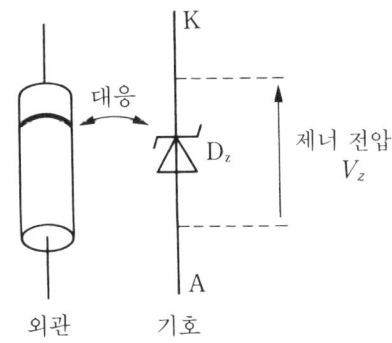

그림 1.29 제너 다이오드의 외관과 회로 기호

〔그림 1.30〕은 제너 다이오드의 전압-전류 특성을 나타낸 것이다. 다이오드에 역방향의 전압 $V(<0)$를 가하면 임의의 전압에서 전류 $I(<0)$가 급격하게 흐른다. 이 현상을 제너 항복(Zener breakdown)이라 하며, 항복이 일어나는 전압 V_z를 제너 전압 또는 항복 전압(breakdown voltage)이라 한다. 이 제너 항복의 상태에서는 전류 I의 값에 관계하지 않고, 전압은 거의 일정하게 유지되는 정전압 특성을 나타낸다. 제너 전압 V_z 에는 여러 가지 값을 취할 수 있는 소자가 만들어지고 있다. 예를 들면 RD5A는 $V_z=$ 5〔V〕이다. 전압의 표시에서는 화살표 방향이 높은 전압을 나타낸다.

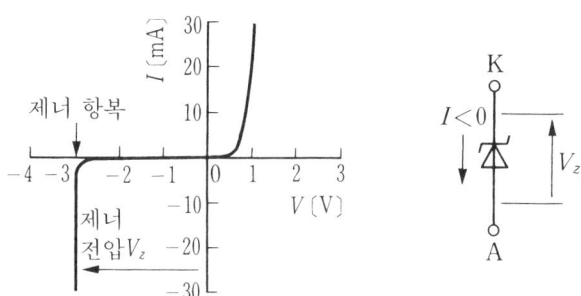

그림 1.30 제너 다이오드의 전압−전류 특성

〔그림 1.31〕은 제너 다이오드에 의한 정전압의 예를 나타낸 것이다. 입력 신호는 제너 전압 V_z 이상이 커트되며, 출력 전압은 일정하게 된다. 이와 같이 신호 파형을 임의의 설정값 이상 또는 이하에서 커트하는 조작을 클립(clip)이라 한다.

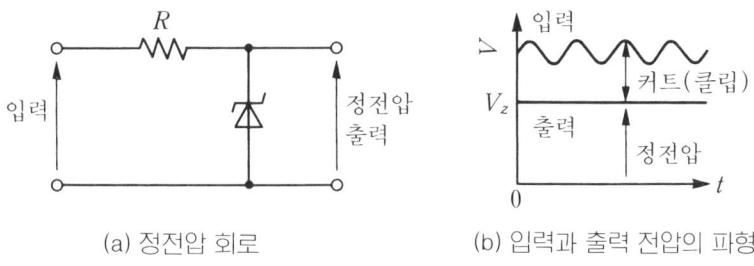

(a) 정전압 회로   (b) 입력과 출력 전압의 파형

그림 1.31 제너 다이오드에 의한 정전압

1.4.3 발광 다이오드

발광 다이오드(light emitting diode : LED)는 작은 전류에 의해 발광하는 것으로서 표시용이나 신호용의 광원으로서 널리 이용되고 있다. 〔그림 1.32〕는 일반적인 LED의 외형과 회로 기호를 나타낸 것이다.

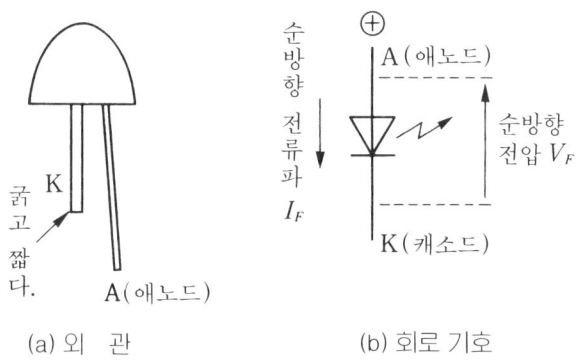

(a) 외 관   (b) 회로 기호

그림 1.32 LED의 외관과 회로 기호

〔그림 1.33〕은 LED의 전압-전류 특성 곡선을 나타낸 것이다. LED의 광출력은 순방향 전류 I_F에 의존하며, 일반적으로 순방향 전압 $V_F≒2$〔V〕에 순방향 전류 $I_F=10～20$〔mA〕가 흘러 발광한다. 20〔mA〕 이상의 전류가 흐르면 LED는 파손되기 때문에 일반적으로 〔그림 1.34〕와 같이 전류 제한 저항 R을 연결하여 $I_F≒10$〔mA〕가 되도록 한다.

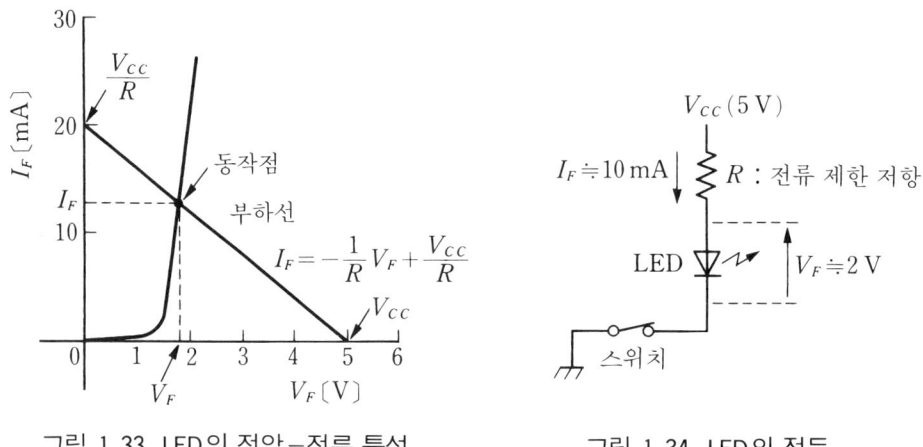

그림 1.33 LED의 전압-전류 특성   그림 1.34 LED의 점등

【예제】 9. 〔그림 1.34〕의 회로에서 전원 전압 $V_{cc}=5$〔V〕일 때, LED를 점등시키는데 적당한 저항 R의 값을 구하여라.

[해답] 서항 R에는 전압 $V_{CC}-V_F$에 전류 $I_F=10$〔mA〕가 흘러야 하므로 옴의 법칙에 의해 다음과 같다.

$$R = \frac{V_{cc} - V_F}{I_F} ≒ \frac{(5-2)\text{〔V〕}}{10\text{〔mA〕}} = \frac{3\text{〔V〕}}{0.01\text{〔A〕}} = 300\text{〔Ω〕} \quad\text{.............................}(1.29)$$

∴ 그 전후의 $R=220～510$〔Ω〕이면 된다.

이상의 관계는 〔그림 1.33〕의 LED의 전압-전류 특성 곡선과 부하선(load line)의 중첩에서도 분명하게 나타난다. 부하선은 식(1.29)를 변형하여 다음 식으로 표시된다.

$$I_F = -\frac{1}{R} V_F + \frac{V_{CC}}{R} \quad\text{.............................}(1.30)$$

전압-전류 특성 곡선과 부하선이 교차하는 동작점(operating point)의 전류 I_F가 LED 구동 전류가 된다.

1.5 트랜지스터

트랜지스터(transistor)는 다이오드와 함께 대표적인 반도체 소자이며, 디지털 회로에도 자주 사용된다.

1.5.1 트랜지스터의 종류와 회로 기호

〔그림 1.35〕와 〔그림 1.36〕은 2종류의 트랜지스터 구조와 회로 기호를 나타낸 것이다. 트랜지스터의 3개의 전극은 컬렉터(collector), 베이스(base), 이미터(emitter)라 부르며 각각의 머리 글자를 사용하여 C, B, E로 표시한다. 화살표가 붙은 전극이 이미터이며, 화살표 방향으로 전류가 흐른다. 이 전류가 흐르는 방향에 따라서 npn형 트랜지스터와 pnp형 트랜지스터로 나누어진다.

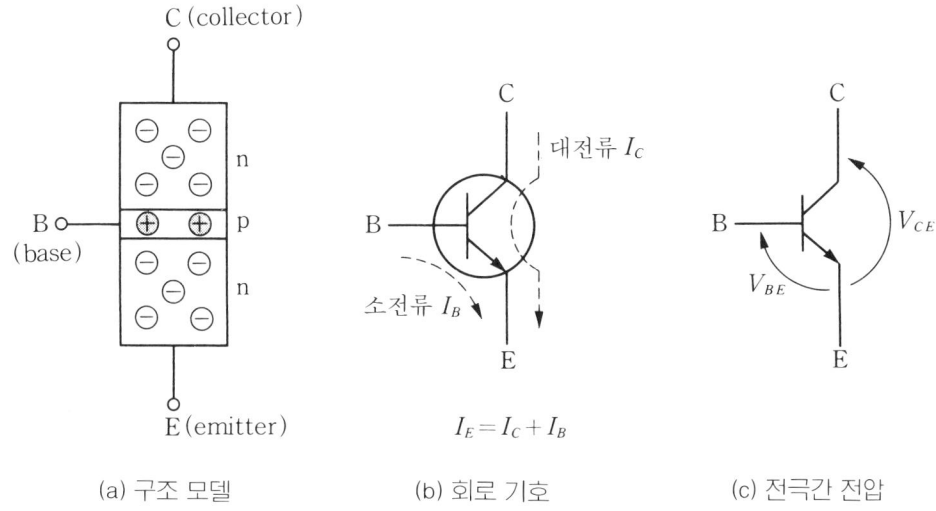

| (a) 구조 모델 | (b) 회로 기호 | (c) 전극간 전압 |

그림 1.35 npn형 트랜지스터(2SC, 2SD)의 구조와 회로 기호

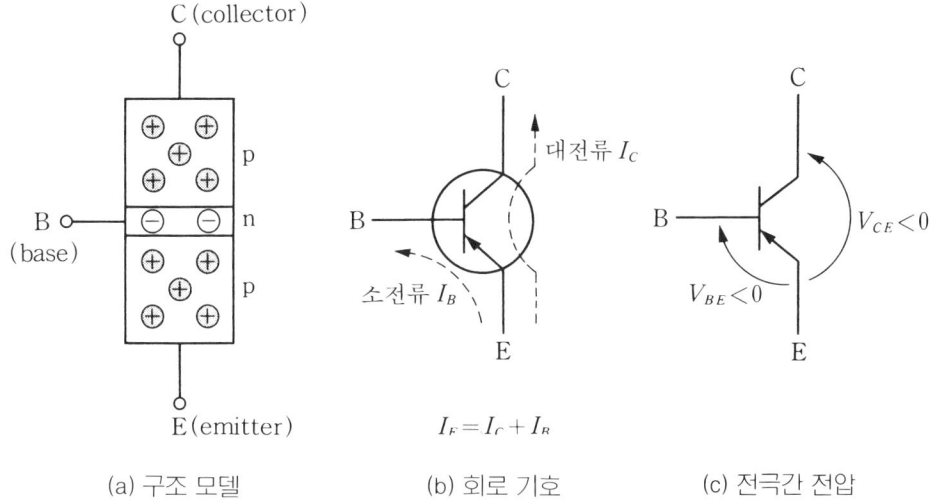

| (a) 구조 모델 | (b) 회로 기호 | (c) 전극간 전압 |

그림 1.36 pnp형 트랜지스터(2SA, 2SB)의 구조와 회로 기호

npn형〔그림 1.35〕에서 B(base)로 부터 E(emitter)를 향해 작은 베이스 전류 I_B를 흐르게 하면 그 수십에서 수백 배의 큰 컬렉터 전류 I_C가 C(collector)에서 E(emitter)로 흐른다.

pnp형〔그림 1.36〕에서는 전류의 방향 및 전압 공급 방법이 npn형의 반대가 된다. 따라서 입력 신호의 극성에 따라서 npn형과 pnp형 중 어느 것이 사용되었는지 알 수 있지만 어쨌든 원리적으로는 같은 것이다. 디지털 회로에서는 npn형이 흔히 사용된다. 또, 회로도에서 트랜지스터의 기호를 그릴 때 주위의 원은 생략해도 된다.

1.5.2 트랜지스터의 형명

〔1〕 형명의 명명법

트랜지스터나 다이오드 등의 형명은 KS(한국 산업 규격)에 의해 다음과 같이 명명되어 있다. 예를 들어 설명하면,

〔예〕 $\dfrac{2}{제\,1\,항}$　$\dfrac{S}{제\,2\,항}$　$\dfrac{C}{제\,3\,항}$　$\dfrac{1815}{제\,4\,항}$　$\dfrac{}{제\,5\,항}$

- 제 1 항 : 반도체 소자의 종별로 원칙(전극수−1)적인 숫자이며, 일반적인 트랜지스터는 2, 다이오드는 1이다.
- 제 2 항 : semiconductor(반도체)를 나타낸다.
- 제 3 항 : 용도·형을 나타낸다. 〔표 1.4〕는 트랜지스터와 뒤에서 설명할 FET의 분류를 나타낸다. "C"는 npn형 트랜지스터의 고주파용을 표시한다. 고주파용은 동작 속도가 빠른 것, 저주파용은 파워가 비교적 큰 것이다.
- 제 4 항 : EIAJ에의 등록 번호
- 제 5 항 : 원형은 무기호로서 일반적으로 개량이나 변경에 의해 A, B, C… 된다.

표 1.4 트랜지스터와 FET의 분류

(a) 트랜지스터

트랜지스터	고주파용	저주파용
pnp 형	A	B
npn 형	C	D

(b) FET

FET	기호
p 채널형	J
b 채널형	K

단, 제품에는 제 1 항과 제 2 항을 생략하고 2SC1815를 "C1815"로 표기한다.

〔2〕 외관과 핀 배치

〔그림 1.37(a)～(c)〕는 대표적인 트랜지스터의 외관과 핀 배치를 나타낸 것이다. (a)

는 소신호용으로 가장 일반적인 에폭시 수지계의 몰드(molded)형이다. 이 형의 대부분은 표기된 형명의 편의 왼쪽에서부터 E(이미터), C(컬렉터), B(베이스), 즉 ECB의 순서로 되어 있다.

(b)는 비교적 큰 전류를 다루는 전력용으로서 파워 트랜지스터(power transistor)라 부른다. 몰드형이지만 방열기를 붙이는 데 사용할 구멍이 프랜지에 열려 있다. 이러한 종류의 대부분은 표기된 형명쪽에서 보아 왼쪽부터 BCE의 순서로 되어 있으며, 프랜지는 대개 컬렉터에 붙어 있다.

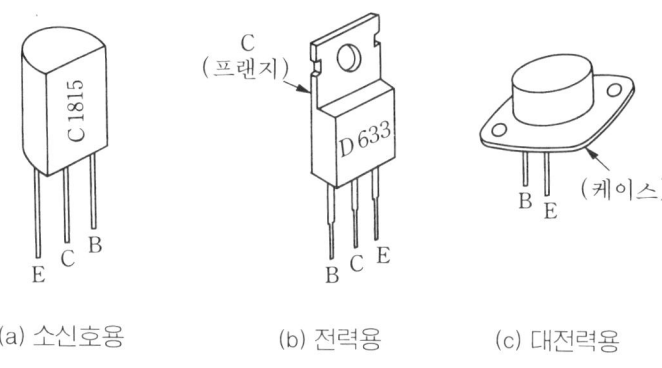

(a) 소신호용   (b) 전력용   (c) 대전력용

그림 1.37 트랜지스터의 외관

(c)는 메탈 실(metal seal)형의 대전력용 파워 트랜지스터이다. 컬렉터 단자는 없고, 금속 용기 전체가 컬렉터로 되어 있다. 3개의 전극 식별에 대해서는 제조회사의 자료나 규격표의 외형도를 확인해야 한다.

위에서 설명한 바와 같이 파워 트랜지스터는 대개 컬렉터가 외부의 프랜지나 케이스로 되어 있으며, 쇼트(short)시키지 않는 것이 중요한 특징이다. 대전류를 흐르게 할 경우에는 방열판을 붙여야 하며, 그 절연에는 운모(mica)나 세라믹(ceramic)판이 준비되어 있다.

트랜지스터는 각 메이커로부터 수많은 것이 출하되며, 등록 번호로 보면 종류는 많지만 대개 유사한 특성의 것이 많으므로 규격표에서 전류 증폭률 h_{FE}와 최대 정격의 컬렉터 전류 I_C가 같다면 거의 호환된다. 트랜지스터 대치표도 나오고 있으므로 그것을 이용하면 된다. 특히 디지털 회로에서는 많은 종류의 트랜지스터는 필요없다.

1.5.3 트랜지스터의 기본 특성

디지털 회로에 흔히 사용되는 트랜지스터는 npn형이며, 다음에서는 npn형을 예로 설명한다.

〔1〕 전압-전류 특성

〔그림 1.38〕은 트랜지스터의 기본 특성인 정특성(직류 특성)을 조사하기 위해 이미터 접지로 컬렉터에 부하 저항 R_C를 접속한 회로이다. 이 회로의 베이스·이미터 사이의 전압 V_{BE}에 대한 전압 컬렉터 전류 I_C의 변화는 〔그림 1.39〕와 같다. 즉, V_{BE}를 0〔V〕에서 부터 증가시키면 $V_{BE}≒0.7$〔V〕에서 컬렉터 전류 I_C는 급격하게 흐르기 시작하여 작은 V_{BE}의 변화에 대해 I_C는 크게 증가한다. 역으로 생각해 보면 컬렉터 전류 I_C가 크게 증가해도 베이스·이미터 사이의 전압 V_{BE}는 거의 0.7〔V〕에서 일정하게 된다.

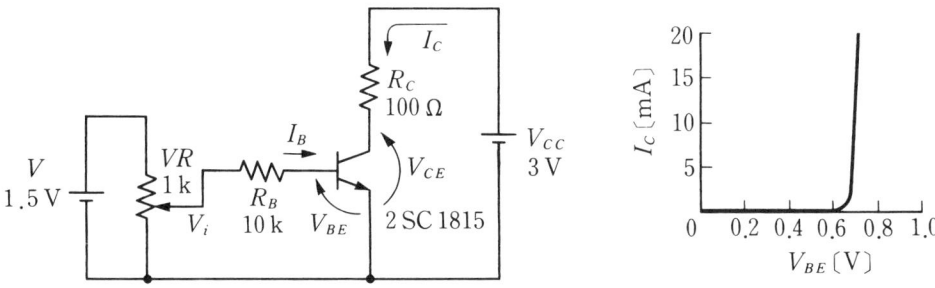

그림 1.38 트랜지스터의 기본 회로   그림 1.39 트랜지스터의 $V_{BE}-I_C$ 특성

〔그림 1.40〕은 〔그림 1.38〕의 가변 저항 VR의 회전각에 대한 각 전압과 전류의 변화를 나타낸 것이다. VR를 돌려서 입력 전압 V_i를 증가시키면 $V_i(=V_{BE})<0.7$〔V〕에서는 컬렉터 전류는 흐르지 않고 $I_C=0$〔mA〕이다. 이 상태를 차단 상태(cut-off state)라 한다.

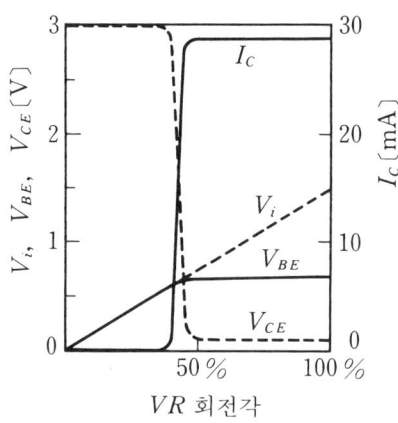

그림 1.40 VR 회전각에 대한 전압, 전류값의 변화

V_{BE}가 약 0.7[V]에 도달하면 컬렉터 전류 I_C는 급격히 증가하며, 그 결과 R_C에 의한 전압 강하로 컬렉터·이미터 사이 전압 V_{CE}는 감소한다. 그러나 $V_{CE} \fallingdotseq 0.2$[V]까지 떨어지면 I_C는 그 이상 증가하지 않고 전원 전압 V_{CC}와 외부 저항 R_C에 의해 규정되는 일정한 값으로 된다.

$$I_{CS} \fallingdotseq \frac{V_{CC}}{R_C} \quad\cdots\cdots\cdots\cdots\cdots\cdots\cdots\cdots\cdots\cdots\cdots\cdots\cdots\cdots\cdots\cdots\cdots\cdots\cdots\cdots\cdots (1.31)$$

이것을 컬렉터 포화 전류(collector saturation current)라 부르며, 이와 같은 트랜지스터의 상태를 포화 상태(saturation state)라 한다. 이 상태에서는 입력 전압 V_i는 VR의 회전각에 비례하여 증가하지만 V_{BE}는 약 0.7[V]에서 포화한다. 이것을 베이스·이미터 포화 전압이라 하며 $V_{BE(sat)}$으로 표시한다. 또 포화 상태에 대한 컬렉터·이미터 사이의 전압을 컬렉터·이미터 포화 전압이라 하며 $V_{CE(sat)}$으로 표시한다. 일반적으로 실리콘 트랜지스터에서는 다음과 같다.

$$V_{BE(sat)} \fallingdotseq 0.7\,[\text{V}], \qquad V_{CE(sat)} \fallingdotseq 0.1 \sim 0.2\,[\text{V}]$$

이들은 트랜지스터의 중요한 전기적 특성이다.

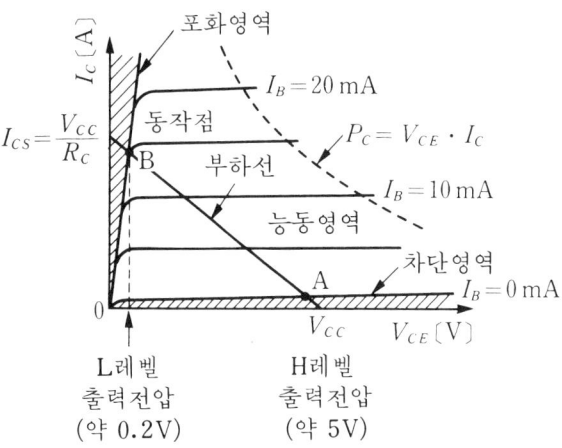

그림 1.41 이미터 접지 트랜지스터의 정특성

〔2〕특성 곡선과 부하선

〔그림 1.41〕은 이미터 접지 트랜지스터의 정특성에서 베이스 전류 I_B를 파라미터로 한 컬렉터·이미터 사이의 전압 V_{CE}와 컬렉터 전류 I_C의 관계를 나타낸 것이다. 횡축과 $I_B = 0$[mA]의 부분은 컬렉터 전압 V_{CE}가 증가해도 컬렉터 전류 I_C는 거의 흐르지 않는 영역으로 차단 영역(cut-off region)이라 부른다. 종축과 특성 곡선의 부분은 컬렉터 전압 V_{CE}가 감소해도 컬렉터 전류 I_C가 흐르는 영역으로 포화 영역(saturation region)이라 한다. 양자 사이의 베이스 전류에 의해서 컬렉터 전류가 결정되는 영역은 능동 영역(active region)이라 부른다.

〔그림 1.38〕에서 컬렉터·이미터 사이의 전압 V_{CE}와 컬렉터 전류 I_C의 관계를 표현하면 다음 식과 같다.

$$V_{CE} = V_{CC} - R_C \cdot I_C \quad\cdots\cdots\cdots(1.32)$$

이 식에 의해 부하선은 다음 식으로 표시된다.

$$I_C = -\frac{1}{R_C} V_{CE} + \frac{V_{CC}}{R_C} \quad\cdots\cdots\cdots (1.33)$$

이것은 횡축의 조각이 $V_{CE}=V_{CC}$, 종축의 조각이 $I_C=V_{CC}/R_C$의 직선이며, 〔그림 1.41〕에 중첩된다. 이 부하선과 전압-전류 특성 곡선이 교차하는 동작점의 전류가 컬렉터 전류 I_C로 된다.

〔3〕 최대 정격

트랜지스터 등 반도체 부품의 사용에 있어서는 최대 정격(maximum rating)에 주의해야 한다. 이것은 전압, 전류, 전력 손실 등 넘어서는 안되는 최대 허용값이며, 예로서 〔표 1.5〕에 트랜지스터 2SC1815와 2SD633의 최대 정격을 나타낸다. 최대 컬렉터 손실 P_C〔W〕는 다음과 같다.

$$P_C = V_{CE} \cdot I_C \quad\cdots\cdots\cdots (1.34)$$

이 때 상한에서 방열판을 붙이지 않은 경우의 주위 온도 $T_a=25℃$에 대한 정격을 나타낸다. $P_C{}^*$는 방열판을 붙인 경우의 케이스 온도 $T_C=25℃$에 대한 최대 컬렉터 손실을 나타낸다. 트랜지스터를 선택할 때에는 최대 정격이 실제의 트랜지스터에 가한 전압, 전류의 2~3배 정도의 것을 선정한다.

표 1.5 트랜지스터의 최대 정격

항 목		기 호	최대 정격	
			2SC1815	2SD633
컬렉터·베이스간 전압 〔V〕		V_{CBO}	60	100
컬렉터·이미터간 전압 〔V〕		V_{CEO}	50	100
컬렉터 전류 〔A〕		I_C	0.15	7
컬렉터 손실 〔W〕	$T_a=25℃$	P_C	0.4	
	$T_c=25℃$	$P_C{}^*$		40

T_a : 주위 온도 T_c : 케이스 온도

1.5.4 트랜지스터의 기능

트랜지스터의 기능은 크게 증폭 작용과 스위칭 작용으로 나뉜다.

〔1〕 증폭 작용

트랜지스터를 〔그림 1.42〕와 같이 증폭 회로로 사용할 경우 〔그림 1.41〕에 나타낸 이미터 접지의 특성 곡선에서 능동 영역에 사용하게 된다. 이 영역에서는 컬렉터 전류 I_C가 베이스 전류 I_B의 변화에 대응하여 변화한다.

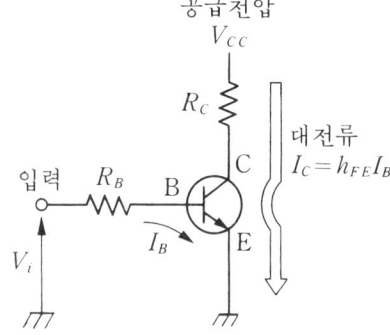

〔그림 1.42〕의 회로에서 입력에 0.7〔V〕 이상의 전압 V_i를 가하면 베이스 전류 I_B가 베이스에서 이미터로 흐른다. 이 때 컬렉터측에 전압을 가해 두면 〔이것을 바이어스(bias)라 한다〕, 작은 베이스 전류 I_B가 방아쇠가 되어 큰 컬렉터 전류 I_C가 컬렉터에서 이미터로 흐른다. 여기서 이미터 전류 I_E는 $I_E = I_C + I_B$이지만 $I_C \gg I_B$이기 때문에 $I_E \fallingdotseq I_C$ 이다.

그림 1.42 트랜지스터의 증폭작용

베이스 전류 I_B에 대한 컬렉터 전류 I_C의 비 I_C/I_B를 전류 증폭률(current amplification factor)이라 부르며, h_{FE}(또는 β)로 표시한다.

$$h_{FE} = \frac{I_C}{I_B} \quad\cdots\cdots\cdots\cdots\cdots\cdots\cdots\cdots\cdots\cdots\cdots\cdots\cdots\cdots\cdots\cdots\cdots\cdots (1.35)$$

트랜지스터에 따라 다르지만 수십에서 수천의 값이 얻어진다. 즉, 트랜지스터는 증폭 동작을 한다. h_{FE}에서 첨자 F는 순방향(forward) 전류비, E는 이미터 접지를 나타낸다.

【예제】10. 2개의 트랜지스터 Tr_1과 Tr_2를 〔그림 1.43(a)〕와 같이 접속한 것을 달링턴 접속(darlington connection)이라 한다. Tr_1과 Tr_2의 전류 증폭률을 h_{FE1}, h_{FE2}라 할 때 전체의 전류 증폭률 $h_{FE}(=I_C/I_B)$를 구하여라.

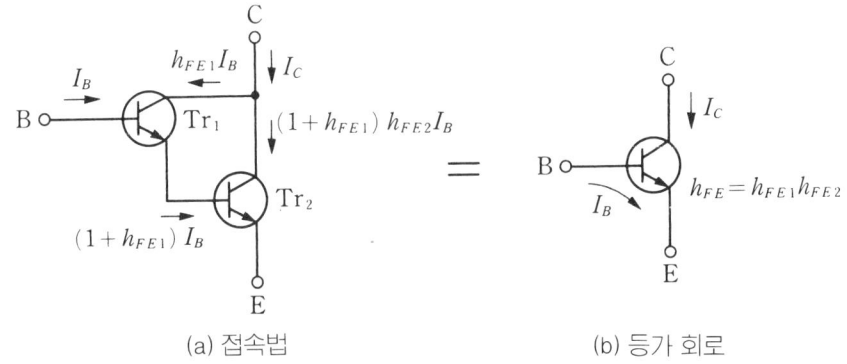

(a) 접속법　　　　　　　　(b) 등가 회로

그림 1.43 달링턴 접속

해답 Tr$_1$의 컬렉터 전류 $I_{C1}=h_{FE1} \cdot I_B$이므로 Tr$_2$의 베이스 전류 $I_{B2}=(1+h_{FE1})I_B$가 된다. 여기에 Tr$_2$의 전류 증폭률 h_{FE2}를 합한 것이 Tr$_2$의 컬렉터 전류 $I_{C2}=(1+h_{FE1})h_{FE2} \cdot I_B$가 된다. 전체의 컬렉터 전류 I_C는 Tr$_1$과 Tr$_2$의 컬렉터 전류의 합이므로 다음과 같다.

$$I_C = I_{C1} + I_{C2} = \{ h_{FE1} + (1 + h_{FE1}) h_{FE2} \} I_B \cdots\cdots\cdots\cdots\cdots\cdots\cdots (1.36)$$

이것에 의해 전체의 전류 증폭률 h_{FE}는 다음과 같다.

$$h_{FE} = \frac{I_C}{I_B} = h_{FE1} h_{FE2} + h_{FE1} + h_{FE2} \doteqdot h_{FE1} h_{FE2} \cdots\cdots\cdots\cdots\cdots (1.37)$$

이와 같이 트랜지스터를 달링턴 접속하면 Tr$_1$의 컬렉터 전류 I_{C1}이 거의 Tr$_2$의 베이스 전류 I_{B2}로 되므로 매우 높은 증폭률이 얻어진다. 달링턴 접속된 트랜지스터는 [그림 1.43(b)]에 나타낸 트랜지스터와 등가적으로 같으며 2 SD 633과 같이 1개의 부품으로 만들어 넣은 경우도 많다. 이들은 큰 전류를 제어할 수 있으므로 스테핑 모터 등의 구동 회로에 이용된다.

[2] 스위칭 작용

[그림 1.44]는 트랜지스터를 스위칭 소자(switching element)로 사용하고 있는 경우의 기본 회로를 나타낸 것이다. 이미터 접지의 특성 곡선[그림 1.41]에서 동작점을 차단 영역과 포화 영역으로 이동시켜 사용하면 스위치로 이용할 수가 있다. 여기서는 5[V]의 펄스 입력이 가해진 경우를 생각해 본다.

입력 전압 $V_i=0$[V]일 때 [그림 1.41]에서 동작점은 점 A가 되며, 컬렉터 전류는 흐르지 않고, [그림 1.45(a)]와 같이 컬렉터・이미터 사이는 마치 스위치가 OFF된 상태가 된다. 따라서 공급 전압 V_{CC}가 출력 전압 $V_O(=V_{CE})$로 출력된다. 이 전압은 디지털 회로에서는 H 레벨이 된다.

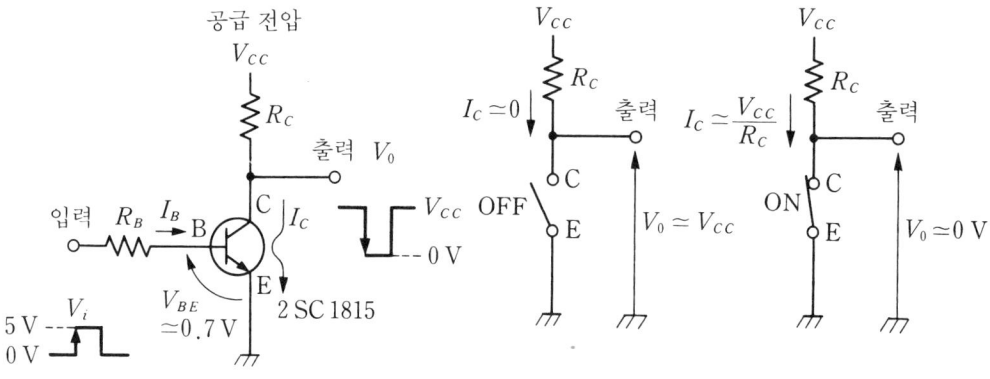

(a) OFF 상태   (b) ON 상태

그림 1.44 트랜지스터의 스위칭 작용   그림 1.45 스위치의 모델

입력 전압이 0.7〔V〕이상에서 충분한 베이스 전류 I_B가 흐르면 〔그림 1.41〕에서 동작점은 점 B가 되며, 컬렉터 포화 전류 $I_{CS} \fallingdotseq V_{CC}/R_C$가 흐른다. 이 경우 〔그림 1.45(b)〕와 같이 트랜지스터의 CE 사이는 마치 스위치가 ON된 상태가 된다. 따라서 출력 전압 $V_O(=V_{CE})$는 전압 강하로 거의 0〔V〕(디지털 회로에서는 L 레벨)가 된다. 이것을 트랜지스터의 스위칭 작용이라 부른다. 디지털 회로에는 npn형의 트랜지스터가 스위칭용에 사용된다.

이 때 베이스 전류 I_B는 다음과 같다.

$$I_B = \frac{V_i - V_{BE}}{R_B} \quad\text{..} \quad (1.38)$$

트랜지스터가 포화 영역으로 들어가면 전류 증폭률 $h_{FE}=I_C/I_B$는 감소된다.

1.5.5 FET

FET(Field Effect Transistor)는 전계 효과 트랜지스터라 부른다. FET도 p형이나 n형의 반도체를 사용한 반도체 소자로서 그 구조에 따라 접합형(junction type)과 MOS(Metal Oxide Semiconductor)형이 있다. 또 채널(channel)이라 부르는 전자의 통로 차에 따라서 n채널형과 p채널형으로 나누어진다.

〔그림 1.46〕은 FET의 회로 기호와 전극명을 나타낸다. 접합형과 MOS형의 회로 기호가 약간 다르다. 트랜지스터와 비교하면 컬렉터 C가 드레인(drain) D, 베이스 B가 게이트(gate) G, 이미터 E가 소스(source) S에 각각 대응된다. 외형은 트랜지스터와 똑같다. 트랜지스터에서는 베이스 전류 I_B로 컬렉터 전류 I_C를 제어하는 반면 FET에서는 게이트 전압 V_{GS}로 드레인 전류 I_D를 제어하는 점이 다르다.

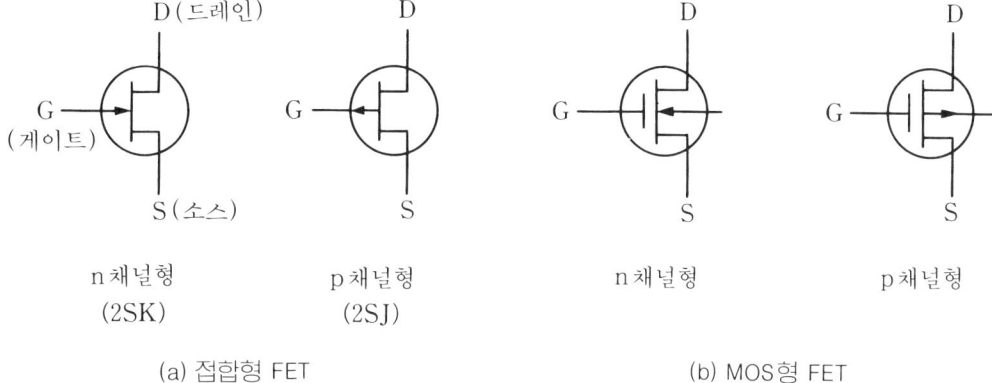

n 채널형 (2SK)	p 채널형 (2SJ)	n 채널형	p 채널형
(a) 접합형 FET		(b) MOS형 FET	

그림 1.46 FET의 종류와 회로 기호

FET는 게이트의 입력 저항이 높기 때문에 보통의 트랜지스터에 비해 입력 임피던스가 높고, 입력 전류(게이트 전류)는 거의 흐르지 않는다. 이것은 미소한 전류밖에 얻을 수 없는 센서 신호 등의 증폭에는 FET 입력이 적당하다는 것을 나타낸다. 또한 FET는 고주파 특성이 우수하며, 최근은 FET 입력 IC가 대단히 많다.

연습 문제

문제 **1.** 다음의 용어에 대하여 설명하여라.

(a) 저항 네트워크   (b) 다이오드의 브리지 접속

(c) 최대 정격   (d) 달링턴 접속

문제 **2.** 〔1〕다음의 컬러 코드의 저항값을 구하여라.

(a) 자색 녹색 적색 금색   (b) 적색 흑색 흑색 적색 등색

〔2〕다음 저항의 컬러 코드를 구하여라.

(a) 390〔Ω〕(±5%)   (b)22〔Ω〕(±5%)

문제 **3.** 〔그림 1.47〕에서 출력 전압을 입력 전압의 1/10로 하는 저항 R_2의 값을 구하여라.(단, $R_1=18$〔kΩ〕이고, 출력측에 흐르는 전류는 무시할 수도 있다.)

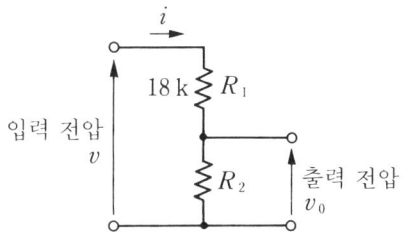

그림 1.47 입력 전압을 1/10로 한 회로

문제 **4.** 다음과 같이 표시된 콘덴서의 정전 용량을 구하여라.

(a) 104 K   (b) 223 Z   (c) 51

문제 **5.** 〔그림 1.31(a)〕의 회로에서 입력 전압이 〔그림 1.48〕의 파형일 때 출력 파형을 그려라.(단, 점선은 제너 전압 V_Z를 나타낸다.)

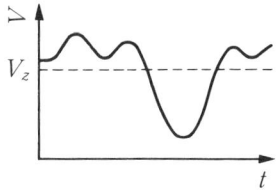

그림 1.48 입력 전압 파형

문제 **6.** LED를 전원 전압 $V_{DD}=12[V]$에 접속하여 순방향 전류 $I_F=10[mA]$로 점등시켜라. 전류 제한 저항 R의 값을 구하여라.

문제 **7.** [그림 1.49]의 트랜지스터를 보고 다음 물음에 답하여라.

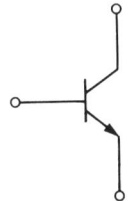

그림 1.49 트랜지스터

〔1〕 이것을 무슨 형이라 부르는가?
〔2〕 전극명을 기입하여라.
〔3〕 흐르는 전류의 방향을 화살표로 나타내고, 각각의 명칭을 기입하여라.
〔4〕 이것을 고속 스위칭 소자로 사용하려면 다음 중 어느 것이 적합한가?
　　(a) 2 SA 1015　(b) 2 SB 673　(c) 2 SC 1815　(d) 2 SD 633

문제 **8.** 임의의 트랜지스터의 전류를 측정하였더니 컬렉터 전류 $I_C=12.0[mA]$, 베이스 전류 $I_B=80[\mu A]$였다. 다음 값을 구하여라.
〔1〕 이미터 전류 I_E
〔2〕 전류 증폭률 h_{FE}

 디지털 회로에 대한 수의 표현

우리가 일반적으로 사용하고 있는 수는 10진수이다. 디지털 회로 및 컴퓨터에는 기본적인 "0"과 "1"의 2진수가 사용된다.

2.1 10진수와 2진수

2.1.1 수의 표현과 10진수

10진수(decimal number)는 0부터 9까지의 수로 1자리를 표시한다. 예를 들면 10진수로서 3자리의 수 123은 백의 자리가 1, 십의 자리가 2, 일의 자리가 3이며 수학적으로 다음과 같이 바꿔 쓸 수 있다.

$$123 = 1 \times 10^2 + 2 \times 10^1 + 3 \times 10^0$$

일반적으로 n자리의 R진수는 다음 식으로 표현된다.

$$(a_{n-1} a_{n-2} \cdots\cdots a_2 a_1 a_0)_R$$
$$= a_{n-1} R^{n-1} + a_{n-2} R^{n-2} + \cdots\cdots + a_2 R^2 + a_1 R^1 + a_0 R^0 \cdots\cdots\cdots\cdots (2.1)$$

여기서 R를 기수(radix), R^{n-1}, R^{n-2}, $\cdots$, R^2, R^1, R^0을 가중값(weight)이라 한다. 식(2.1)에 의해서 R진수의 수는 쉽게 10진수로 변환할 수 있다.

2.1.2 2진수

〔1〕 2진수와 비트

2진수(binary number)는 0과 1의 숫자만을 다루는 수체계이며, 전압 High와 Low, 스위치의 ON과 OFF 등으로 대응할 수 있기 때문에 디지털 회로에는 2진수가 적합하다. 2진수의 1자리를 비트(bit : binary digit)라 한다.

【예제】 **1.** 2진수의 1101을 10진수로 변환하여라.

해답 식(2.1)에서 4비트의 2진수에서는 각 자리의 가중값은 상위부터 나타내면 다음과 같다.

$$2^3, \qquad 2^2, \qquad 2^1, \qquad 2^0$$
$$(8) \qquad (4) \qquad (2) \qquad (1)$$

$$(1101)_2 = 1 \times 2^3 + 1 \times 2^2 + 0 \times 2^1 + 1 \times 2^0$$
$$= \quad 8 + \quad 4 + \quad 0 + \quad 1$$
$$= 13$$

∴ 10진수로는 13이 된다.

〔2〕 MSB와 LSB

 2진수에서 가장 왼쪽의 최상위 비트를 MSB(Most Significant Bit)라 한다. 이것은 이 비트의 값이 변화한 경우 가장 영향이 큰 것을 나타낸 것이며, MSB는 가장 중요 (significant)한 비트이다. 반면, 가장 우측의 최하위 비트는 가장 영향이 작기 때문에 LSB(Least Significant Bit)라 한다. 예를 들면 1101에서는 다음과 같이 대응된다.

$$1 \qquad 1 \qquad 0 \qquad 1$$
$$\vdots \qquad\qquad\qquad\qquad \vdots$$
$$\text{MSB} \qquad\qquad\qquad \text{LSB}$$

 2진수에서는 끝에 Binary의 머리 문자 B를 붙여 1101_B 또는 1101B로 표시하는 경우도 있다.

〔3〕 10진수에서 2진수로의 변환

【예제】 **2.** 10진수의 13을 2진수로 변환하여라.

해답 10진수를 2진수로 변환하려면 〔그림 2.1〕과 같이 2(기수)로 나누어 몫이 0이 될 때까지의 나머지를 LSB부터 순서대로 나열하는 방법이 있다. 이것에 의해 $13 = (1101)_2$가 된다.

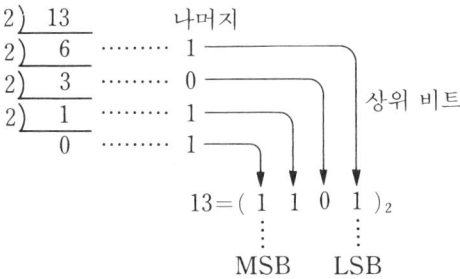

그림 2.1 10진수에서 2진수로의 변환

2.2 16진수

2.2.1 2진수를 16진수로

16진수(hexadecimal number)에서는 10진수의 숫자 0~9에 이어 다음과 같이 10~15를, 해당하는 영문자 A~F를 사용하여 1자리로 나타낸다.

    A. B. C. D. E. F. ········ 16진수
    10 11 12 13 14 15 ········ 10진수

2진수에서 16진수로의 변환은 LSB부터 4비트 단위로 구분하여 이것을 1자리로 각 비트의 가중값을 고려하면 쉽게 구할 수 있다.

【예제】 **3.** 2진수의 1010 0110을 16진수로 표시하여라.

해답 하위부터 4비트씩 구분하여 각 비트의 가중값을 고려하면 다음과 같이 된다.

    1 0 1 0   0 1 1 0   ······   2진수
    _____/   _____/
       A   6   ······   16진수

즉, $(1010\ 0110)_2 = (A6)_{16}$이다.

2.2.2 16진수의 장점

2진수로 큰 수를 표시하면 자릿수가 많아져 불편하다. 위의 예와 같이 2진수의 8자리(8비트)는 16진수로는 2자리로 표현할 수 있다. 컴퓨터의 프로그램, 데이터 등은 8비트를 단위로 하여 사용하는 경우가 많으며, 16진수가 널리 사용하게 되었다. 이 때 8비트의 데이터는 바이트(byte)라 한다. 즉.

    1바이트(byte) = 8비트(bit)

컴퓨터에 사용되는 16진수에는 끝에 Hexadecimal의 머리 문자 H를 붙여 표시하는 방법이 일반적이며, 예를 들면 $(A6)_{16}$을 $A6_H$ 또는 A6H로 표시한다. 이후로 이 책에서는 이 표현을 사용한다.

2.2.3 10진수로의 변환

〔1〕 16진수에서 10진수로의 변환

16진수에서는 1의 자리에서 16개의 수의 표현이 가능하며, 1의 자리가 올라갈 때마다 16배씩 가중값이 증가한다.

【예제】 **4.** 16진수의 $2AC_H$를 10진수로 변환하여라.

해답 16진수의 A, C는 각각 10진수에서는 10, 12이고, 식(2.1)에서 기수 $R=16$에 의해

$$2AC_H = (2AC)_{16} = 2 \times 16^2 + 10 \times 16^1 + 12 \times 16^0$$
$$= 2 \times 256 + 10 \times 16 + 12 \times 1$$
$$= 684$$

〔2〕 10진수에서 16진수로의 변환

【예제】 **5.** 10진수의 684를 16진수로 변환하여라.

해답 10진수를 16진수로 변환하려면 〔그림 2.2〕와 같이 16으로 나누어 몫이 0이 될 때까지의 나머지를 하위에서부터 순서대로 나열하는 방법이 있다. 이것에 의해 $684 = 2AC_H$가 된다.

또, 2진수로 변환한 후 16진수로 변환하는 방법도 있다.

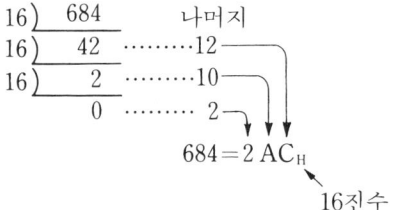

그림 2.2 10진수에서 16진수로의 변환

2.3 BCD 코드(2진화 10진수)

2.3.1 10진수와 BCD 코드

디지털 회로에서는 2진수가 편리하지만 사람은 일상 생활에서 10진수를 사용한다. 그래서 2진수를 10진수로 바꿀 수 있도록 연구된 것이 2진화 10진수(Binary Coded Decimal number)이며, BCD 코드(BCD code)라 한다. 이것은 10진수의 각 자리를 2진수의 4비트 단위로 표시하는 방법이며, 〔표 2.1〕은 10진수, 2진수, 16진수 및 BCD 코드의 관계를 나타낸다.

【예제】 **6.** 10진수의 345를 BCD 코드로 표시하여라.

해답 10진수의 각 자리를 4비트의 2진수로 표시하면 다음과 같다.

3	4	5	......	10진수
↓	↓	↓		
0011	0100	0101	......	BCD 코드

즉, $345 = (0011\ 0100\ 0101)_{BCD}$ 이다. 여기서 주의할 것은 10진수의 최상위 자리의 3도 4비트 0011로 표시하며, 맨 앞의 0은 생략할 수 없다.

표 2.1 10진수, 2진수, 16진수의 BCD 코드의 관계

10진수	2진수	16진수	BCD 코드	
			10^1	10^0
0	0	0		0000
1	1	1		0001
2	10	2		0010
3	11	3		0011
4	100	4		0100
5	101	5		0101
6	110	6		0110
7	111	7		0111
8	1000	8		1000
9	1001	9		1001
10	1010	A	0001	0000
11	1011	B	0001	0001
12	1100	C	0001	0010
13	1101	D	0001	0011
14	1110	E	0001	0100
15	1111	F	0001	0101
16	10000	10	0001	0110

2.3.2 BCD 코드의 특징

BCD 코드는 10진수로의 변환이 간단하기 때문에 사람이 관여하는 디지털 회로의 입출력 부분에 많이 사용된다. 그러나 〔표 2.1〕에서도 알 수 있는 바와 같이 10진수의 10에서 15까지에 대응하는 2진수(1010~1111)는 사용하지 않기 때문에 무용지물이며, 같은 수를 표현하는 데 2진수보다 자릿수는 많다.

연습 문제

[문제] **1.** 다음 용어에 대해서 설명하여라.

    (a) MSB와 LSB   (b) BCD 코드

[문제] **2.** 16진수의 장점을 설명하여라.

[문제] **3.** 다음의 2진수를 16진수 및 10진수로 변환하여라.

    (a) 111100   (b) 1010101   (c) 11111111

[문제] **4.** 다음의 10진수를 2진수, 16진수 및 BCD 코드로 변환하여라.

    (a) 14   (b) 100   (c) 1984   (d) 자신의 나이

디지털 회로의 기초

디지털 회로는 전압 레벨이 "High"인지 "Low"인지를 2진수의 "1"이냐 "0"이냐의 논리 기호(logic signal)로 처리한다. 각종 논리 연산을 하는 전자 회로를 논리 회로 또는 로직 회로(logic circuit)라 한다.

3.1 논리 레벨과 전압

〔그림 3.1〕은 스위치에 의한 논리 회로의 예이다. 스위치가 OFF일 때 전류 $I=0$이기 때문에 저항 R에 의한 전압 강하는 없고, 출력 X는 전원 전압 V_{CC}와 같은 +5〔V〕가 된다. 다음에 스위치를 ON으로 하면 출력 X는 접지 전압과 같은 0〔V〕가 된다. 디지털 회로(digital circuit)에서는 높은 전압값을 H 레벨(high level), 낮은 전압값을 L 레벨(low level)이라 하며, 이들을 총칭하여 논리 레벨(logic level)이라 한다.

현재 대부분의 시스템에서는 〔표 3.1〕과 같이 H 레벨을 논리 "1"로, L 레벨을 논리 "0"에 대응시키는 표현이 사용되고 있다. 이 표현을 정논리(positive logic)라 한다. 역으로 H 레벨을 논리 "0"으로, L 레벨을 논리 "1"에 대응시키는 부논리(negative logic)의 표현도 있지만 처음 배우는 사람은 혼란을 일으키기 쉬우므로, 이 책에서는 특별한 경우를 제외하고는 〔표 3.1〕에 나타낸 정논리의 표현을 사용하기로 한다.

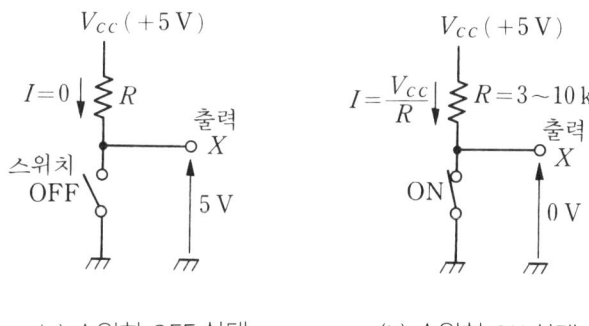

(a) 스위치 OFF 상태   (b) 스위치 ON 상태

그림 3. 1 스위치에 의한 논리 회로

표 3.1 논리의 표현(정논리)

전압	0V	5V
레벨	L	H
논리	0	1

3.2 기본 게이트 회로

3.2.1 AND, OR, NOT 회로

2진수의 0과 1을 대상으로 한 논리 연산을 대수의 연산식으로 표시한 것이 불 대수 (Boolean algebra)이며, 이 이름은 영국의 수학자 G.Boole이 붙인 것이다. 불대수의 논리 연산을 하는 회로로는 〔표 3.2〕에 나타낸 AND(논리곱), OR(논리합), NOT(부정)이 기본이다. 입력과 출력의 논리 관계를 식으로 표시한 것을 논리식(logical function)이라 하고, 표로 나타낸 것을 진리값표(truth table) 또는 논리표라 한다. 불 대수로 다루는 변수의 "0", "1"은 양을 나타내는 것이 아니라 상태를 나타내는 기호의 의미를 갖는다.

표 3.2에 나타낸 바와 같다.

표 3.2 기본적인 논리 소자

논리 소자	AND	OR	NOT(인버터)
논리 기호			
논리식	$X = A \cdot B$ (논리곱)	$X = A + B$ (논리합)	$X = \overline{A}$ (논리 부정)
진리표	A B | X 0 0 | 0 0 1 | 0 1 0 | 0 1 1 | 1	A B | X 0 0 | 0 0 1 | 1 1 0 | 1 1 1 | 1	A | X 0 | 1 1 | 0
기 능	입력이 모두 1일 때 출력은 1	입력이 1개라도 1이면 출력은 1	출력은 항상 입력과 반대의 논리 레벨

1. AND 회로는 복수의 입력이 모두 "1"("H")일 때 출력이 "1"로 된다.

2. OR 회로는 입력 중 1개라도 "1"이 있으면 출력은 "1"로 된다.

3. NOT 회로는 항상 입력과 반대의 논리 레벨을 출력한다. 즉, 입력이 "1"일 때 출력
   은 "0", 입력이 "0"일 때 출력은 "1"로 된다.

입력 신호를 반전시킬 목적으로 사용하는 NOT 회로는 인버터(inverter:반전 회로)
라고도 한다. 작은 ○ 표시는 상태 표시 기호(state indicator)라 부르며, 반전이라는
의미로서 $\overline{A}$와 같이 위에 바($\overline{}$)의 기호가 붙는다.

AND, OR 등 기본적인 논리 회로는 입력의 일부 상태에 따라서 신호를 통과시키거
나 정지시키며, 일반적으로 게이트(gate) 회로라고 부른다.

3.2.2 타임 차트

진리표는 단순히 입출력의 상태만을 나타내는 것이며 시간의 변화에 따라 입력·출력
의 변화를 나타내는 것은 타임 차트(time chart)라며, 타이밍 차트(timing chart)라
고도 부른다. 〔그림 3.2〕는 2입력 AND 게이트를 예로 한 입출력 신호의 타임 차트를
나타낸다. 입력 A, B가 모두 H 레벨("1")이 되는 시간 t_1부터 t_3 사이에서만 출력 X는
H 레벨이 된다.

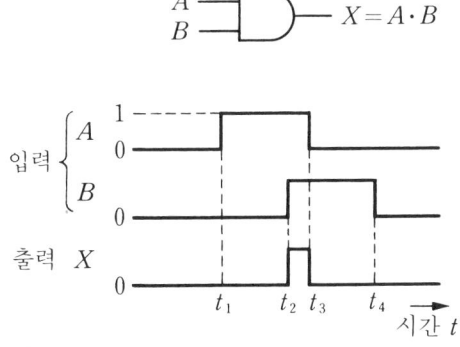

그림 3.2 타임 차트

〔그림 3.3〕은 AND 게이트를 사용하여 클록
입력 CK를 게이트 신호 G로 제어하는 경우의
타임 차트를 나타낸 것이다. 게이트 신호 G는
"1"("H")의 사이에서만 입력 신호 CK가 출력
X에 나타나며, 여기서 게이트(gate : 문)의 의미
를 이해할 수 있다. 이들은 오실로스코프에 의
해 쉽게 관찰할 수 있다.

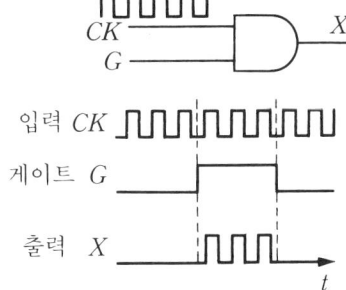

그림 3.3 게이트 신호에 의한 제어

3.3 MIL 기호

디지털 회로는 AND 회로, OR 회로, NOT 회로의 기본 게이트 소자를 조합함으로써 여러 가지 기능을 가진 회로를 구성할 수 있다. 현재는 디지털 회로를 기호로 나타내는 데 MIL 기호(Military Standard : 국방 표준 규격)가 가장 널리 사용되고 있다.

3.3.1 MIL 기호의 기본

MIL 기호의 기본은 〔그림 3.4〕에 나타낸 4개의 기호이다. (a), (b)는 앞에서 설명한 AND 및 OR 회로이다. (c)의 버퍼(buffer:완충기)는 1 입력, 1 출력의 회로이며, 입력의 논리 레벨이 그대로 출력 레벨이 된다. 이 버퍼는 부하 회로의 구동 능력을 높이기 위해 사용된다. 버퍼에 (d)의 작은 ○의 상태 표시 기호를 붙이면 앞에서 설명한 인버터(NOT 회로)가 된다.

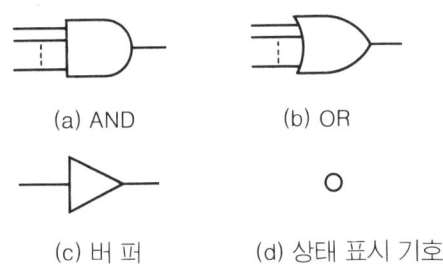

(a) AND   (b) OR

(c) 버 퍼   (d) 상태 표시 기호

그림 3. 4 기본 MIL 기호

3.3.2 정논리와 부논리

MIL 기호법에서 동작 상태를 능동(active), 동작하지 않는 상태를 비능동(passive)이라 하며, 소자에 작은 ○의 상태 표시 기호가 붙어 있으면 L 레벨("0")에서 능동을 의미하며, 이것을 액티브 로(active low)라 부르며, 액티브 L로도 쓴다. $\overline{\text{RESET}}$와 같이 신호 명 위에 바($^-$)를 붙인 것은 이 신호가 L 레벨에서 소정의 논리 동작을 하는 액티브 로라는 것을 의미하며, 회로도를 볼 때 이해가 빠르다. 이와 같이 "L"에서 액티브할 경우를 부논리, "H"에서 액티브할 경우를 정논리라 한다.

여기서 인버터의 표기법은 〔그림 3.5〕와 같이 입력이 정논리(active H)인 경우와 부논리(active L)인 경우로 나누어 사용할 수 있다. 예를 들면 2개의 인버터를 직렬로 접속할 경우 〔그림 3.6(a), (b)〕와 같이 입력을 모두 정논리로 하는 관용 방식과 입출력 신호의 능동 상태를 일치시키는 MIL 방식이 있다. 그림 (a)의 관용 방식에서는 같은 인버터를 2단으로 접속한 것을 한눈에 알 수 있으나 회로 도중의 논리 동작은 직감적으로 이해하기가 어렵다. 한편 그림 (b)의 MIL 방식에서는 부논리의 출력을 다른 게이트의 입력에 접속할 경우 입력도 부논리로 다루기 때문에 회로상의 논리의 흐름은 시각적으로 이해하기 쉽지만 다른 게이트가 접속되어 있는 것 같은 위화감이 있다. 따라서 실제 회로에서는 능동 상태의 일치와 관계가 없는 관용 방식도 사용된다.

$$ A \quad \longrightarrow \quad X = \overline{A} \qquad = \qquad \overline{A} \quad \longrightarrow \quad X = A $$

(a) 입력 정논리 　　　　　　　　 (b) 입력 부논리

그림 3. 5 인버터의 표현 방법

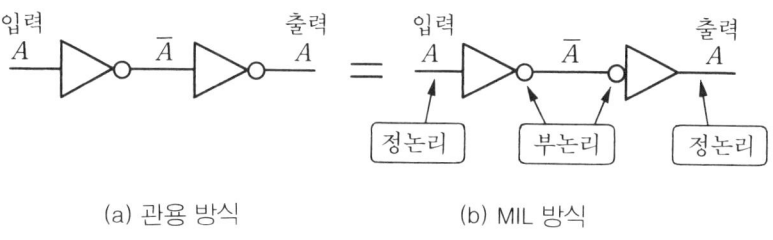

입력　　　　　　　출력　　　　　입력　　　　　　　출력
$A \quad \longrightarrow \quad \overline{A} \quad \longrightarrow \quad A \quad = \quad A \quad \longrightarrow \quad \overline{A} \quad \longrightarrow \quad A$

정논리　　　부논리　　　정논리

(a) 관용 방식 　　　　　　　　 (b) MIL 방식

그림 3. 6 인버터의 직렬 접속 표기법

3.4 NAND와 NOR 게이트

AND나 OR 게이트는 IC로서 판매되고 있지만 실제는 NAND 또는 NOR 게이트가 많이 사용된다. 특히 NAND 게이트의 사용 빈도는 높으므로 이것을 이해하는 것이 중요하다.

3.4.1 NAND 게이트

상태 표시 기호

$$ A \quad \longrightarrow \quad X = \overline{A \cdot B} \qquad \left(= \quad A \quad \longrightarrow \quad A \cdot B \quad \longrightarrow \quad \overline{A \cdot B} \right) $$
B 　　　　　　　　　　　　　　　　　　　　AND　　NOT

입　력		출　력
A	B	$X = \overline{A \cdot B}$
0	0	1
0	1	1
1	0	1
1	1	0

(a) 논리 기호 　　　　　　　　　 (b) 진리표

그림 3. 7 NAND 게이트

〔그림 3.7〕은 NAND 게이트의 논리 기호와 진리표이다. NAND 게이트는 NOT-AND, 즉 AND 출력을 부정(NOT)한 것이며, 논리식은 입력을 A, B라 하면 논리곱 $A \cdot B$를 부정한 것이므로 $X = \overline{A \cdot B}$ 가 된다. 즉,

---
NAND 게이트에서는 입력이 모두 "1"일 때, 출력은 "0"이 된다.

〔그림 3.8〕은 트랜지스터와 다이오드를 구성한 2입력 NAND 게이트의 등가 회로이다. 입력 A, B가 모두 "1"(+5〔V〕)이므로 다이오드에 전류는 흐르지 않고 트랜지스터에 베이스 전류가 흘러 ON이 되기 때문에 출력 X는 "0"(0〔V〕)이 된다. 입력 A, B 중 적어도 1개가 "0"(0〔V〕)이면 트랜지스터는 베이스 전류는 흐르지 않고 OFF가 되며, 출력 X는 "1"이 된다.

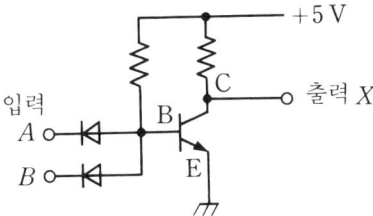

그림 3.8 2입력 NAND 게이트의 등가 회로

3.4.2 NOR 게이트

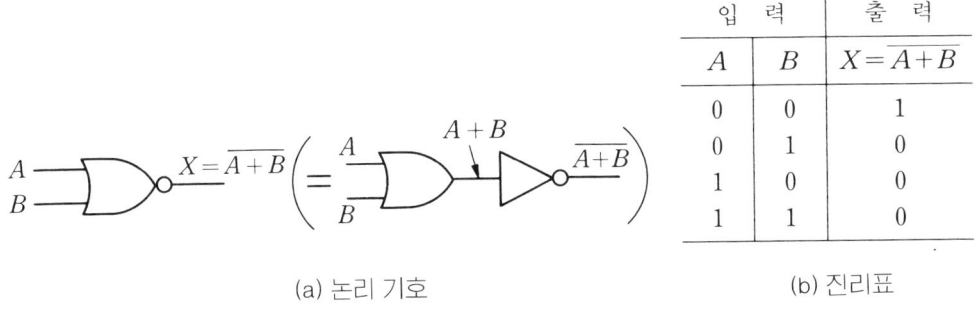

입 력		출 력
A	B	$X = \overline{A + B}$
0	0	1
0	1	0
1	0	0
1	1	0

(a) 논리 기호   (b) 진리표

그림 3. 9 NOR 게이트

〔그림 3.9〕는 NOR 게이트의 논리 기호와 진리표이다. NOR는 OR 출력을 부정(NOT)한 것이며, 논리식은 입력을 A, B라 하면 $X = \overline{A + B}$ 로 표시된다. 즉,

---
NOR 게이트에서는 입력이 1개라도 "1"이면 출력은 "0"이 된다.

NAND나 NOR 게이트는 출력측에 상태 표시 기호 ◯가 붙어 있기 때문에 액티브 로(부논리)이며, 입력에는 ◯가 없으므로 액티브 하이(정논리)인 것을 생각하면 액티브 (능동) 상태를 시각적으로 이해할 수 있다.

3.4.3 논리 기호의 변환

[그림 3.7]과 [그림 3.9]에 나타낸 NAND, NOR 회로의 논리 기호는 입력을 정논리로 한 표기법이며, IC 규격표에는 이 기호로 기재되어 있다. 그러나 액티브 로로 된 것을 고려하여 입력에 부논리를 사용하면(입력 단자에 상태 표시 기호 ◯를 붙인다.) 각각 [그림 3.10(a), (b)]와 같이 바꿔 그릴 수 있다. 표기법은 달라도 소자 자체는 똑같다.

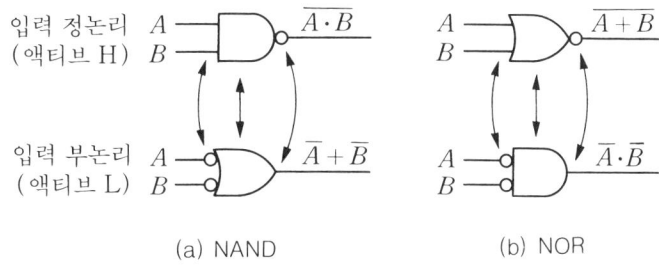

(a) NAND   (b) NOR

그림 3. 10 논리 기호의 변환

보기를 바꾸어 논리 기호의 AND를 OR로, OR를 AND로 바꾸면 입출력 단자의 각각의 상태 표시 기호의 유무가 변화함을 알 수 있다. 이와 같은 논리 기호의 변환을 이용하면 같은 기능을 다른 논리 회로로 표현할 수 있다.

【예제】 1. [그림 3.10]에 나타낸 NAND와 NOR의 2개의 표기법은 불대수에 대한 다음의 드모르간의 정리(De Morgan's theorem)를 나타내고 있다. 이 정리가 성립하는 것을 진리표를 사용하여 증명하여라.

   (1) $\overline{A \cdot B} = \overline{A} + \overline{B}$ (NAND) ·· (3.1)

   (2) $\overline{A + B} = \overline{A} \cdot \overline{B}$ (NOR) ··· (3.2)

[해답] [표 3.3]은 드모르간 정리의 진리표이다. 변수 A, B의 조합에 대해 식(3.1)과 식(3.2) 의 좌변과 우변의 결과가 같으므로 이 정리는 성립된다.

표 3. 3 드 · 모르간 정리의 진리표

A	B	$\overline{A}$	$\overline{B}$	$A \cdot B$	$A+B$	$\overline{A+B}$	$=\overline{A} \cdot \overline{B}$	$\overline{A \cdot B}$	$=\overline{A}+\overline{B}$
0	0	1	1	0	0	1	1	1	1
0	1	1	0	0	1	1	1	0	0
1	0	0	1	0	1	1	1	0	0
1	1	0	0	1	1	0	0	0	0

↑ ↑   ↑ ↑
같은 결과   같은 결과
(NAND)   (NOR)

3.4.4 NAND 게이트와 부논리

〔그림 3.11〕은 NAND 게이트에 의한 정논리와 부논리 회로의 예이다. 〔그림 3.11(a)〕는 정논리만으로 표현하는 관용 방법으로 출력의 논리를 구하려면 각 게이트의 출력을 순서대로 입력측에서 구해야 하며, 도중에 부논리 출력이 있으면 논리식은 복잡해 진다.

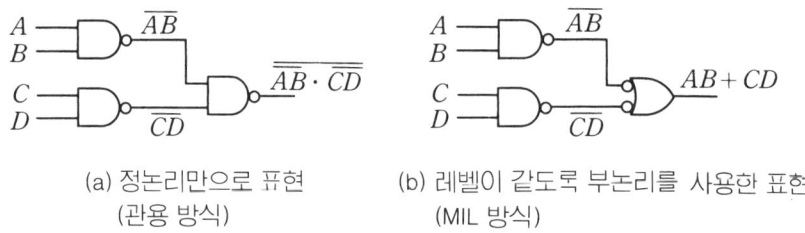

(a) 정논리만으로 표현   (b) 레벨이 같도록 부논리를 사용한 표현
(관용 방식)   (MIL 방식)

그림 3. 11 NAND 게이트에 의한 정논리와 부논리 회로의 예

〔그림 3.11(b)〕는 부논리로 출력되므로 부논리로 입력(게이트 사이에서 레벨이 같음)할 수 있게 한 MIL 방식에 의한 표현이다. MIL 방식에서는 상태 표시 기호의 ○이 항상 방향이 같고, 2중 부정이기 때문에 도중의 논리 레벨을 고려할 필요가 없고, 쉽게 출력을 구할 수 있다. 이와 같이 MIL 방식은 회로상의 논리의 흐름을 시각적으로 파악할 수 있으며, 부논리는 회로도를 설계 · 해석하는 데 유용하다.

3.5 NAND 게이트에 의한 등가 회로

게이트 소자 중 NAND 게이트는 IC화 하기 쉬운 장점이 있으며, 각 회사의 제품이 비교적 값싸게 시판되고 있으며, 가장 사용 빈도가 높다. 〔그림 3.12(a)~(c)〕는 인버터 (NOT), AND, OR이 NAND 게이트로 쉽게 만들어지는 것을 나타낸다. NAND에서 인버터를 만드는 방법에는 〔그림 3.12(a)〕와 같이 입력을 모두 접속하는 방법과 나머지 입력을 전원에 접속(full up)하는 방법이 있다. 후자는 이 게이트를 구동하는 부하를 감소시킬 수 있다(4.3.5항의 팬아웃 참고). 이와 같이 NAND 게이트를 사용하여 사용할 IC의 종류를 줄일 수 있다. 실제 회로에서는 NAND 게이트로 많은 인버터를 만들면 IC의 수가 늘어나므로 인버터가 NAND 게이트와 함께 많이 사용되고 있다.

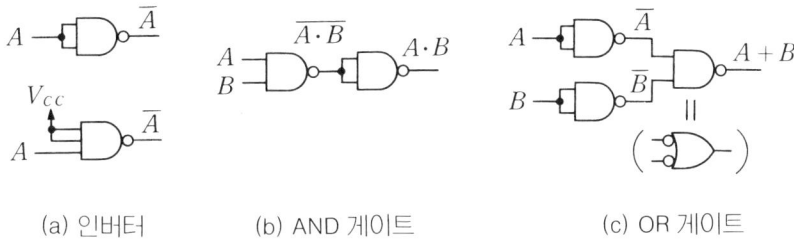

(a) 인버터　　　　(b) AND 게이트　　　　(c) OR 게이트

그림 3. 12　NAND 게이트에 의한 등가 회로

【예제】2. 〔그림 3.13(a)〕의 AND와 OR 게이트에 의한 회로를 NAND 게이트에 의한 회로로 변환하여라. 또, 이 회로의 논리식을 유도하여라.

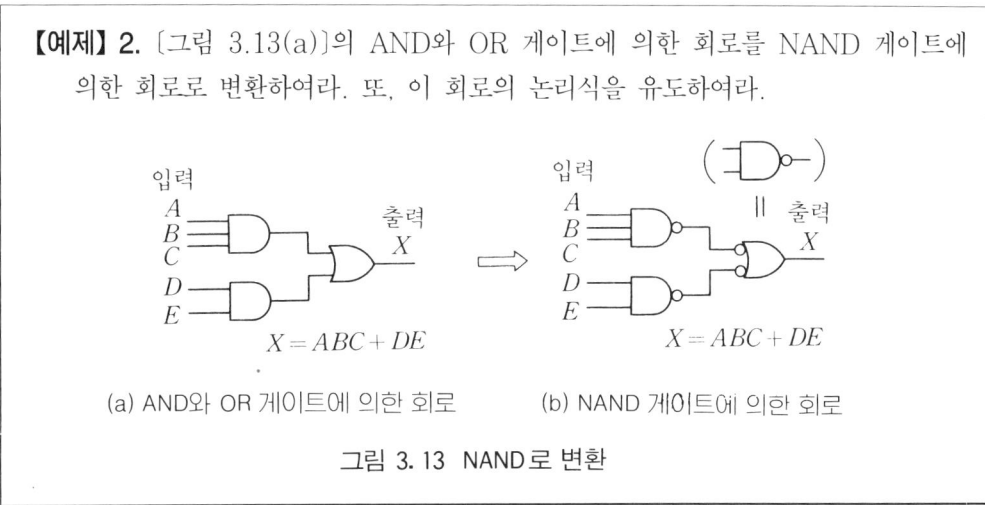

(a) AND와 OR 게이트에 의한 회로　　　(b) NAND 게이트에 의한 회로

그림 3. 13　NAND로 변환

해답　상태 표시 기호의 작은 점을 AND와 OR의 입출력 사이에 붙여 2중 부정하면 논리를 변화시키지 않고 〔그림 3.13(b)〕와 같이 모두 NAND 게이트로 구성할 수 있다. 물론 회로 (a), (b)의 논리식은 같고, $X = ABC + DE$이다.

3.6　Ex.OR 게이트와 Ex.NOR 게이트

〔1〕Ex.OR 게이트

Ex.OR란 Exclusive OR(배타적 논리합)의 약어이며, XOR라고도 쓴다. 〔그림 3.14〕는 Ex.OR 게이트의 논리 회로와 진리표이다. 이것은 입력 A, B의 어느 한쪽이

"1"일 때 OR 회로와 같이 출력 X는 "1"로 된다. 그러나 OR 회로와 다른 점은 입력 A, B가 모두 "1"일 때 출력 X는 "0"이 된다. 결국 Exclusive(배타적)라는 이름이 붙었다. Ex.OR 게이트의 논리식은 다음과 같다.

$$X = A \cdot \overline{B} + \overline{A} \cdot B \quad \cdots\cdots\cdots\cdots\cdots\cdots\cdots\cdots\cdots\cdots\cdots\cdots\cdots\cdots \text{(3.3)}$$

1개의 회로일 때는 다음과 같다.

$$X = A \oplus B \quad \cdots\cdots\cdots\cdots\cdots\cdots\cdots\cdots\cdots\cdots\cdots\cdots\cdots\cdots\cdots\cdots\cdots \text{(3.4)}$$

입 력		출 력
A	B	$X = A \oplus B$
0	0	0
0	1	1
1	0	1
1	1	0

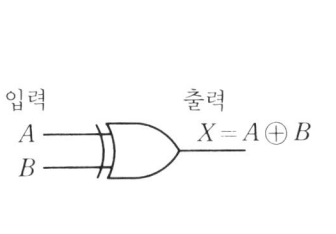

(a) 논리 기호

(b) 진리표

그림 3. 14 Ex. OR 게이트

〔2〕 Ex.NOR 게이트

〔그림 3.15(a)〕에 나타낸 Ex.NOR 게이트는 Ex.OR 게이트의 출력을 반전시킨 것으로 XNOR라고노 쓴다. 논리식은 다음과 같다.

입 력		출 력
A	B	$X = \overline{A \oplus B}$
0	0	1
0	1	0
1	0	0
1	1	1

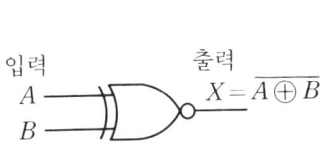

(a) 논리 기호

(b) 진리표

그림 3. 15 Ex. NOR 게이트

$$X = \overline{A \oplus B} (= A \cdot B + \overline{A} \cdot \overline{B})$$

Ex.NOR 게이트는 진리표에서 알 수 있는 바와 같이 2개의 입력 논리 레벨이 일치할 때 출력이 "1"이 된다. 따라서 Ex.NOR 회로는 일치 회로(coincidence circuit)라고도 부르며, 입력 데이터의 일치를 조사하거나 마이크로 컴퓨터의 주소 지정 등에 사용된다.

【예제】 **3.** Ex.NOR 게이트를 사용하여 4비트의 데이터 A, B가 일치하면 출력 X 가 "0"이 되는 일치 회로를 설계하여라.

[해답] Ex.NOR 게이트는 2개의 논리 입력 레벨이 일치할 때 출력이 "1"이 되므로〔그림 3.16〕과 같이 4개의 Ex.NOR 게이트 출력을 NAND 게이트의 입력에 접속하면 4비트의 데이터 A, B가 일치할 때 출력 X는 "0"(L 레벨)이 된다.

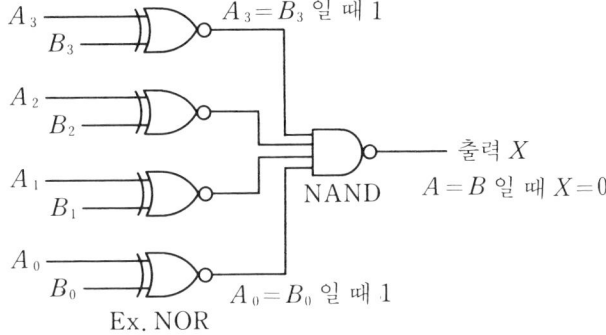

그림 3. 16 Ex. NOR 게이트에 의한 4비트 일치 회로

연습 문제

[문제] **1.** 다음 논리식의 회로도를 그려라.

〔1〕 $X_1 = A \cdot B + \overline{A} \cdot C$

〔2〕 $X_2 = (A + \overline{B}) \oplus C$

[문제] **2.** 드 모르간의 정리를 사용하여 식(3.3)의 Ex.OR의 논리식 $X = A \cdot \overline{B} + \overline{A} \cdot B$ 의 NOT(부정)이 식(3.5)의 Ex.NOR의 논리식 $X = A \cdot B + \overline{A} \cdot \overline{B}$ 가 됨을 증명하여라.

[문제] **3.** 〔그림 3.17(a)〕의 논리 회로에서 다음 물음에 답하여라.

〔1〕 출력 X와 입력 A, B, C의 관계를 논리식으로 나타내어라.

〔2〕 (b)의 진리표를 완성하여라.

〔3〕 입력 A, B, C가 〔그림 3.17(c)〕와 같이 변화할 때 출력 X는 어떻게 되는지 타임 차트를 완성하여라.

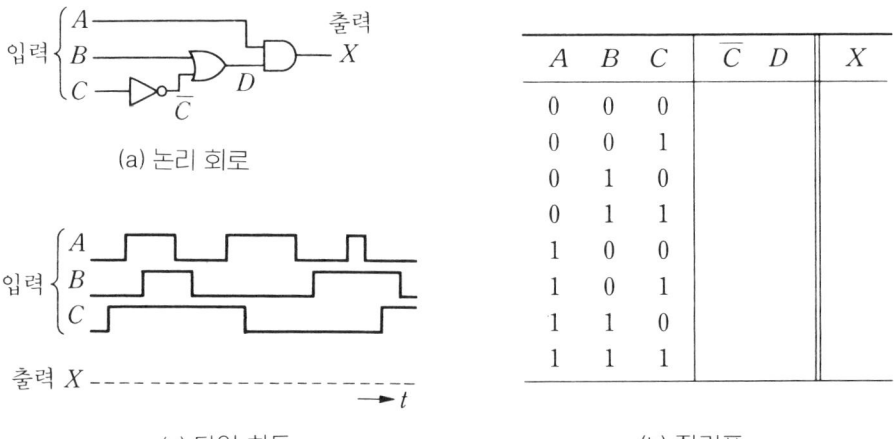

(a) 논리 회로

(c) 타임 차트

A	B	C	$\overline{C}$	D	X
0	0	0			
0	0	1			
0	1	0			
0	1	1			
1	0	0			
1	0	1			
1	1	0			
1	1	1			

(b) 진리표

그림 3. 17 입력의 논리 회로

[문제] **4.** 〔그림 3.17(a)〕의 회로를 NAND 게이트만으로 바꾸어라.

[문제] **5.** Ex.NOR 게이트를 NAND 게이트와 인버터로 구성하여라.

디지털 IC의 기초

반도체의 소자를 회로로서 용기(package)에 만들어 넣은 것이 IC(Integrated Circuit:집적 회로)이다. AND, OR 등의 게이트 회로를 위시하여 디지털 회로는 IC화 되었으며, 값도 싸고 그 종류도 풍부하다. 또 마이크로 컴퓨터 관계의 LSI의 주변 회로 에도 범용 디지털 IC가 사용된다. 따라서, 실제로 디지털 회로를 다루려면 디지털 IC의 지식이 필요하다.

4.1 디지털 IC의 종류

디지털 IC(digital IC)는 구성 디바이스(device:소자)에 따라 크게 분류하면 다음과 같다.

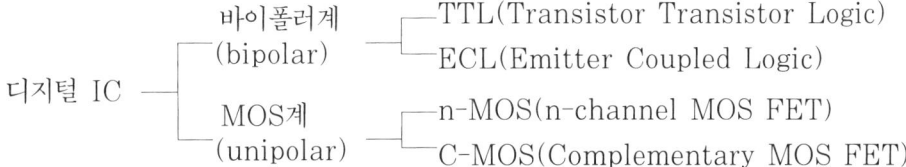

범용 디지털 IC에서 가장 많이 사용되고 있는 것은 일반적인 접합 트랜지스터를 사용 한 TTL과 전계 효과 트랜지스터(FET)를 사용한 C-MOS이다. 둘의 논리 기호는 같지 만 전압 레벨이나 전류 용량에 의한 구동 능력의 차이로 전기적 특성이 다르다. 따라서 TTL과 C-MOS를 혼재하여 사용할 경우에는 이들의 전기적 특성을 고려한 인터페이스 가 필요하게 된다.

범용 로직 IC의 종류에는 수백 가지 이상이 있지만 기본이 되는 것은 20~30 종류이 며, 이들의 사용 방법을 이해하면 디지털 회로의 설계가 용이하다.

4.2 전원과 접지

4.2.1 전원

〔1〕 전원 전압

〔표 4.1〕은 주요한 디지털 IC의 전원 전압과 단자 기호이다. IC 회로를 동작시키기

위한 전원은 사용할 IC의 종류나 목적에 따라서 다르다. TTL은 5〔V〕의 정전압 전원이 사용되며, 전원 단자에 V_{CC} 기호로 쓴다. 기준 전위 (0〔V〕)로 되는 접지 단자는 GND 로 쓰며, 그라운드라 읽는다.

표 4.1 디지털 IC의 전원 전압과 단자 기호

IC의 종류		전원 전압	⊕극	접지	⊖극
TTL	74LS 시리즈	5 V (±0.25V)	V_{CC}	GND	
C-MOS	4000B/4500B 시리즈	3~18V	V_{DD}	V_{SS}	(V_{EE})
	74HC(74AC) 시리즈	2 ~ 6 V	V_{CC}	GND	(V_{EE})

C-MOS는 TTL보다 넓은 범위의 전원 전압으로 동작이 가능하며, 동작시의 논리 레벨은 전원 전압에 비례하여 변화하기 때문에 특별히 정전압으로 할 필요가 없다. (−)측 전원 단자 V_{EE}를 가진 것은 5.7절에서 설명하는 아날로그 스위치 등의 일부이다.

종래의 표준 C-MOS의 4000B/4500B 시리즈 IC는 전원 전압 3~18〔V〕의 넓은 범위에서 사용할 수 있다. 개량된 고속 C-MOS의 74HC 시리즈는 TTL과 호환성을 고려하여 만든 것으로서 현재는 TTL의 LS 시리즈와 함께 74 시리즈를 구성하는 IC이며, 전원 단자명도 V_{CC}로 동일하다. 74HC 시리즈는 전원 전압 2〔V〕에서 부터 동작하며, 소비 전력도 극히 작으므로 전지 구동의 회로에는 최적이다. 단, 전원 전압을 낮게 하면 동작 속도가 느려지는 경향이 있다. C-MOS에서도 실제는 5〔V〕의 전원이 많이 이용되므로 디지털 IC의 실험을 위해서는 5〔V〕의 정전압 전원이면 좋다.

〔2〕 전류 용량

TTL의 소비 전류는 저소비 전력형의 LS형에서도 IC 1개당 수〔mA〕~수십〔mA〕로 크고, 실험 회로의 전원에도 0.5~1〔A〕 정도의 용량이 필요하다. 〔그림 4.1〕은 3단자 레귤레이터 7805를 사용한 5〔V〕 정전압 전원의 회로의 예를 나타낸 것이다. 반면, C-MOS는 극히 소비 전류가 작아서 건전지에 의한 구동이 가능하다.

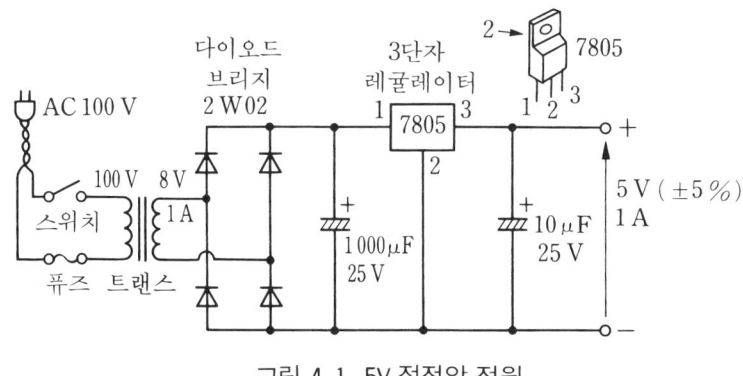

그림 4.1 5V 정전압 전원

4.2.2 접 지

〔1〕접지선

   기준 전위가 되는 어스(earth : 접지)의 회로는 〔그림 4.2〕와 같은 나무의 줄기 및 가지와 같다. 큰 전류가 흐르는 줄기 부분은 임피던스를 작게 하기 위해 큰 패턴 또는 선으로 한다. 그리고 접지선은 트리(tree) 모양으로 하여 루프(loop)를 만들 수 없게 한다. 이것은 불필요한 과전류를 방지하기 위한 것이다.

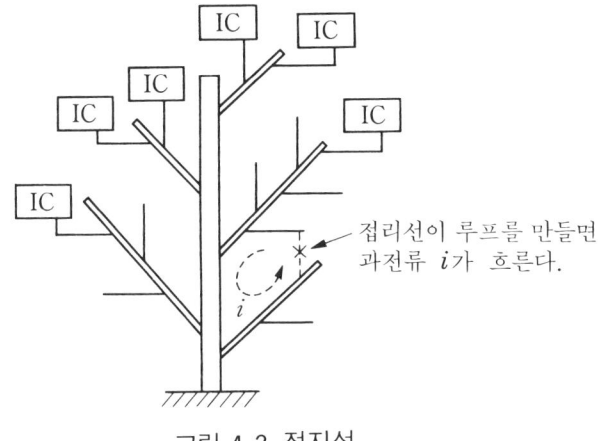

그림 4.2 접지선

   여러 개의 회로 기판을 전원에 연결할 경우 〔그림 4.3(a)〕와 같이 하면 각각의 기판의 전위는 배선의 저항 r에 의해 다른 기판을 흐르는 전류 I의 영향을 받게 된다. 이것을 피하기 위해 〔그림 4.3(b)〕와 같이 연결한다. 이 방법은 특히 접지 전위의 중요성에서 1점 어스라 부른다. 디지털 회로와 OP 앰프 등의 아날로그 회로를 혼재시킬 경우에도 접지는 별도로 하여 1점 어스로 하는 것이 중요하다. 이것을 소홀히 하면 아날로그 회로에서는 정도가 떨어져 디지털 회로에서는 오동작 등 고장을 일으키게 된다.

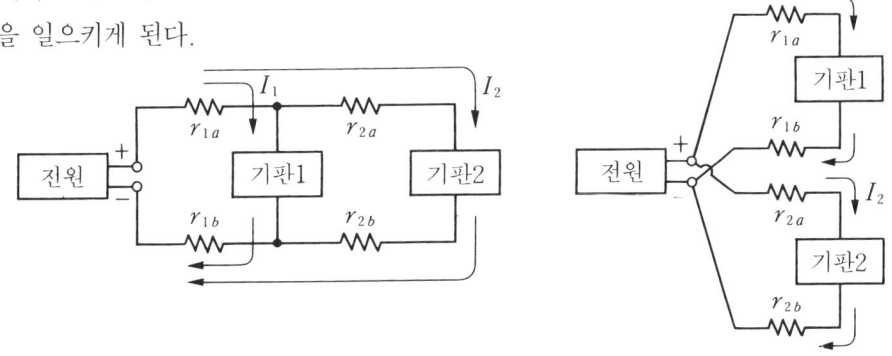

(a) 나쁜 배선의 영향 大   (b) 양호한 배선의 영향 小

그림 4.3 배선에 의한 기판 전위의 영향

〔2〕 바이패스 콘덴서

TTL이 아닌 소비 전력이 작은 C-MOS의 IC에서도 펄스 동작시에는 스파이크상으로 전류가 흐르기 때문에 전원의 임피던스를 낮게 해둘 필요가 있다. 이를 위한 전원 및 GND의 프린트 패턴을 크고 짧게 하여 〔그림 4.4〕에서와 같이 작아도 IC 몇 개에 1개의 비율로 가까이에 0.01~0.1〔μF〕정도의 세라믹 콘덴서(그림 4.4의 ⓑ 또는 ⓒ)를 두어 프린트 기판의 전원 라인의 입구에 10~100〔μF〕정도의 전해 콘덴서 1개를 붙인다. 이것을 바이 패스 콘덴서(패스콘)라 부르며, 회로를 오동작에서 지킬 수 있는 중요한 기능을 한다.

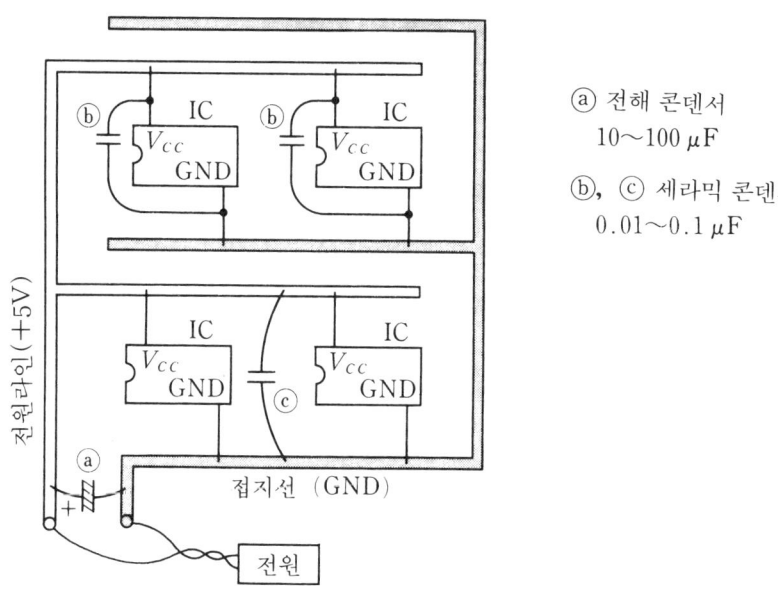

ⓐ 전해 콘덴서
  10~100 μF

ⓑ, ⓒ 세라믹 콘덴서
  0.01~0.1 μF

그림 4.4 바이 패스 콘덴서에 의한 잡음 대책

4.3 TTL의 기초

4.3.1 TTL의 종류와 형명

TTL에서는 TI사의 SN 74 시리즈가 오리지널이며, 일반적으로 74 시리즈의 형명을 사용한다. 내부 회로의 차이에 따라 S(Schottky)형, 표준(standard)형, LS(Low-power Schottky)형 등이 있다.

형명은 다음과 같이 명명되어 있다. 예를 들어 설명하면,

예	SN	74	LS	00
	제 1 항	제 2 항	제 3 항	제 4 항

■제 1 항 : 메이커명으로 각 회사로 부터 동등품인 세컨소스(second source)로서 나
　　　　　오고 있다.
■제 2 항 : 74 시리즈를 나타낸다.
■제 3 항 : IC의 종류를 나타낸다.
　　　　　무 : 표준형　　　　　LS : 저소비 전력형
　　　　　S : 고속형　　　　　(HC : 고속 C-MOS계)
■제 4 항 : 형번호로서, IC의 기능을 나타낸다.
　　　　　00 : NAND　　　　04 : 인버터 등

　종래의 표준형 TTL(예를 들면 7400)은 저소비 전력형의 LS 시리즈(예를 들면 74
LS 00)로 거의 바뀌어 가고 있다. 즉, 현재 가장 많이 사용되며, 실질적인 표준 부품으
로 되어 있는 것이 LS-TTL이다. 이 책에서도 LS-TTL을 중심으로 설명한다. 그러나,
기능을 중요시하는 경우에는 어떤 시리즈라도 (예를 들면 74 LS 04나 74 HC 04) 좋은
경우가 있으며, 이 때는 LS나 HC의 시리즈명을 붙이지 않는다. 여기서 HC시리즈는
TTL로 부터 치환된 고속 C-MOS(74 시리즈 IC)이며, 이것에 대해서는 4.4절에서 설
명한다.

4.3.2 TTL의 동작 원리와 사용 방법

〔1〕 핀 배치

　〔그림 4.5(a), (b)〕는 대표적인 TTL 게이트 IC인 7400(2입력 NAND×4)과 7404
(인버터×6)의 핀배치를 나타낸다. IC의 단자는 핀(pin)이라 부르며, IC의 패키지를 위
에서 보아(top view라 한다.) 중앙의 홈 밑에 점으로 표시한 좌측 아래의 1번 핀부터
반시계 방향으로 돌면서 번호가 붙어 있다. 단자가 평행으로 나열된 패키지를 DIP형이
라 부르며, 〔그림 4.5〕의 14핀 이외에도 16핀, 20핀, 24핀 등이 있다. V_{cc}는 전원
(+5〔V〕), GND는 접지(0〔V〕)를 나타낸다. 그러나 회로도에서는 NAND 등의 소자는
논리 기호를 나타낼 뿐, 전원이나 접지는 생략한다.

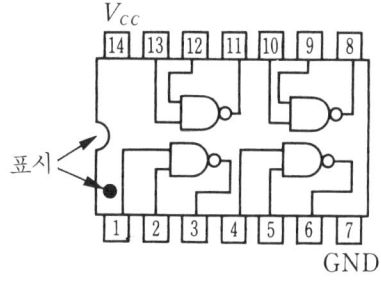

(a) 7400(NAND)

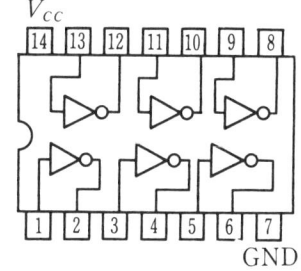

(b) 7404(인버터)

그림 4.5 대표적인 TTL 게이트 IC

〔2〕 동작 원리

7400은 74 시리즈 최초의 번호가 붙여진 가장 기본적인 게이트 IC이며, 4개의 2입력 NAND가 들어 있다. 이와 같이 여러 개의 소자가 있는 경우에는 어떤 것을 사용해도 같다. 1개의 소자 등가 회로는 표준 TTL의 경우 〔그림 4.6〕과 같다. 입력 트랜지스터 Tr_1은 멀티이미터 트랜지스터(multiemitter transistor)라 부르며, 2개의 입력 A, B 중 적어도 1개가 L 레벨 전압이면 Tr_1은 ON 상태가 된다. 이 때 Tr_1의 컬렉터는 Tr_2 의 베이스 전류가 흐르지 않도록 작용하며, Tr_2는 OFF 상태가 된다. Tr_2가 OFF로 되면 Tr_3에는 베이스 전류가 흘러 Tr_4에는 베이스 전류가 흐르지 않게 된다. 즉, Tr_3는 ON, Tr_4는 OFF가 되며 출력 X는 H 레벨 전압이 된다.

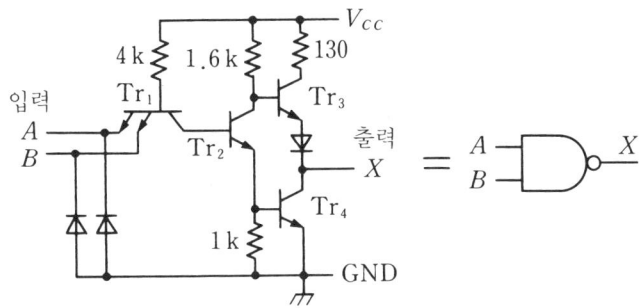

그림 4.6 2입력 NAND 게이트(7400)의 등가 회로

한편 입력 A, B가 모두 H 레벨 전압이면 Tr_1은 OFF되며, Tr_2는 ON이 된다. 그 결과 Tr_3은 OFF, Tr_4는 ON이 되며, 출력 X는 L 레벨 전압이 된다. 이상이 TTL을 대표하는 NAND 게이트의 동작 원리이다.

〔3〕 사용하지 않는 입출력 단자의 처리

여러 개의 입력 중 나머지 단자는 IC의 논리 동작에 영향을 주지 않는 논리 레벨로서 H 또는 L 레벨 중 어느 하나로 고정해 둔다. TTL의 입력이 OFF상태에서는 논리적으로 H 레벨로 되지만, 잡음에 의한 오동작을 일으키기 쉽다. 따라서 NAND 게이트에는 〔그림 4.7(a)〕와 같이 전원 단자 V_{CC}에 접속하지만, 〔그림 4.7(b)〕와 같이 입력 단자와 같이 접속한다. 이 경우 잘못하여 GND에 붙으면 입력에 관계 없이 출력은 항상 H 레벨이 된다.

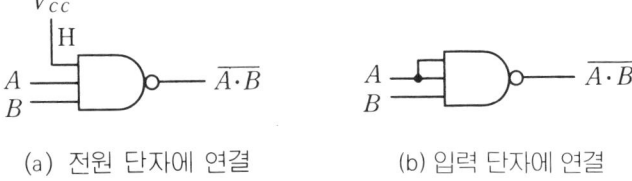

(a) 전원 단자에 연결   (b) 입력 단자에 연결

그림 4.7 남은 입력 단자의 처리(NAND의 경우)

사용하지 않는 출력 단자는 그대로의 상태, 즉 오픈(open)해 둔다. 또 일반적으로 TTL에서는 출력 단자를 단락(GND에 접지)하거나 출력 단자와 함께 접속해야 한다. 출력 논리 레벨이 다르면 과대 전류가 흘러 IC를 파손할 우려가 있다. 예외로 4.6.1항 및 4.6.2항에서 설명할 특수한 출력 기능을 가진 것이 있다.

4.3.3 TTL 레벨과 잡음 여유도

〔1〕 TTL 레벨

TTL의 전원 전압 V_{CC}=5〔V〕이면 H 레벨, L 레벨이라는 논리 레벨은 일정한 전압을 나타내는 것이 아니라 임의의 범위 내의 전압으로 규정된다. 즉, H 레벨과 L 레벨의 경계 전압을 스레숄드 전압이라 부르지만 이 전압은 동일 규격의 소자 사이에서도 차이가 있으며, 온도에 따라서도 변화하기 때문에 동일 패밀리(family : 전기적 특성을 같게 한 IC의 그룹)의 IC에서는 실용상 보증된 전압 범위가 규정되어 있다. 이들의 전기적 특성을 나타내는 기호는 다음과 같다.

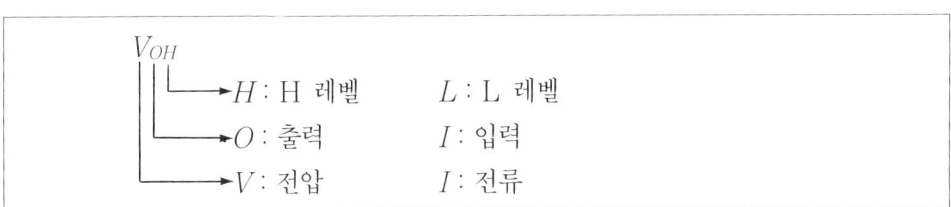

LS-TTL에서는 〔그림 4.8〕에 나타낸 전압 범위에서 H 레벨, L 레벨을 규정하고 있으며, 이것을 TTL 레벨이라 한다. 각 논리 레벨에 대한 전압은 다음과 같이 보증되어 있다.

V_{OL} : L 레벨로 출력되는 전압 　　≦0.4〔V〕
V_{IL} : L 레벨로 식별되는 입력 전압 ≦0.8〔V〕
V_{OH} : H 레벨로 출력되는 전압 　　≧2.7〔V〕
V_{IH} : H 레벨로 식별되는 입력 전압 ≧2.0〔V〕

입력 전압 0.8~2.0〔V〕의 범위는 논리 부정의 영역이고, H 레벨과 L 레벨 중 어느 것으로 처리하든 상관없다. 또 입력 전압의 최대 정격(이것을 일시적으로라도 넘으면 소자가 파손하는 한계값)은 -0.5〔V〕~$V_{CC}+0.5$〔V〕이며, 특히 잘못된 접속에 의한 음의 전압에 대한 주의가 필요하다.

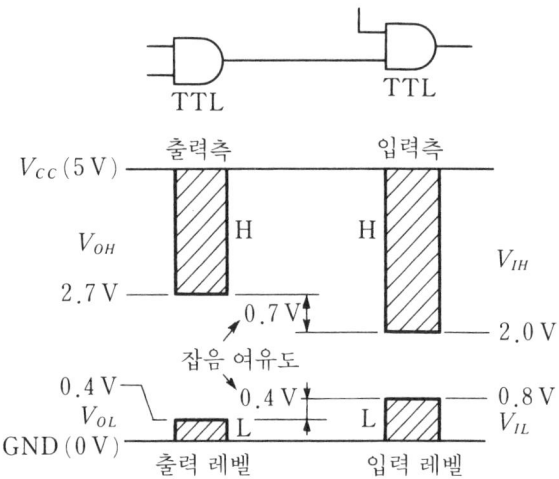

그림 4.8 LS-TTL의 입출력 레벨

〔2〕 잡음 여유도

TTL-IC와 함께 접속하여 L 레벨을 전달할 경우 〔그림 4.8〕에서 알 수 있는 바와 같이 앞의 출력 전압이 최대 $V_{OL(\max)}=0.4$[V]에 있어도 뒤의 L 레벨로 식별되는 전압의 최대값은 $V_{IL(\max)}=0.8$[V]이므로, $V_{IL(\max)}-V_{OL(\max)}=0.8$[V]$-0.4$[V]$=0.4$[V]의 여유가 있으며, 이 입력 전압을 L 레벨로 하여 식별하게 된다. 즉, 0.4[V]까지의 잡음에 대해 여유를 가질 수 있다. 이 여유도를 노이즈 마진(noise margin : 잡음 여유도)이라 한다.

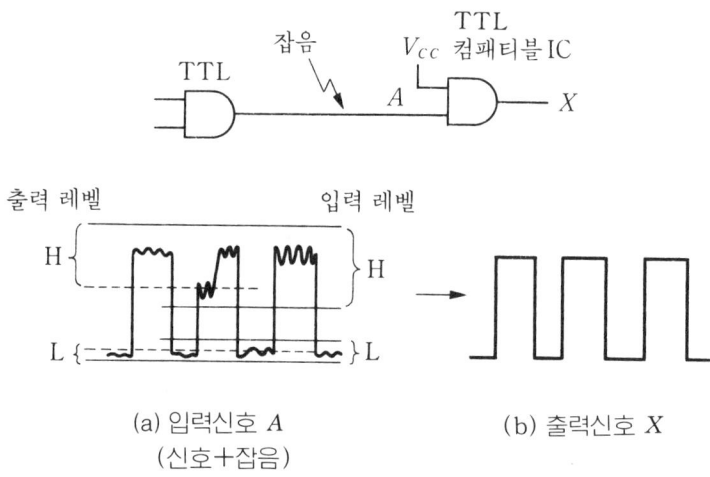

(a) 입력신호 A
(신호＋잡음)

(b) 출력신호 X

그림 4.9 TTL-IC의 잡음 특성

한편 H 레벨을 전달할 경우의 잡음 여유도는 $V_{OH(\min)} - V_{IH(\min)} = 2.7[\text{V}] - 2.0[\text{V}]$ $= 0.7[\text{V}]$이며, L 레벨의 잡음 여유도 $0.4[\text{V}]$보다 크다. 따라서 TTL에서는 잡음에 의한 오동작을 방지할 목적으로 항상 잡음 여유도가 큰 H 레벨로 해 두고, L 레벨의 신호에서 액티브하는 부논리의 설계가 많이 이루어지고 있다.

입출력 전압이 TTL 레벨에 대응해 있고, TTL과 직접 서로 접속할 수 있는 것을 TTL 컴패터블(compatible : 호환성이 있다.)이라 한다. 이 경우 〔그림 4.9〕와 같이 입력 신호에 잡음이 가해져도 잡음 여유도에 의해 출력 신호 X는 영향을 받지 않는다. 이와 같이 디지털 회로는 잡음 전압에 강하다.

4.3.4 TTL의 입출력 전류

TTL은 전류 동작형의 소자인 트랜지스터를 주체로 만들었기 때문에 신호의 입출력에는 반드시 전류의 왕래가 생긴다.

〔1〕 출력 전류

일반적으로 TTL에서는 〔그림 4.6〕의 등가 회로에서 보는 바와 같이 출력단은 〔그림 4.10〕과 같은 토템폴(totem pole)형이 있으며, 출력이 H 레벨과 L 레벨에서 출력 전류의 방향은 반대가 된다. 즉, 출력이 H 레벨의 경우 출력단의 트랜지스터 Tr_3가 ON, Tr_4가 OFF로 되어 출력 전류 I_{OH}는 TTL로 부터 외부로 흘러 나온다. 이 전류 I_{OH}를 소스 전류(source current : 토출 전류)라 한다. LS-TTL에서는 $I_{OH} \leqq 0.4[\text{mA}]$이며, 큰 전류는 흘러 나갈 수 없다.

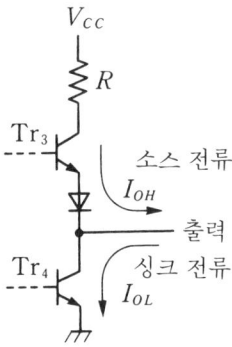

그림 4. 10 TTL의 토템폴형 출력 회로

한편 출력측이 L 레벨로 되면 역으로 트랜지스터 Tr_3이 OFF, Tr_4가 ON되며, 출력 전류 I_{OL}은 외부로부터 TTL 안으로 흘러들어 온다. 이 전류 I_{OL}을 싱크 전류(sink current : 흡입 전류)라 한다. 〔그림 4.11〕은 소스 전류와 싱크 전류의 방향과 그 최대

값이다. LS-TTL의 싱크 전류는 일반적으로 $I_{OL}\leqq8$[mA]이며, 소스 전류보다 크다. 이 값은 발광 다이오드(LED) 1개를 발광시킬 수 있으나 더욱 큰 싱크 전류가 필요할 경우에는 뒤에서 설명하는 버퍼 IC가 사용된다.

(a) 출력이 H 레벨일 때	(b) 출력이 L 레벨일 때

그림 4. 11 LS-TTL의 출력 전류

〔2〕입력 전류

〔그림 4.12〕는 LS-TTL의 입력측의 전류 방향과 그 최대값을 나타낸다. 입력이 H 레벨일 때 입력 전류의 최대값은 $I_{IH}=0.02$[mA](=20[μA])이며, 입력이 L 레벨일 경우 흘러 나오는 전류의 최대값은 $I_{IL}=0.4$[mA]이다. 당연히 입력 전류의 방향은 논리 레벨에 따라서 〔그림 4.11〕의 출력 전류 방향과 같게 된다. 소자로부터 흘러 나오는 전류 I_{OH}, I_{IL}은 음의 값으로 표시할 수도 있다.

(a) 입력이 H 레벨일 때	(b) 입력이 L 레벨일 때

그림 4. 12 LS-TTL의 입력 전류

4.3.5 팬아웃

1개의 게이트에 여러 개의 입력선과 출력선을 그리면 〔그림 4.13〕과 같이 된다. 게이트가 날개(fan) 같은 모양으로 되므로 입력선의 수를 팬인(fan in) 또는 로드 팩터(load factor)라 하며, 붙여진 출력선의 수를 팬아웃(fan out)이라 한다.

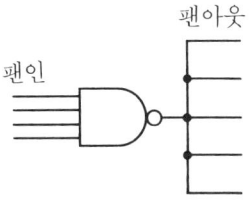

그림 4. 13 팬인과 팬아웃

【예제】 1. LS-TTL 게이트를 함께 접속할 경우의 팬아웃을 구하여라.

해답 〔그림 4.14(a)〕와 같이 LS-TTL에서는 H 레벨일 때 얻어지는 전류(소스 전류)는 I_{OH}=0.4〔mA〕(최대)이며, 접속된 게이트의 입력이 H 레벨에서 흘러 들어오는 전류는 I_{IH}=0.02〔mA〕(최대)가 되므로 H 레벨의 팬아웃은 다음과 같다.

$$\frac{I_{OH(\max)}}{I_{IH(\max)}} = \frac{0.4〔mA〕}{0.02〔mA〕} = 20 \quad\text{.. (4.1)}$$

반대로 〔그림 4.14(b)〕와 같이 L 레벨의 논리를 전달할 경우의 L 레벨의 팬아웃은 다음과 같다.

$$\frac{I_{OL(\max)}}{I_{IL(\max)}} = \frac{8〔mA〕}{0.4〔mA〕} = 20 \quad\text{.. (4.2)}$$

결국 LS-TTL에서는 출력측에 접속할 수 있는 게이트 수는 팬인이 1개의 경우 최대 20이다. 이 수를 넘어서 TTL을 접속하면 논리 레벨을 유지할 수 없어 오동작의 원인이 되거나 IC를 소손하게 된다.

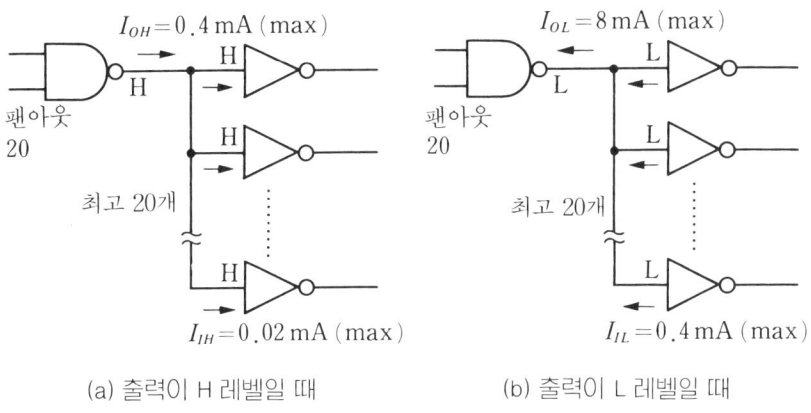

(a) 출력이 H 레벨일 때   (b) 출력이 L 레벨일 때

그림 4.14 LS-TTL의 팬아웃

4.3.6 버 퍼

다음에 설명하는 마이크로 컴퓨터 관계의 LSI(PPI 8255 등)는 TTL 컴패티블이지만 TTL을 접속할 경우의 버퍼는 낮고, 몇 개의 게이트 밖에 접속 할 수 없다. 또 싱크(흡입) 전류 I_{OL}은 LS-TTL보다 매우 작고, LED 등을 직접 구동시킬 수도 없다. 이것을 해결하기 위해서는 높은 팬아웃 IC를 LSI의 출력측에 접속하면 좋은데, 그러한 목적으로 사용되는 IC를 버퍼(buffer) 또는 드라이버(driver)라 한다.

〔그림 4.15(a)〕에 논리 기호로 나타낸 버퍼 IC로는 74 LS 07이 있으며, 패키지 안에 6회로를 갖는다. 또 〔그림 4.15(b)〕의 인버터 형식의 74 LS 06 등도 버퍼 기능을 가지

며, 74 LS 07과 똑같이 싱크 전류 I_{OL}을 최대 40[mA]까지 취할 수 있다. 그러나, 소스 (토출) 전류는 항상 게이트보다 작으며 $I_{OH} \leqq 0.25$[mA]이다. 따라서 버퍼를 사용하는 중요한 목적은 큰 싱크 전류 I_{OL}을 이용하는 것이다. 74 LS 06의 핀 배치는 [그림 4.5(b)]에 나타낸 일반적인 인버터 7404와 같다.

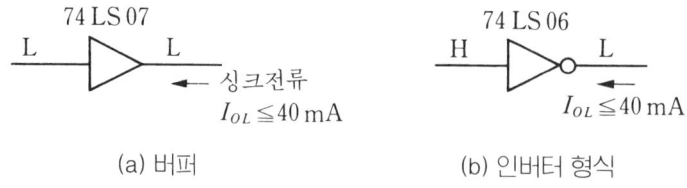

(a) 버퍼   (b) 인버터 형식

그림 4. 15 버퍼와 싱크 전류

이 외에 버퍼 기능을 가진 IC로는 싱크 전류 $I_{OL} \leqq 24$[mA]의 74 LS 37(2 NAND× 4) 등이 있다.

【예제】 **2.** 인버터 형식의 버퍼 74 LS 06을 사용하여 LED를 구동(점등)하는 회로를 나타내고, LED의 전류 제한 저항 R의 값을 구하여라.

[해답] LED를 발광시키려면 10[mA] 정도의 전류를 흐르게 하면 된다. [그림 4.16(a)]는 74 LS 06을 사용하여 직접 LED를 구동하는 회로를 나타낸 것이다. 이것은 버퍼의 출력이 L 레벨일 때 싱크 전류 I_{OL}을 최대 40[mA]로 취하면 된다.

전원 전압을 V_{CC}, LED의 순방향 전압과 전류를 V_F와 I_F, 그리고 버퍼의 L 레벨 출력 전압을 $V_{OL}(\leqq 0.4$[V])로 하면 전류 제한 저항 R는 다음 식으로 계산할 수 있다.

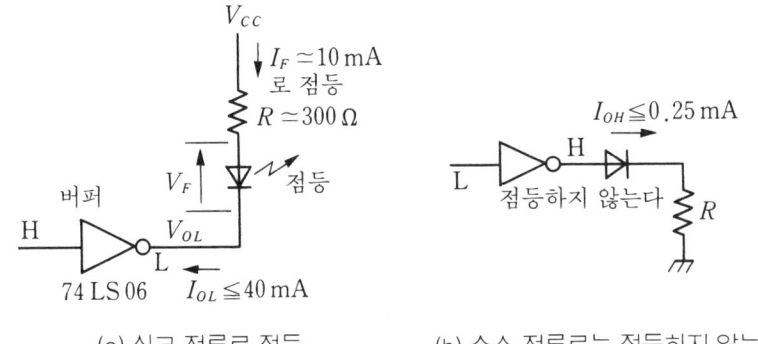

(a) 싱크 전류로 점등   (b) 소스 전류로는 점등하지 않는다

그림 4. 16 버퍼(인버터)에 의한 LED의 점등

$$R = \frac{V_{CC} - V_F - V_{OL}}{I_F}$$ .... (4.3)

여기서, $V_{CC}=5(V)$, $V_F≒2(V)$에서 발광 전류 $I_F≒10(mA)$로 하고 $V_{OL}≒0(V)$로 하면 저항값 R은 다음과 같다.

$$R≒\frac{V_{CC}-V_F}{I_F}=\frac{(5-2)(V)}{10(mA)}=\frac{3(V)}{0.01(A)}=300(Ω) \quad\text{.......................}\quad (4.4)$$

실제 회로에서는 그 전후의 $R=220\sim510(Ω)$이 흔히 사용된다. 일반 LS-TTL에서도 R ≧390(Ω)이면 싱크 전류 $I_{OL}≦8(mA)$에서 LED의 점등이 가능하다. 또 버퍼 74 LS 06은 4.6.1항에서 설명한 오픈 컬렉터 출력이기 때문에 LED측의 전원 전압은 5(V)보다 높게 할 수 있다.

〔그림 4.16(b)〕와 같이 접속하면 버퍼 IC에서도 소스 전류는 작기($I_{OH}≦0.25(mA)$) 때문에 LED는 점등하지 않는다.

4.3.7 풀업과 풀다운

〔1〕 풀업

〔그림 4.17(a)〕에 나타낸 스위치 입력의 경우 스위치가 OFF 상태로 놓인 TTL의 입력 단자는 논리 레벨이 불확정하여 고임피던스(저항 성분이 무한대)로 되며, 잡음에 의한 오동작을 일으키기 쉽다.

이와 같은 입력 레벨의 불확정을 피하는 방법의 하나가 풀업(pull-up)이며, 〔그림 4.17(b)〕와 같이 저항 R_H를 거쳐 전원 V_{CC}에 접속한다. 이 저항 R_H를 풀업 저항 (pull-up resistance)이라 하고, 스위치가 OFF 상태일 때 TTL의 입력 전압을 전원 전압 V_{CC}에 가깝게 끌어 올려(pull-up), 입력을 확실하게 H 레벨로 한다. 〔그림 4.17(c)〕와 같이 스위치가 ON 상태가 되면 TTL의 입력 전압은 0(V)가 되며, 입력은 L 레벨이 된다.

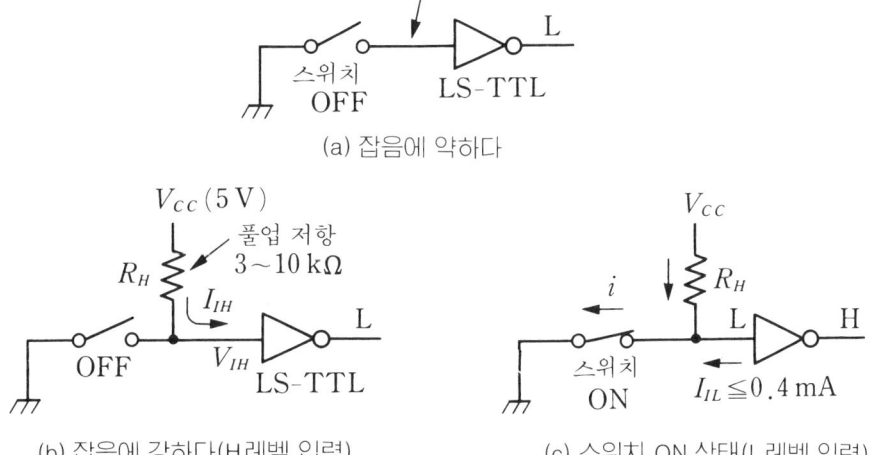

(a) 잡음에 약하다

(b) 잡음에 강하다(H 레벨 입력)   (c) 스위치 ON 상태(L 레벨 입력)

그림 4. 17 풀 업

【예제】 **3.** 〔그림 4.17(b)〕에서 논리 레벨에 영향을 미치지 않는 적절한 풀업 저항 R_H의 값을 구하여라.

[해답] 스위치가 OFF 상태일 때 LS-TTL의 입력을 H 레벨로 하면 전원 $V_{CC}(=5[V])$에서 TTL로 유입되는 전류 I_{IH}에 의해 다음 관계가 성립한다.

이것에 의해 다음 식을 얻는다.

$$R_H = \frac{V_{CC} - V_{IH}}{I_{IH}} \quad\text{..} (4.6)$$

여기서, $I_{IH}=0.02[mA]$(최대)로 하고, 내잡음성을 높이기 위해 H 레벨 입력 전압을 V_{IH} $>4[V]$라 하면 저항값 R_H의 상한으로 다음 값이 얻어진다.

$$R_H < \frac{(5-4)[V]}{0.02[mA]} = 50[k\Omega]$$

또 일반적으로 스위치의 경우 ON 상태에 대한 접촉 불량을 피하기 위해 접점에 i $=1[mA]$ 정도의 전류가 흐르도록 설계한다. 〔그림 4.17(c)〕에서 ON 상태의 스위치를 흐르는 전류 i는 다음 식으로 구해진다.

$$i = \frac{V_{CC}}{R_H} + I_{IL} \quad\text{..} (4.7)$$

이것에 의해 다음 식이 얻어진다.

$$R_H = \frac{V_{CC}}{i - I_{IL}} \quad\text{..} (4.8)$$

여기서, $i=1[mA]$, $I_{IL}=0.4[mA]$(최대)로 하면 저항값 R_H는 다음 값이 얻어진다.

$$R_H = \frac{5[V]}{(1-0.4)[mA]} ≒ 8[k\Omega]$$

이상의 결과에서 일반적으로 풀업 저항은 $R_H = 3\sim10[k\Omega]$이 얻어진다.

〔2〕 풀다운

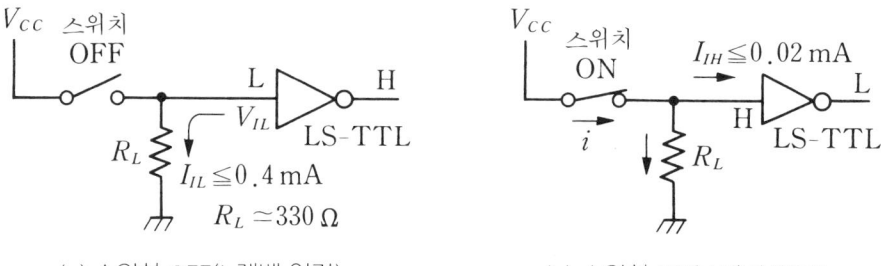

(a) 스위치 OFF(L 레벨 입력)   (b) 스위치 ON(H 레벨 입력)

그림 4. 18 풀다운 저항 R_L

풀업에 대해 〔그림 4.18(a)〕와 같이 저항 R_L을 거쳐 입력 단자를 GND에 접속하는 방법을 풀다운(pull-down)이라 한다. 그리고 이 저항 R_L을 풀다운 저항(pull-down resistance)이라 하며, 스위치가 OFF일 때 TTL의 입력 전압을 GND 전압(0〔V〕)에 가깝게 끌어내려(pull-down) 입력을 확실하게 L 레벨로 한다. 〔그림 4.18(b)〕와 같이 스위치가 ON 상태로 되면 TTL의 입력은 H 레벨이 된다.

【예제】 4. 〔그림 4.18(a)〕의 회로에서 논리 레벨에 영향을 미치지 않는 적당한 풀 다운 저항 R_L의 값을 구하여라.

[해답] 스위치가 OFF 상태일 때 LS-TTL의 입력을 L 레벨로 하면 TTL로부터 흘러 나오는 전류 I_{IL}에 의해 다음 관계가 성립한다.

$$V_{IL} = I_{IL} \cdot R_L \quad\text{...} (4.9)$$

이것에 의해 다음 식을 얻는다.

$$R_L = \frac{V_{IL}}{I_{IL}} \quad\text{...} (4.10)$$

여기서, I_{IL}=0.4〔mA〕(최대)로 하여 L 레벨 입력 전압을 약간 여유를 가지고 $V_{IL}<$ 0.4〔V〕로 하면 저항값 R_L의 상한으로서 다음 값이 얻어진다.

$$R_L < \frac{0.4〔\text{V}〕}{0.4〔\text{mA}〕} = 1〔\text{k}\Omega〕$$

R_L의 값이 이것을 넘으면 TTL에서 흘러 나오는 전류 I_{IL}에 의한 전압 상승으로 입력의 L 레벨은 유지될 수 없게 된다.

한편 〔그림 4.18(b)〕와 같이 스위치가 ON 상태로 되면 스위치를 흐르는 전류는 $i = V_{CC}/R_L + I_{IH} ≒ V_{CC}/R_L$로 결정되므로 저항 R_L을 작게 하면 소비 전류는 많아지게 된다. $R_L ≒ 0〔\Omega〕$으로 한 것은 전원을 단락시키기 때문에 허용되지 않는다.

이상의 결과에서 일반적으로 풀다운 저항은 R_L=330〔Ω〕정도를 선택한다. 그러나, TTL 회로에는 풀다운 보다 풀업이 자주 사용된다. 이것은 풀업이 잡음 여유도가 크고, 스위치를 ON 상태로 했을 때의 소비 전류도 작기 때문이다.

4.3.8 입력 레벨의 변환

논리의 H 레벨 전압이 다른 회로에서 TTL 회로로의 레벨 변환에는 〔그림 4.19〕와 같이 트랜지스터의 스위칭 작용을 이용할 수 있다. 콘덴서 C_S는 펄스의 상승 시간을 개선시키기 위한 스피드업 콘덴서로서 필요할 때에는 20~100〔pF〕정도를 사용한다.

반대로 TTL 레벨에서 더욱 높은 전압 레벨로의 변환도 〔그림 4.20〕과 같이 트랜지스터를 사용하면 가능하게 된다. 이들 회로는 입력 레벨 컨버터라 부른다.

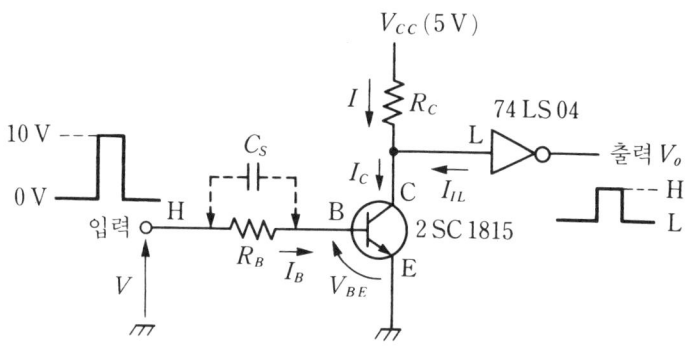

그림 4. 19 트랜지스터에 의한 TLL 레벨의 변환

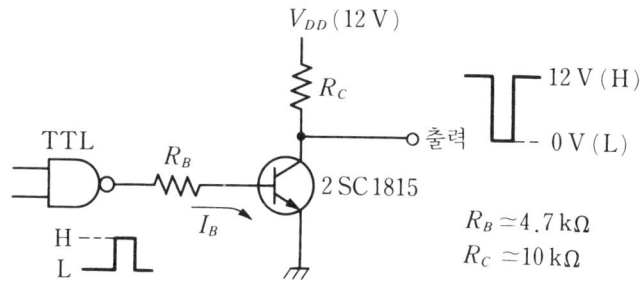

그림 4. 20 TTL 레벨에서 전압 레벨 변환

【예제】 5. 〔그림 4.19〕에서 입력 전압 V의 H 레벨이 10〔V〕일 때 트랜지스터의 베이스에 붙인 저항 R_B의 적절한 값을 구하여라.(단, 외부 저항 $R_C=1$〔kΩ〕으로 한다.)

해답 충분한 베이스 전류 I_B가 흘러 트랜지스터가 포화 상태가 되면 컬렉터·이미터간 전압은 $V_{CE}≒0.2$〔V〕로 되며 외부 저항 R_C를 흐르는 전류 I는 다음 식으로 주어진다.

$$I = \frac{V_{CC}-V_{CE}}{R_C} = \frac{(5-0.2)〔V〕}{1〔kΩ〕} = 4.8×10^{-3}〔A〕 = 4.8〔mA〕 \quad\text{………………} (4.11)$$

여기에, LS-TTL의 L 레벨 입력 전류 $I_{IL}=0.4$〔mA〕(최대)를 가하면 트랜지스터의 컬렉터 전류 I_C는 다음과 같다.(I_{IL}을 무시할 수도 있다.)

$$I_C = I+I_{IL} = 5.2〔mA〕 \quad\text{………………………………………} (4.12)$$

트랜지스터 2 SC 1815의 전류 증폭률은 $h_{FE}=70\sim700$이다. 낮은 견적인 $h_{FE}=70$으로 해도 베이스 전류 I_B는 다음과 같다.

$$I_B = \frac{I_C}{h_{FE}} = \frac{5.2〔mA〕}{70} ≒0.074〔mA〕 \quad\text{………………………} (4.13)$$

또 트랜지스터의 베이스·이미터 포화 전압은 $V_{BE}≒0.7$[V]가 되므로 저항값 R_B는 다음 값이 얻어진다.

$$R_B = \frac{V - V_{BE}}{I_B} = \frac{(10 - 0.7)\ [V]}{7.4 \times 10^{-5}\ [A]} ≒ 1.3 \times 10^5\ [\Omega] ≒ 130[k\Omega]$$

일반적으로 베이스 전류 I_B를 2~3배의 여유를 갖도록 결정해야 하므로 $R_B = 40 \sim 60$[kΩ]으로 선택한다.

저항 R_B의 값이 이것보다 현저하게 작으면 입력 전압 V는 H 레벨을 유지할 수 없게 되며 입력측에 영향을 미친다. 반대로 R_B의 값이 너무 크면 베이스 전류가 부족하여 트랜지스터는 포화 상태가 깨지기 때문에 [그림 1.41]에서 보는 바와 같이 컬렉터·이미터간 전압 V_{CE}가 높아진다. V_{CE}의 값이 LS-TTL의 L 레벨 입력 전압 $V_{IL(max)} = 0.8$[V]를 넘으면 TTL은 L 레벨을 인식할 수 없게 된다.

4.4 C-MOS IC

C-MOS는 현재 TTL과 함께 범용 디지털 IC의 중심적 존재이며, 다음과 같은 특징이 있다.
(1) 소비 전력이 매우 적다.
(2) 동작 전압 범위가 넓다.
(3) 잡음 여유도가 높다.
(4) 고집적화가 가능하다.
그러므로 지금 이후로는 C-MOS계 중심의 시대가 될 것으로 예측된다.

4.4.1 C-MOS의 종류

C-MOS에서는 RCA사/Motorola사 오리지널의 4000B/4500B 시리즈가 이제까지 표준으로 되어 있다. TTL에 비해 소비 전력이 현저하게 작은 등 우수한 특징이 있지만 응답 속도(약 100[ns])에서는 TTL계(약 10[ns])보다 떨어진다. 또 종래의 TTL과는 형 번호 붙이는 방법이 다르며 핀 접속도 다르게 되어 있다.

그러나 1980년대가 되면서 C-MOS의 결점을 개량한 74HC시리즈가 출현했다. 이 74HC시리즈는 완전하게 TTL 치환을 의식하여 만든 고속 C-MOS이며, 74시리즈로서 TTL계인지 C-MOS계인지 의식하지 않고 사용하게 되었다. 종래의 기기에 많이 사용된 TTL과 핀 배치가 같으며(핀 컴패티블이라 부른다.), C-MOS라 부르는 저소비 전력, 고잡음 여유도와 LS-TTL의 고속, 고출력 특성 등이 74시리즈의 주류를 이루는 특별한 장점들이라 최근에는 74HC시리즈의 고온, 고출력을 더욱 높인 74AC시리즈가 판매되고 있으며, 제품의 종류도 다양해지고 있다.

〔표 4.2〕는 TTL과 C-MOS의 대표적인 범용 로직 IC의 전기적 특성을 비교한 것이다.

표 4.2 범용 로직 IC의 전기적 특성(전원 전압 5V)

패밀리		전압[V]				잡음 여유도		전류[mA]			
		출력 레벨		입력 레벨				출력		입력	
		V_{OH}	V_{OL}	V_{IH}	V_{IL}	H	L	I_{OH}	I_{OL}	I_{IH}	I_{IL}
TTL	표준(74)	2.4	0.4	2.0	0.8	0.4		0.4	16	0.04	1.6
	74LS	2.7	0.4	2.0	0.8	0.7	0.4	0.4	8	0.02	0.4
C-MOS (5 V)	4000/4500	4.9	0.1	3.5	1.5	1.4		0.12	0.36	0.001	
	74HC							4			
	74AC							24			

4.4.2 C-MOS의 동작 원리와 사용 방법

〔1〕 동작 원리

C-MOS IC의 기본 회로는 〔그림 4.21(a)〕와 같이 p채널형과 n채널형의 MOS-FET를 상보형(complementary)으로 조합한 인버터(NOT 회로)이다. C-MOS 인버터는 다이오드나 저항을 포함하지 않으며, 간단한 구성으로 되어 있다. 그 동작은 〔그림 4.21(b)〕와 같이 Q_1 및 Q_2의 FET를 2개의 스위치로 대치되어 ON, OFF의 조합으로 설명된다. 즉, 입력 A=H일 때 Q_1이 OFF에서 Q_2가 ON이 되며, 출력 X=L이 된다. 한편 입력 A=L일 때는 Q_1이 ON에서 Q_2가 OFF가 되며, 출력 X=H가 된다.

이와 같이 C-MOS의 입력은 FET에 의해 전압으로 동작하며, 전류는 거의 흐르지 않기 때문에 소비 전력은 거의 없다. 또한 C-MOS는 구성이 간단하여 고밀도의 집적화가 가능하다.

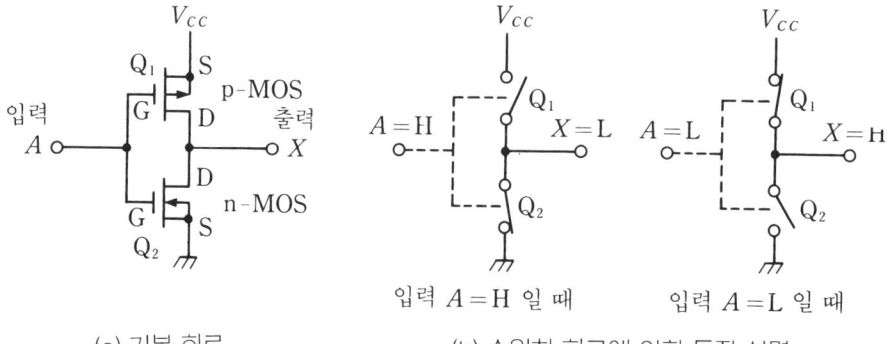

(a) 기본 회로   (b) 스위치 회로에 의한 동작 설명

그림 4.21 C-MOS 인버터의 기본 회로와 동작

〔2〕 사용하지 않는 입력 단자의 처리

① 남은 입력 단자는 TTL과 똑같이 IC의 논리 동작에 영향을 주지 않는 H 또는 L
   레벨로 고정해 둔다. 용기 내의 사용하지 않는 소자에 대해서는 TTL에서는 입력
   단자를 오픈한 상태라도 상관없다. 그러나, C-MOS의 입력은 대단히 임피던스가
   높기 때문에 입력 단자를 오픈 상태 그대로 두면 논리 레벨이 불확정되며, 불필요
   한 대전류가 흐르거나 정전 파괴의 위험성이 있으므로 용기 내의 사용하지 않는
   소자의 입력 단자도 〔그림 4.22〕와 같이 모두 전원 V_{CC}나 GND에 접속해 두어야
   한다.

② 사용하지 않는 출력 단자는 TTL과 똑같이 open 그대로 해둔다.

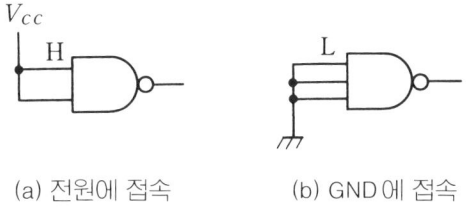

(a) 전원에 접속   (b) GND에 접속

그림 4.22 사용하지 않는 게이트의 처리(C-MOS)

〔3〕 사용상의 주의 사항

① C-MOS는 TTL에 비교해 여러 가지 우수한 특징을 가지고 있지만 취급하는 데
   에는 다음과 같은 주의가 필요하다.

   ● 정전 방지를 고려할 것 : C-MOS는 그 구조상 정전기에 의해 게이트 산화막이
     파괴되기 쉬우므로 취급시는 정전 방지에 주의해야 한다.
         단, 최근의 74HC/74AC 시리즈는 종래의 4000/4500 시리즈보다 정전기에 강
     하다.

   ● 입력 단자를 오픈 상태로 하지 않을 것 : 상기 4.4.2〔2〕에서 설명한 바와 같이
     사용하지 않는 소자의 입력 단자도 전원 V_{CC}나 GND에 접속해 두어야 한다.

이상에서 알 수 있는 바와 같이 초심자는 처음에는 취급이 비교적 쉬운 TTL(74 시리
즈)로 회로를 제작하다 몇 달이 지난 후에 C-MOS(74HC 시리즈 등)로 바꾸는 것이 좋
다.

② 회로의 실험에서는 C-MOS, TTL 모두 다음과 같은 주의가 필요하다.

   ● GND보다 낮은 전압은 가하지 말 것 : 전원의 V_{CC}와 접지를 반대로 접속하면
     IC는 파괴된다. 충분히 확인한 다음 전원 스위치를 넣는다.

   ● 과도적이라도 과대한 전압, 전류를 가하지 말 것 : IC를 소켓으로 부터 뽑거
     나, 회로 기판을 코넥터로 뽑을 경우에는 반드시 전원을 끄고 할 것.

4.4.3 C-MOS 레벨

〔그림 4.23〕은 C-MOS(74HC시리즈)의 입출력 레벨을 나타낸 것이다. 이것은 전원 전압을 TTL과 똑같이 V_{CC}=5〔V〕로 한 경우이며, C-MOS와 같이 접속할 때의 H 및 L 레벨의 잡음 여유도는 그림에서 모두 1.4〔V〕이며, 〔그림 4.8〕에 나타낸 LS-TTL의 잡음 여유도(H 레벨 0.7〔V〕, L 레벨 0.4〔V〕)에 비해 큰 값을 취한다. 전원 전압을 5〔V〕 이상으로 높이면 잡음 여유도은 더욱 커진다. 그러므로 C-MOS는 TTL보다 잡음 에 강함을 알 수 있다.

TTL을 사용한 회로의 설계에서는 회로 기판의 입출력이나 신호선이 길어져서 잡음이 염려되는 데에는 액티브 로하는 부논리가 사용되었다. 이것은 L 레벨의 잡음 여유도 (0.4〔V〕)에 비해서 H 레벨의 잡음 여유도 (0.7〔V〕)가 크기 때문에 동작하지 않을 때 의 레벨을 H 레벨로 하여 잡음에 의한 오동작을 방지하기 위한 것이다. 이것에 대해 C-MOS에서는 잡음 여유도가 어떤 레벨이라도 같으며, 신호선은 크기 때문에 정논리, 부논리 중 어느 것을 선택해도 좋다.

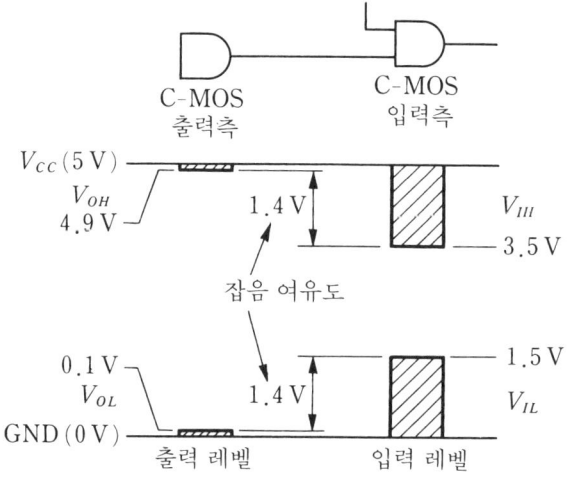

그림 4.23 C-MOS(74HC)의 입출력 레벨

4.4.4 C-MOS의 입출력 전류

〔그림 4.24〕는 C-MOS(74HC)의 입출력 전류의 최대값을 나타낸 것이다. C-MOS 는 전압 동작형의 FET를 주체로 만들었으며, 입력 임피던스는 매우 높으며, LS-TTL 에 비해 입력 단자에는 거의 전류가 흐르지 않고, H, L 레벨 모두 입력 전류는 최대 1〔μA〕(=0.001〔mA〕)이다.

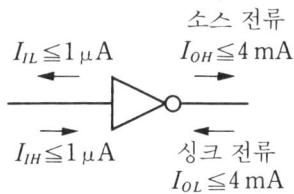

소스 전류
$I_{IL} \leqq 1 \mu A$ $I_{OH} \leqq 4 mA$

$I_{IH} \leqq 1 \mu A$ 싱크 전류
$I_{OL} \leqq 4 mA$

그림 4.24 C-MOS(74HC)의 입출력 전류

이에 대해 출력 전류는 74HC 시리즈에서는 H, L 레벨 모두 최대 4〔mA〕(74AC 시리즈에서는 최대 24〔mA〕, 4000B시리즈에서는 소스 전류 $I_{OH} \leqq 120 〔\mu A〕$, 싱크 전류 $I_{OL} \leqq 360 〔\mu A〕$)가 얻어지기 때문에 C-MOS의 버퍼는 거의 무제한에 가깝게 계산된다. 그러나, 실제는 부하 용량의 증대에 의한 동작 속도의 저하나 논리 레벨의 반전에 의한 소비 전력의 증가에서 팬아웃은 50 정도로 제한된다.

4.5 C-MOS와 TTL의 인터페이스

서로 성질이 다른 전자 회로의 사이를 전기적으로 같이 동작하도록 접속하는 회로나 장치를 인터페이스(interface)라 한다. C-MOS와 TTL과 같이 전기적으로 성질이 다른 소자를 접속할 경우에도 인터페이스가 중요하다.

회로적으로는 전압 레벨의 변환과 전류 용량의 정합이 필요하다.

4.5.1 TTL에 의한 C-MOS의 구동

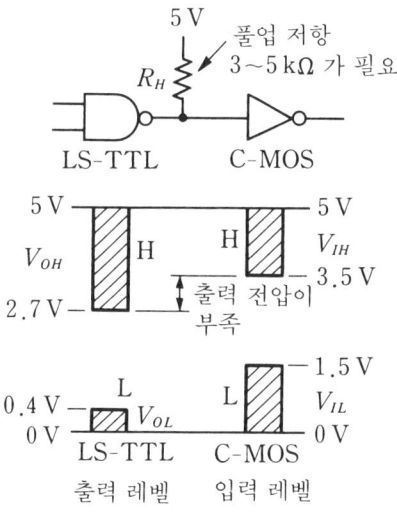

그림 4.25 TTL에 의한 C-MOS의 구동(전원 전압 5V)

〔그림 4.25〕와 같이 같은 전원 전압 V_{CC}=5〔V〕에서 LS-TTL의 출력을 C-MOS의 입력에 붙일 경우 H 레벨의 전달에 대해 TTL의 최저 출력 전압 $V_{OH(min)}$=2.7〔V〕가 C-MOS의 최저 입력 전압 $V_{IH(min)}$=3.5〔V〕보다 0.8〔V〕 낮게 되어 있으므로 정확하게 논리가 전해지지 않는 경우가 생긴다. 해결 방법으로는 그림에 표시한 바와 같이 양자 사이에 풀업 저항 R_H=3~5〔kΩ〕을 넣어 TTL 출력의 H 레벨을 전원 전압 V_{CC}(5〔V〕) 에 가깝게 끌어 올린다.

또 TTL과 전원 전압이 다른 C-MOS의 인터페이스에는 4.6.1항에서 설명할 오픈 컬렉터 출력의 IC가 사용된다.

4.5.2 C-MOS에 의한 TTL의 구동

〔그림 4.26〕과 같이 입출력 레벨의 조건은 만족스럽다. 단, 〔표 4.2〕에서 알 수 있는 바와 같이 4000B시리즈의 C-MOS 출력 펀의 싱크 전류 I_{OL}은 작고, LS-TTL을 1개 밖에 구동할 수 없다. 따라서 4000B시리즈에서는 싱크 전류가 큰 버퍼(예를 들면 4049)를 도중에 넣어 TTL을 드라이브 하고 있다.

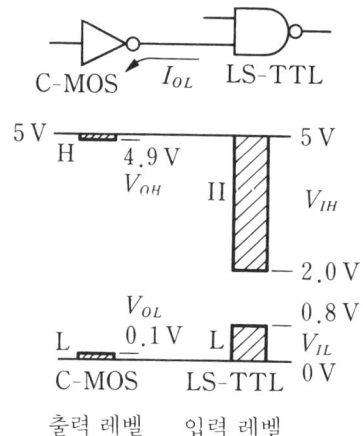

그림 4.26 C-MOS에 의한 TTL의 구동(전원 전압 5V)

그러나, 최근의 C-MOS의 74HC 및 74AC 시리즈에서는 출력 전류가 크게 되어 있어서 충분히 TTL을 구동시킬 수 있다.

【예제】 6. 전원 전압을 5〔V〕로 하는 74HC시리즈의 C-MOS에서 LS-TTL을 구동 시킬 경우 팬아웃을 〔표 4.2〕에서 구하여라.

〔해답〕 74HC 시리즈에서는 출력이 H 레벨일 때 출력 전류(소스 전류)는 최대 I_{OH}=4〔mA〕이

다. 이에 대해 H 레벨의 LS-TTL의 입력 단자에 유입되는 전류는 최대 $I_{IH}=0.02$[mA]이
므로 H 레벨에 대한 팬아웃은 다음과 같다.

$$\frac{I_{OH(max)}}{I_{IH(max)}} = \frac{4[mA]}{0.02[mA]} = 200 \quad\text{...}\quad (4.15)$$

그러나 L 레벨의 논리를 전달할 경우 L 레벨 출력의 74 HC의 싱크 전류는 최대
$I_{OL}=4$[mA]인 것에 대해 L 레벨의 LS-TTL에서 흘러 나오는 전류는 최대 $I_{IL}=0.4$[mA]
이다. 따라서 L의 팬아웃은 다음과 같다.

$$\frac{I_{OL(max)}}{I_{IL(max)}} = \frac{4[mA]}{0.4[mA]} = 10 \quad\text{...}\quad (4.16)$$

즉, 74HC시리즈의 C-MOS는 최대에서 10개의 LS-TTL(정확하게는 10개의 신호선)을
팬아웃할 수 있게 된다.

표 4.3는 C-MOS IC의 드라이브 능력을 나타낸 것이다.

표 4.3 C-MOS IC의 드라이브 능력

패밀리		IC 예	접속할 수 있는 상대	
			LS-TTL	표준 TTL
C-MOS	4000B 시리즈	4011	1	0
		4049 (버퍼)	8	1
	74HC 시리즈	74HC04	10	2
TTL	74LS 시리즈	74LS04	20	4

4.6 게이트 IC의 특수 기능

게이트 IC에는 논리적인 기능과 더불어 특별한 기능을 가진 것이 있다. 대표적인 것
으로 오픈 컬렉터 출력, 3상태 출력, 시미트 트리거가 있다.

4.6.1 오픈 컬렉터 출력

TTL의 출력단은 [그림 4.10]에 표시한 토템폴형이 많지만 일부의 TTL에서는 그림
4.27(a)와 같은 출력 회로를 가진 것이 있다. 컬렉터에 아무것도 접속하지 않고 그대로
출력 단자로 되어 있다고 오픈 컬렉터 출력(open-collector output)이라 한다. 보통의
게이트와 구별하기 위해 [그림 4.27(b)]와 같이 "*" 또는 "O.C."의 기호가 붙어 있다.
오픈 컬렉터 출력에는 다음과 같은 특색이 있다.

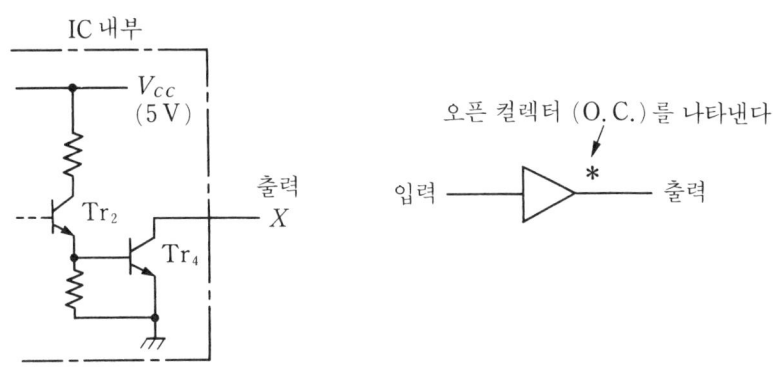

(a) IC 출력단의 구성   (b) 오픈 컬렉터 출력을 나타내는 기호 (*)

그림 4. 27 오픈 컬렉터 출력

〔1〕 레벨 변환(다른 회로와의 인터페이스)

〔그림 4.28〕과 같이 고내압 오픈 컬렉터 IC에서는 외부에 붙이는 저항 R_H(풀업 저항에 해당한다.)를 TTL의 전원 전압 V_{CC}보다 높은 전원 전압 V_{DD}에 접속할 수 있게 된다. 이것에 의해 출력 X에는 TTL 레벨보다 높은 고압 출력이 얻어지며, TTL 이외의 회로도 구동시킬 수 있다.

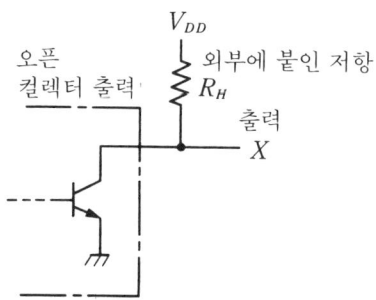

그림 4. 28 오픈 컬렉터에 의한 전압 레벨 변환

【예제】 7. 오픈 컬렉터 출력을 이용하여 TTL에서 전원 전압이 $V_{DD}=12$〔V〕의 C-MOS로의 인터페이스를 설계하여라.

해답 TTL의 전원 전압 V_{CC}는 5〔V〕로서 바꿀 수 없으므로 고내압의 오픈 컬렉터 출력의 TTL을 사용하여 〔그림 4.29〕와 같이 풀업 저항 R_H에 가하는 전압을 V_{DD}로 한다. 이것에 의해 C-MOS 회로로의 레벨 변환이 이루어 진다. 예를 들면 74LS06(인버터×6), 74LS07(버퍼×6) 등은 내압 30〔V〕이다.

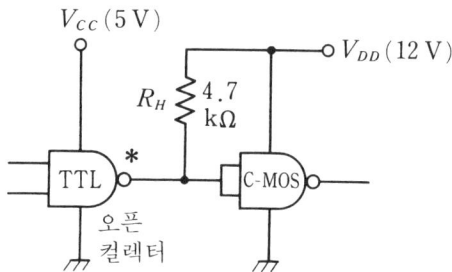

그림 4.29 TTL과 전원 전압이 다른 C-MOS의 인터페이스

〔2〕드라이버 기능

〔그림 4.28〕의 저항 R_H 대신 발광 다이오드 LED나 소전류의 릴레이 등을 접속하면 직접 이들을 구동(drive)할 수 있다. 버퍼/드라이브 IC의 74LS07(버퍼), 74LS06(인버터)은 오픈 컬렉터 출력이며, 30〔V〕고내압을 이용하여 〔그림 4.30〕에 나타낸 바와 같이 구동 전류가 큰 릴레이를 드라이브할 수 있다(최대 싱크 전류 40〔mA〕). 다이오드는 릴레이 코일에 발생하는 역기전력을 흡수하여 IC를 보호하기 위해 있으나 다이오드의 극성(그림 1.26 참고)이 다르면 IC에 과대 전류가 흘러 파손되므로 주의한다.

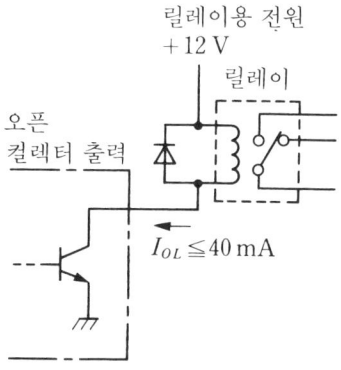

그림 4.30 오픈 컬렉터 출력에 의한 릴레이의 구동

릴레이 구동용으로 5〔V〕전원을 사용할 경우 릴레이 동작에 의한 잡음으로 IC가 오동작하는 것을 피하기 위하여 IC용의 5〔V〕전원과 별도로 하는 것이 좋다.

〔5〕와이어드 접속

일반적으로 TTL은 토템폴형 출력으로서 여러 개의 출력을 함께 접속할 수 없는 것에 대해 오픈 컬렉터 출력은 〔그림 4.31〕에 나타낸 바와 같이 여러 개의 출력 단자를 공통으로 외부에 붙이는 저항 R_H를 사용하여 서로 결선할 수 있다. 이것을 와이어드(wired

: 결선된) 접속이라 하며, 병렬 접속만으로 OR 출력 또는 AND 출력이 얻어지는 기능을 총칭하여 와이어드 OR(wired OR)이라 한다.

〔그림 4.31〕의 회로에는 각 오픈 컬렉터 IC의 출력 A, B가 H 레벨("1"), 즉 출력 트랜지스터가 모두 OFF 상태일 때만 와이어드 출력 X는 "H"("1")가 된다. 여기서 1개의 출력이라도 "L"("0"), 즉 트랜지스터가 ON으로 되면 출력 X는 L 레벨("0")이 된다. 진리표에서 확실히 알 수 있는 바와 같이 이것은 AND 회로에 해당한다. 이것을 부논리로 생각하면 OR 회로가 된다.

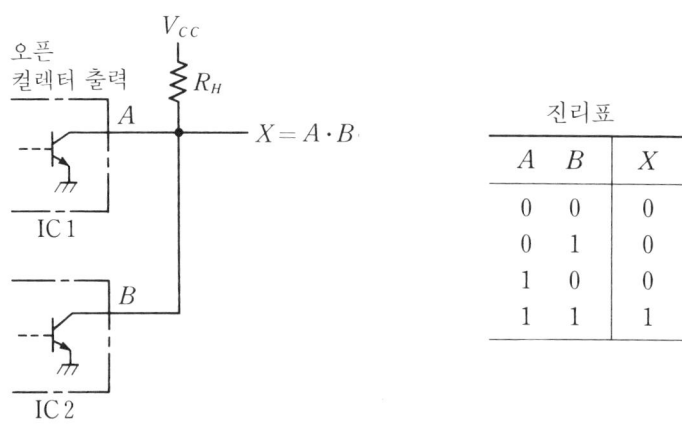

진리표

A	B	X
0	0	0
0	1	0
1	0	0
1	1	1

그림 4.31 오픈 컬렉터 출력의 와이어드 접속

TTL의 오픈 컬렉터에 대응하는 것으로서 C-MOS에서는 오픈 드레인(open drain)이라 부른다.

【예제】 8. 〔그림 4.32〕는 오픈 컬렉터 출력의 와이어드 접속을 이용한 일치 회로이다. 출력 X가 "1"("H")로 될 때의 데이터 A를 16진수로 표시하여라.(단, DIP 스위치의 설정은 오른쪽에서 2번째만 ON으로 한다.)

〔해답〕 Ex.NOR 게이트는 입력이 일치하면 출력이 "1"로 되는 게이트이며, 여기서는 오픈 컬렉터 출력의 IC(74266)가 사용되며 와이어드 접속이 되어 있다. 따라서 4조의 Ex.NOR의 2 입력이 모두 일치하면 와이어드 출력 X는 "1"이 된다. DIP 스위치에 의한 설정값은 $(1101)_2 = D_H$(첨자 H는 16진수를 표시한다.)이므로 입력 $A_3 \sim A_0$의 데이터 A가 $A = D_H$일 때 출력 $X = 1(H)$이 된다. 이 회로는 제7장에서 배울 컴퓨터의 주소 설정에 이용된다.

또, DIP 스위치는 필요한 비트 수만큼 단극 스위치를 나열한 것으로서 디지털 회로에 대한 대표적인 스위치이다. IC 기판상에 붙여서 이 예와 같이 흔히 입력 설정용으로 사용된다.

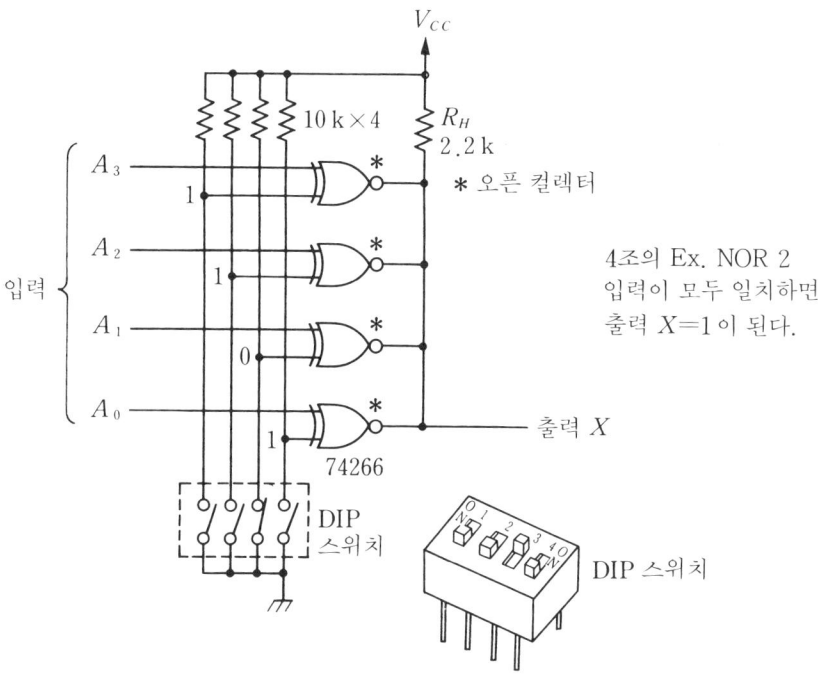

그림 4.32 와이어드 접속에 의한 일치 회로

4.6.2 3상태 출력

〔1〕 3상태 출력의 특징

디지털 회로의 출력은 H 레벨과 L 레벨의 2가지 상태 중 하나를 취하지만 3상태 출력(three state output) 또는 트리 스테이트 출력(tri-state output)이라고 부르는 것은 그 외에 하이 임피던스(high impedance) 상태, 즉 출력이 입력과 단절되어 전기적으로 절연 상태로 할 수 있기 때문이다. 따라서 3상태 출력 IC는 서로 출력을 접속하여 이용할 수 있다.

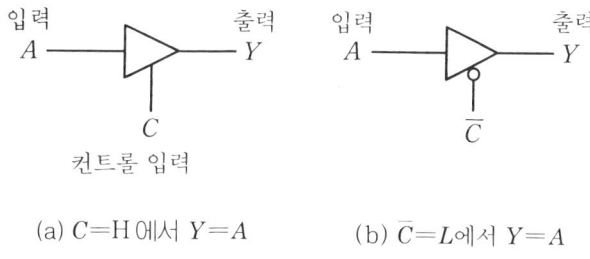

그림 4.33 3상태 버퍼의 회로 기호

〔그림 4.33〕은 3상태 출력을 가진 버퍼인 3상태 버퍼(three state buffer)의 회로 기호를 나타낸 것이다. 〔그림 4.33(a)〕는 컨트롤 입력 C가 H 레벨일 때 입력 A의 논리가 그대로 출력 Y에 나타나며, 컨트롤 C가 L 레벨이 되면 출력 Y는 하이 임피던스 상태로 된다. 즉, 다음과 같이 출력된다.

C=H일 때 $Y=A$(버퍼 동작)

C=L일 때 $Y=Z$(하이 임피던스 상태)

〔그림 4.33(b)〕에서는 컨트롤 입력에 상태 표시 기호의 작은 점을 붙이고 있으므로 $\overline{C}$=L 일 때 $Y=A$가 되며, $\overline{C}$=H일 때 $Y=Z$가 된다. 〔그림 4.34〕는 패키지 안에 4회로가 든 3상태 버퍼 74126의 핀 배치를 나타낸 것이다.

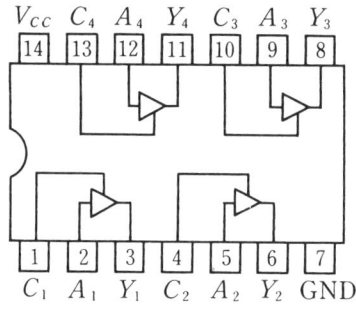

그림 4.34 3상태 버퍼 74126

〔2〕 3상태 버퍼의 응용

〔그림 4.35〕는 3상태 버퍼 3개의 출력을 접속한 예이며, 1개의 전송선을 사용하여 여러 개의 서로 독립된 신호를 시분할(time sharing)로 전송할 수 있다. 즉, 각 컨트롤 입력의 펄스 폭의 시간 t_A, t_B, t_C만큼 각 게이트는 버퍼 동작을 하여 신호 A, B, C를 시간적으로 분할하여 전송선으로 출력한다.

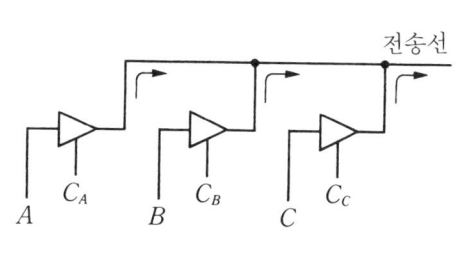

(a) 3상태 출력의 접속

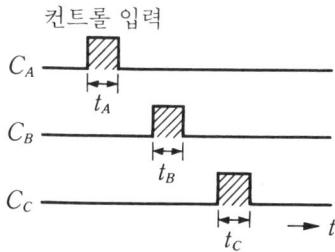

(b) 컨트롤 입력의 타임 차트

그림 4.35 시분할에 의한 전송선으로의 출력

또 3상태 버퍼는 마이크로 컴퓨터의 버스 라인(bus line)으로 신호를 출력시키기 위한 버스 버퍼(bus buffer) 등으로 사용된다. 8비트의 버퍼 IC에는 〔그림 4.36〕과 같이 74 LS 465(81 LS 95)나 74541 등이 있다. 버스 버퍼의 사용법에 대해서는 7.2.3항에서 상세하게 설명한다.

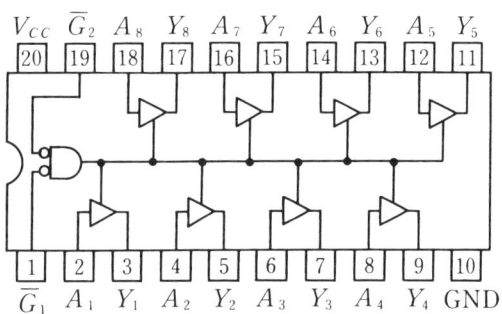

그림 **4. 36** 3상태 버스 버퍼 **74 LS 465(81 LS 95)**

4.6.3 시미트 트리거

〔1〕 시미트 트리거의 효과

디지털 IC의 논리 레벨은 H, L 레벨의 2개의 영역으로 나뉘지만 실제로는 그 사이에 경계가 되는 스레솔드 전압이 존재하며, 이 부근에서는 회로는 불안정하며 논리는 불확정하다. 시미트 트리거(Schmidt trigger)라 부르는 회로는 2개의 스레솔드 전압을 가진 파형 정형 회로(waveform shaping circuit)라고도 부른다.

〔그림 4.37(a), (b)〕에 인버터를 예로 들어 설명한다. 〔그림 4.37(a)〕는 일반적인 인버터(예를 들면 7404)로서 입력 전압이 완만하게 변화할 경우 입력 파형에 포함된 잡음에 의해 스레솔드 전압 V_T 가까이에서 출력 신호에는 채터링(chattering)이 나타난다. 이 현상은 카운터 등에서 오동작의 원인이 된다.

이 문제를 해결한 것이 〔그림 4.37(b)〕에 나타낸 시미트 트리거의 인버터(예를 들면 7414)이며, 게이트 기호 안에는 시미트 트리거 입력을 나타내는 기호(⊔)가 그려져 있다. 입력 전압이 상승할 때의 스레솔드 전압 V_{TP}와 하강할 때의 스레솔드 전압 V_{TN}이 다른 값을 취하는 히스테리시스(hysteresis : 이력) 특성을 갖기 때문에 출력이 한번 "H" 또는 "L" 반대로 하게 되면 입력 파형에 잡음이 가해지더라도 그것이 히스테리시스 폭의 전압($V_{TP} - V_{TN}$) 이내의 진폭이면 출력은 잡음의 영향을 받지 않는다. 따라서 파형을 정형하여 잡음에 강한 게이트를 실현할 수 있다.

시미트 트리거는 입력 파형이 서서히 변화할 경우 외에 거친 파형의 파형 정형이나 교류 파형을 펄스 파형으로 변환하는 경우에 특히 유효하다. 〔그림 4.38〕은 시미트 트리거의 유무에 의한 출력 파형의 차이를 나타낸 것이다. 히스테리시스 전압 V_H 때문에 일그러진 파형도 정형됨을 알 수 있다. 전용 시미트 트리거 IC로는 7414(인버터×6)와 74132(2입력 NAND×4) 등이 있으며, 핀 배치는 〔그림 4.5(a), (b)〕에 나타낸 일반적인 게이트와 같다. 그 밖에 입력 시미트 트리거를 가진 IC도 매우 많다.

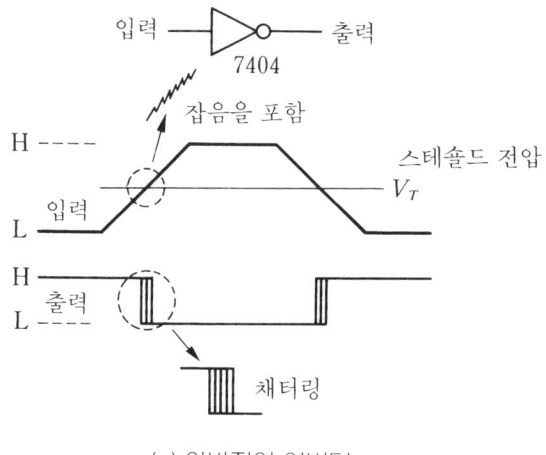

(a) 일반적인 인버터

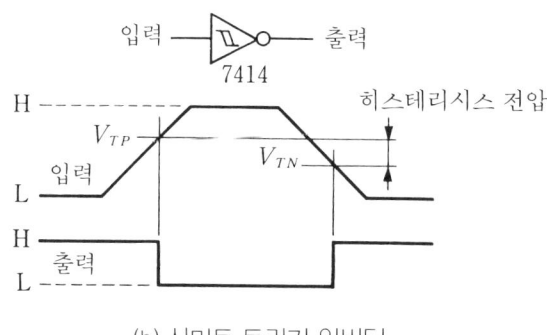

(b) 시미트 트리거 인버터

그림 4.37 정확히 변화하는 입력 신호에 대한 시미트 트리거의 특성

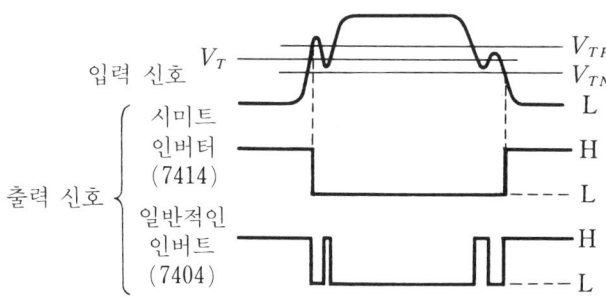

그림 4.38 시미트 트리거에 의한 파형 정형

〔2〕 일반 게이트를 사용한 시미트 회로

전용 시미트 트리거를 사용하지 않아도 일반 게이트의 조합으로 시미트 회로를 만들 수 있다. 입력 전류가 극히 작은 C-MOS에서는 〔그림 4.39(a)〕에서와 같이 인버터 2개와 저항 2개로 만들 수 있다.

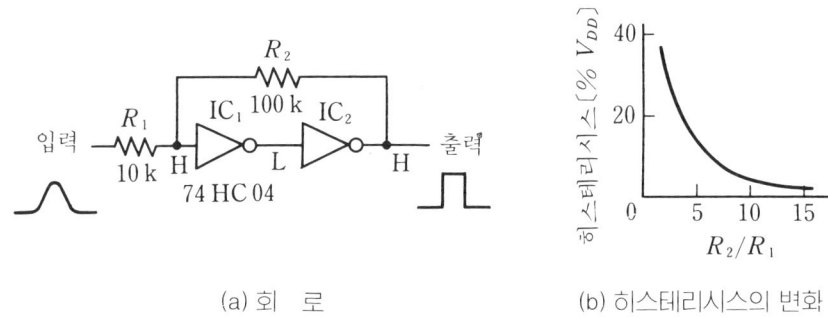

(a) 회　로　　　　　　　　　(b) 히스테리시스의 변화

그림 4. 39　C-MOS 게이트를 사용한 시미트 회로

원리는 입력 전압이 "L"에서 증가하여 스레숄드 전압 V_{TP}를 넘으면 IC_1의 출력은 "L"가 되며, 다음 단의 IC_2의 출력은 "H"가 된다. 이 때 IC_2의 출력 전압이 저항 R_2를 경유하여 귀환되며, IC_1의 입력이 상승함에 따라서 히스테리시스가 생긴다. 히스테리시스의 크기는 〔그림 4.39(b)〕와 같이 2개의 저항의 비 R_2/R_1로 바꿀 수 있다.

〔3〕 시미트 트리거의 응용

【예제】9. 〔그림 4.40(a)〕와 같이 RC 적분 회로에 시미트 트리거를 접속하면 펄스 지연 회로로 되는 것을 타임 차트로 나타내어라. 또, TTL과 C-MOS의 경우 논리 레벨에 영향을 주지 않는 저항 R의 범위를 구하여라.

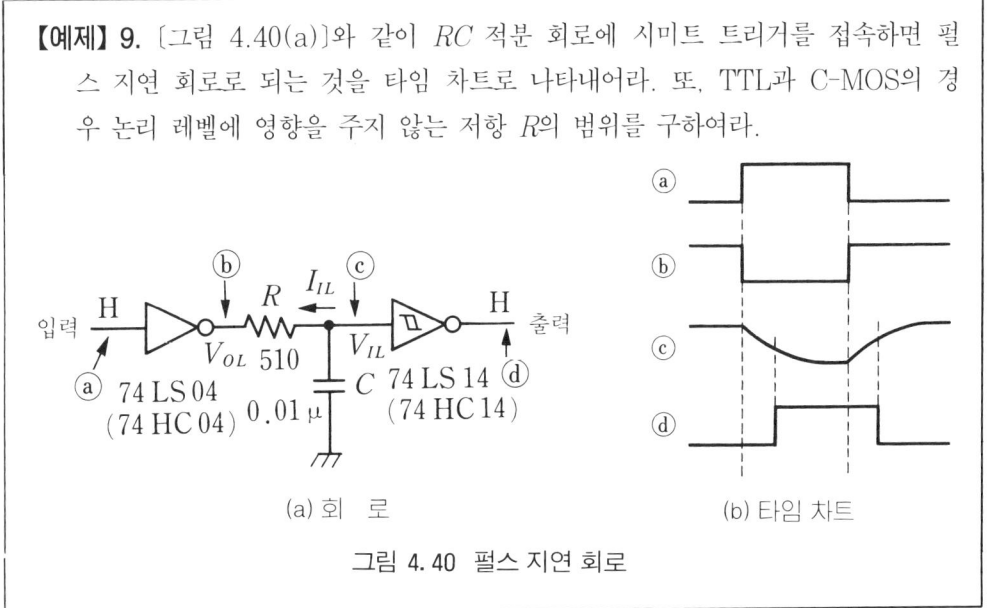

(a) 회　로　　　　　　　　　(b) 타임 차트

그림 4. 40　펄스 지연 회로

[해답] 〔그림 4.40(b)〕에 나타낸 바와 같이 RC 적분 회로로 된 파형 ⓒ가 시미트 트리거로서 파형 정형하면 입력 펄스 ⓐ보다 지연된 신호 ⓓ가 된다.

입력 전류가 큰 TTL(74 LS 14)에서는 입력부에 큰 저항을 넣으면 L 레벨 입력 전압 V_{IL} 은 전단의 출력 전압 V_{OL}에 입력 전류 $I_{IL}=0.4$〔mA〕(최대)에 의한 전압 강하분이 상승되 며, 논리의 L 레벨이 유지될 수 없게 된다. 따라서 다음 조건이 필요하다.

$$V_{IL} > V_{OL} + R \cdot I_{IL} \quad \text{··(4.17)}$$

여기서, $V_{IL}=0.8$〔V〕(최대), $V_{OL}=0.4$〔V〕(최대)라 하면 저항 R는 다음과 같다.

$$R < \frac{V_{IL}-V_{OL}}{I_{IL}} = \frac{(0.8-0.4)\,\text{〔V〕}}{0.4\,\text{〔mA〕}} = 1\,\text{〔k}\Omega\text{〕} \quad \text{···(4.18)}$$

따라서 최대 1〔kΩ〕 정도로 제한된다.

C-MOS(74 HC 14)에서는 입력 전류는 작고 $I_{IL}=1$〔μA〕(최대)이므로 식(4.18)에서 $V_{IL}=1.5$〔V〕(최대), $V_{OL}=0.1$〔V〕(최대)라 하면 저항 R는 다음과 같다.

$$R < \frac{(1.5-0.1)\,\text{〔V〕}}{1\,\text{〔}\mu\text{A〕}} = 1.4\,\text{〔M}\Omega\text{〕}$$

따라서 최대 1〔MΩ〕 정도까지 입력의 L 레벨이 유지된다.

연습 문제

문제 **1.** 다음 용어에 대해 설명하여라.
　(a) 잡음 여유도　(b) TTL 컴패터블　(c) 팬아웃

문제 **2.** TTL계와 C-MOS계의 IC의 특징을 설명하여라.

문제 **3.** 다음 IC의 나머지 입력 단자를 그대로 오픈해 두면 어떻게 되는가?
　〔1〕 TTL의 경우
　〔2〕 C-MOS의 경우

문제 **4.** TTL 회로의 설계에서 L 레벨의 신호에 의미를 붙여서 액티브 로라 하는 부논리가 많이 사용되는 이유를 설명하여라.

문제 **5.** 〔그림 4.16(a)〕의 오픈 컬렉터 출력에 접속된 LED측의 전원 전압 $V_{DD}=12$〔V〕라 할 때 전류 제한 저항 R의 값을 구하여라.

문제 **6.** 일반적인 LS-TTL에서 LED를 점등시키는 회로를 나타내어라.

문제 **7.** TTL 회로에서 풀다운 보다 풀업이 흔히 사용되는 이유를 설명하여라.

문제 **8.** 〔그림 4.29〕에서 TTL의 싱크 전류 I_{OL}을 구하여라.

문제 **9.** 〔그림 4.41〕과 같이 4비트의 데이터 A와 B를 컨트롤 신호 C를 선택하여 출력하는 회로를 설계하여라.

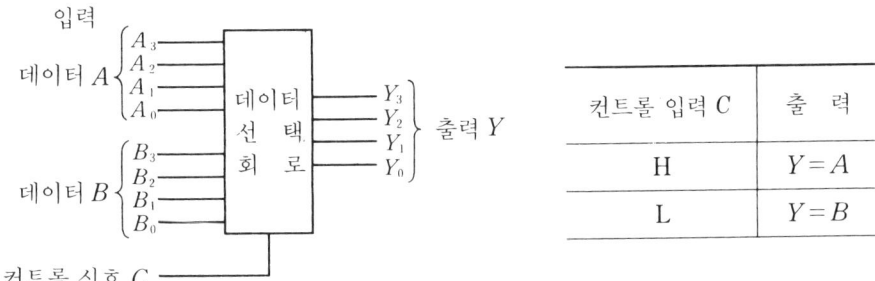

그림 4. 41 비트데이터의 전환

디지털 회로의 응용

제3장 및 제4장에서 본 기본적인 논리 게이트를 조합하여 고기능 디지털 회로를 구성할 수 있다. 이들은 내부의 회로를 상세히 나타내지 않고 기능을 증가한 블랙 박스로 이용되고 있다.

5.1 플립플롭(FF)

플립플롭(FF : flip-flop)은 아이들이 즐기는 시소놀이의 의미이며, 2개의 출력 Q, $\overline{Q}$는 외부에서 주어진 입력 조건에 의해 어떤 한쪽이 "1"이면 다른 한쪽은 "0"이 되는 반전한 신호를 나타낸다. 그리고 다음의 새로운 입력 조건이 주어질 때까지 그 상태를 기억 유지한다.

5.1.1 RS 플립플롭(RS-FF)

〔1〕 게이트에 의한 RS 플립플롭

RS 플립플롭(약자로 RS-FF)은 세트(set) 입력 S, 리셋(reset) 입력 R에 의해서 상태가 결정되며, 그 상태를 유지한다. 〔그림 5.1(a)〕는 NAND 게이트를 2개 사용한 RS-FF 회로를 나타낸 것이다. 회로도에서 입력 $\overline{S}$, $\overline{R}$의 "0"(L 레벨) 신호가 출력 Q에 대해 각각 세트(Q=1), 리셋(Q=0)되는 것을 알 수 있다. 여기서 입력 $\overline{S}$, $\overline{R}$는 L 레벨 신호 의미를 가진 액티브 로(L)의 부논리 동작 때문에 각각 신호명 위에 바($\overline{}$)가 붙는다.

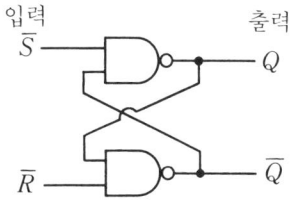

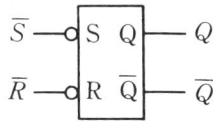

(a) NAND 게이트에 의한 RS-FF   (b) RS-FF의 논리 기호

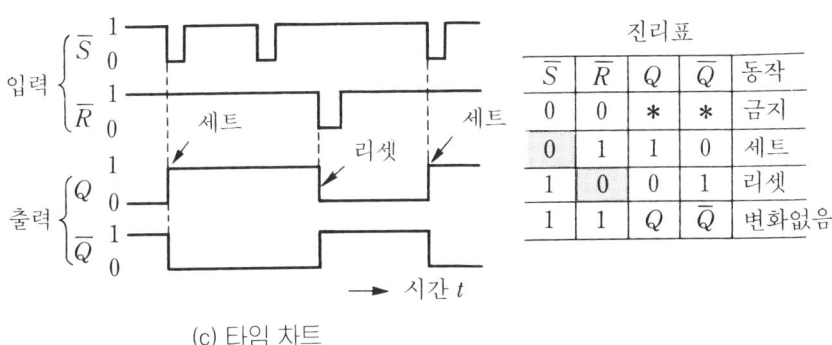

진리표

$\overline{S}$	$\overline{R}$	Q	$\overline{Q}$	동작
0	0	*	*	금지
0	1	1	0	세트
1	0	0	1	리셋
1	1	Q	$\overline{Q}$	변화없음

(c) 타임 차트

그림 5.1 RS 플립플롭

〔그림 5.1(b)〕는 RS-FF(엄밀하게는 $\overline{R}\,\overline{S}$-FF이라고 쓴다.)의 논리 기호이며, 부논리 입력의 단자에 상태 표시 기호 ○를 붙인다. 플립플롭에서 출력 $\overline{Q}$는 항상 출력 Q와 반대의 레벨을 출력하므로 입력 $\overline{S}$, $\overline{R}$를 동시에 "0"으로 하는 것은 금지한다.

【예제】 1. 〔그림 5.1(a)〕는 RS-FF의 입력 $\overline{S}$, $\overline{R}$가 〔그림 5.1(c)〕와 같이 변화할 때 출력 Q 및 $\overline{Q}$의 상태를 타임 차트로 나타내어라.

[해답] 한번 세트 입력 $\overline{S}=0$이라 하면 출력 Q는 세트 상태 $Q=1$(따라서 $\overline{Q}=0$)이 되며, 그 후로는 $\overline{S}$의 상태에 관계없이 이 상태가 기억 유지된다. 리셋 입력 $\overline{R}=0$이라 하면 출력 Q가 리셋되어 $Q=0(\overline{Q}=1)$이 된다. 이와 같이 플립플롭의 출력 Q는 세트시에 $Q=1$, $\overline{Q}$는 리셋시에 $\overline{Q}=1$이 된다.

〔2〕 채터링 방지 회로

〔그림 5.2〕와 같이 스위치 릴레이 등의 기계적 접점을 전환할 때 접점이 몇 〔ms〕 정도 진동하여 개폐를 반복하는 현상을 채터링(chattering)이라 한다. 이 과도적인 접점 바운드 현상은 불규칙한 펄스를 발생시키므로 디지털 회로에 대해 오동작의 원인이 된다. 특히 스위치의 입력 횟수를 넘었을 때에는 이 채터링을 방지할 필요가 있다.

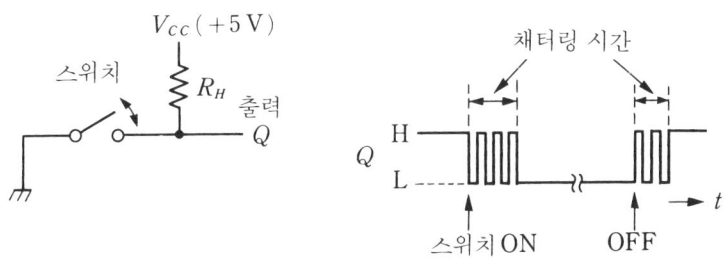

그림 5.2 스위치의 채터링 현상

RS-FF을 [그림 5.3]과 같이 사용하면 스위치의 채터링을 방지할 수 있다. 이 스위치를 ON하여 접점 S의 레벨이 다시 "0"으로 되면 스위치가 바운드 해도 출력 Q는 "1" 그대로 된다. 스위치는 3단자의 것을 사용하여 풀업 저항 $R_H = 3 \sim 10$[kΩ]을 접속한다.

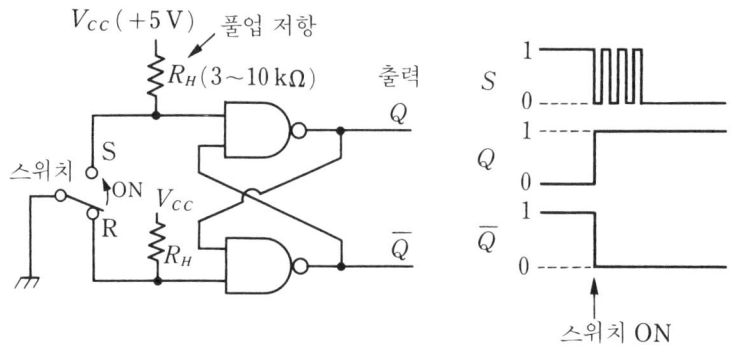

그림 5.3 채터링 방지 회로

【예제】 2. [그림 5.3]의 회로에서 스위치 전환 전, 전환 후 및 전환 직후의 논리 상태를 나타내며, RS-FF에 의한 채터링의 방지 원리를 설명하여라.

[해답] [그림 5.4(a)~(d)]는 각 스위치 상태에 대한 논리 상태를 나타낸 것이다. [그림 5.4(a)]는 스위치 전환전의 R측에 있는 경우로서 접점 R의 레벨은 "0", 접점 S의 레벨은 +5[V]로 풀업되어 "1"이므로 출력 Q는 리셋 상태로 $Q=0$이 된다. 다음 [그림 5.4(b)]와 같이 스위치가 R측에서 떨어지면 접점 R는 "1"로 되지만 출력 Q는 $Q=0$ 그대로이다.

　[그림 5.4(c)]는 스위치가 전환된 직후로서 접점 S가 "0"으로 되면 NAND 게이트는 입력 중 1개라도 "0"이면 출력은 "1"이 되므로 출력 Q는 순간적으로 $Q=1$로 변한다. 여기서 스위치가 바운드 해도 [그림 5.4(d)]와 같이 접점 S에서 떨어져도 NAND 소자 A의 다른쪽 입력이 "0"이므로 출력 Q는 $Q=1$ 그대로 변화하지 않고, 채터링은 방지된다. 스위치의 최종 상태는 [그림 5.4(c)]이다.

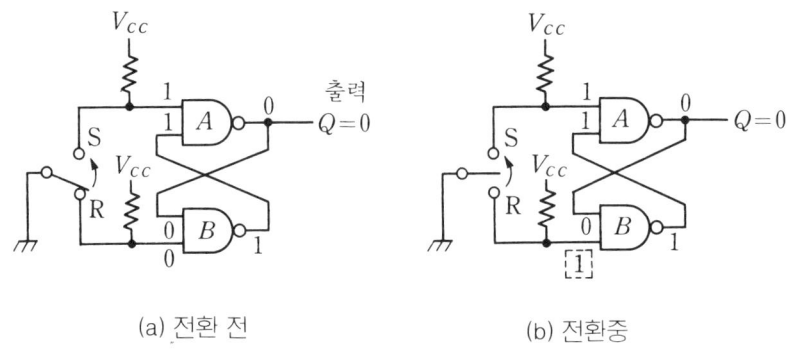

(a) 전환 전　　　　　　　(b) 전환중

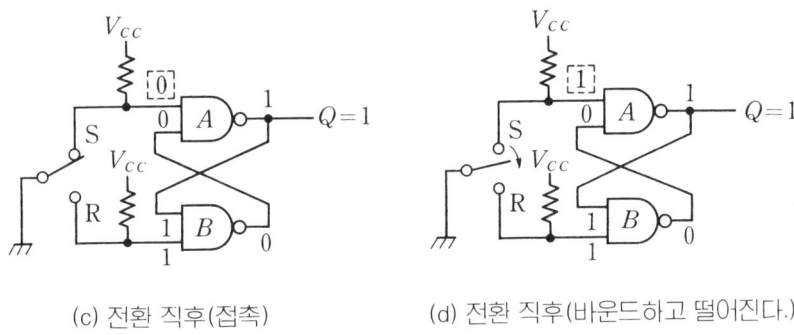

(c) 전환 직후(접촉)   (d) 전환 직후(바운드하고 떨어진다.)

그림 5.4 채터링 방지의 원리

5.1.2 D 플립플롭(D-FF)

〔1〕 D-FF의 기능

　입력 데이터를 클록에 동기시켜 출력하려면 D 플립플롭(D-FF)을 사용한다. 〔그림 5.5〕는 기본적인 D-FF의 논리 기호와 그 동작을 나타낸 것이다. 입력 D의 데이터("0" 이냐, "1"이냐)는 클록 펄스 CK의 상승($\uparrow$)에 동기시켜 출력 Q에 출력(기억)된다. 입력 의 데이터가 클록에 따라서 늦게 출력된다는 의미로 D(delay) 플립플롭이라 한다. 클 록 입력 단자의 3각의 기호는 클록의 상승(up edge) 순간에만 동작하는 것을 의미한 다. 출력은 다음 클록 펄스까지 기억 유지된다. 출력 $\overline{Q}$는 Q의 반전 출력이다.

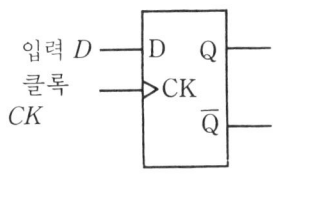

클록 CK	입력 D	출력 Q
⌐	0	0
	1	1

CK의 상승에서 그 때의
입력 D의 상태가,
Q에 나타난다.

(a) 논리 기호   (b) 동작 논리표

그림 5.5 D 플립플롭

　〔그림 5.6〕에 나타낸 74 LS 74는 패키지 안에 D-FF을 2개 갖는다. 이 D-FF은 클 리어(clear) 입력 CLR와 프리셋(preset) 입력 PR가 가지고 있으며, RS-FF으로 사 용할 수도 있다. 이 2개의 입력은 각각 상태 표시 기호 ◯가 붙어 있으며, 부논리 입력 의 액티브 L이기 때문에 신호명 위에 바를 붙여 $\overline{CLR}$, $\overline{PR}$로 표시한다. 클리어 입 력 $\overline{CLR}$ =0이라 하면 우선적으로 출력 Q가 클리어, 즉 리셋되어 Q=0(따라서 $\overline{Q}$

=1) 으로 되며, 프리셋 입력 $\overline{PR}$ =0이라 하면 출력 Q가 세트 상태 $Q=1(\overline{Q}=0)$로 된다. 따라서 클리어와 프리셋 입력을 동시에 "0"으로 하는 것은 금지된다. 클리어 입력 $\overline{CLR}$ 과 프리셋 입력 $\overline{PR}$ 를 사용하지 않는 경우에는 V_{CC}에 붙여(풀업하여) 둔다.

디지털 회로에서는 일반적으로 출력을 "1"(H 레벨)로 하는 입력을 세트(S) 또는 프리셋(PR)으로 표시하고, 출력을 "0"(L 레벨)로 하는 입력을 리셋(R) 또는 클리어(CLR)로 표시한다.

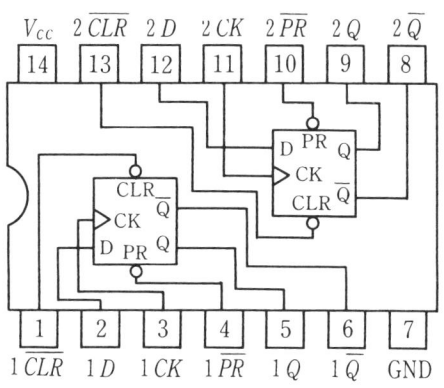

그림 5.6 74LS74(D-FF)의 핀 배치

【예제】 3. 〔그림 5.7〕에 나타낸 클록 CK와 입력 D를 〔그림 5.5(a)〕의 D-FF에 가할 때 출력 Q를 타임 차트로 나타내어라.(단, 출력 Q는 이미 한번 크리어되어 있으며, $Q=0$이라 한다.)

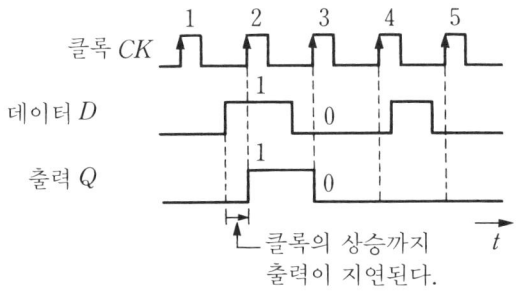

그림 5.7 D-FF의 타임 차트

해답 그림에 나타낸 바와 같이 2회째 클록의 상승(up edge)일 때 입력 $D=1$이므로 여기에 동기하여 출력 $Q=1$이 되며, 다음 클록까지 유지된다. 3회째의 클록 상승에서는 $D=0$이므로 그 순간 $Q=0$으로 하강한다. 그 다음은 클록의 상승에서 입력 $D=0$이기 때문에 출력은 $Q=0$ 그대로 유지된다.

〔2〕 입력 신호의 형태

클록이나 게이트의 입력 신호의 형태는 〔그림 5.8(a)~(d)〕와 같이 나누어 볼 수 있다. (a), (b)는 각각 신호의 H 레벨, L 레벨일 때 동작하는 것으로 레벨 동작이라 부르며, (a)는 액티브 H, (b)는 액티브 L인 것을 나타낸다.

이에 대해 클록 펄스의 상승 또는 하강의 순간에만 동작하는 것을 에지 트리거 동작 (edge triggering)이라 부르며, (c), (d)에서와 같은 3각의 기호 (▷)를 입력 단자에 붙여 표시한다. (c)는 업에지 트리거(up edge trigger) 또는 포지티브(positive) 에지 트리거라 부르며, (d)는 다운에지 트리거(down edge trigger) 또는 네거티브 (negative) 에지 트리거라 한다.

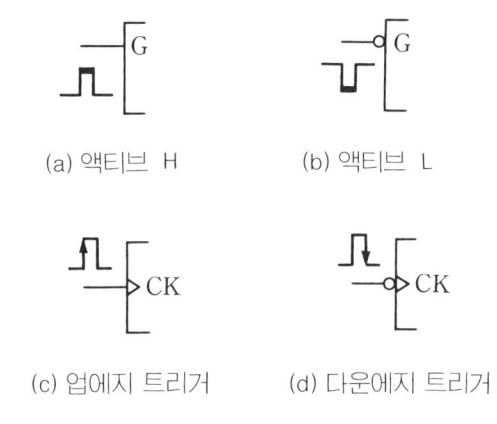

(a) 액티브 H   (b) 액티브 L

(c) 업에지 트리거   (d) 다운에지 트리거

그림 5.8 입력 신호의 형태

D-FF에는 〔그림 5.9〕와 같은 (a)의 업에지 트리거형이나 (b)의 다운에지 트리거형이 많다. 이와 같은 플립플롭을 동기식 플립플롭(synchronous flip-flop)이라 한다.

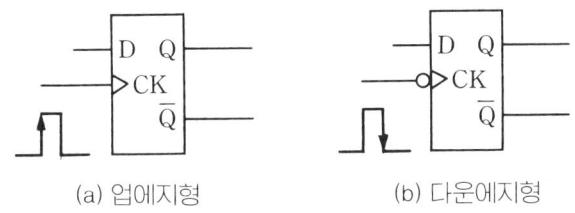

(a) 업에지형   (b) 다운에지형

그림 5.9 D-FF의 에지 트리거의 형태

〔3〕 클록에 동기한 펄스에지의 검출

입력 신호의 업에지나 다운에지를 검출할 경우 〔그림 5.10(a)〕와 같이 D-FF을 2개 직렬로 접속하면 클록에 동기한 검출 신호를 얻을 수 있다.

【예제】 4. 〔그림 5.10(a)〕의 회로에 〔그림 5.10(b)〕에 나타낸 입력 신호 D와 클록 CK를 가할 때의 출력 X의 상태를 타임 차트로 나타내어라.

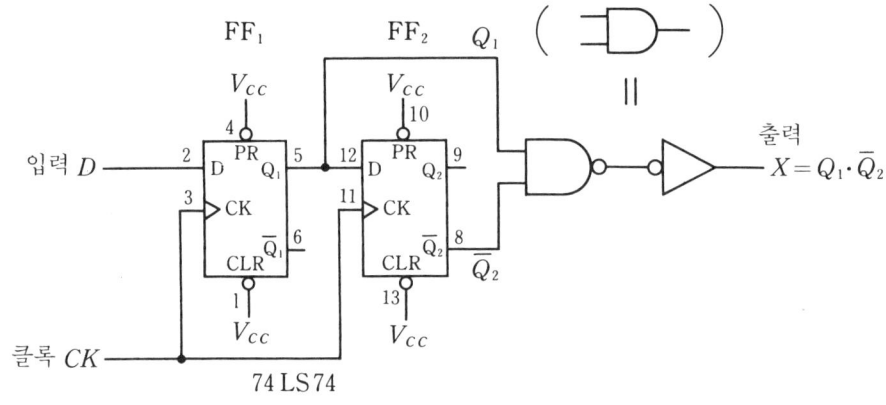

(a) 구성 회로

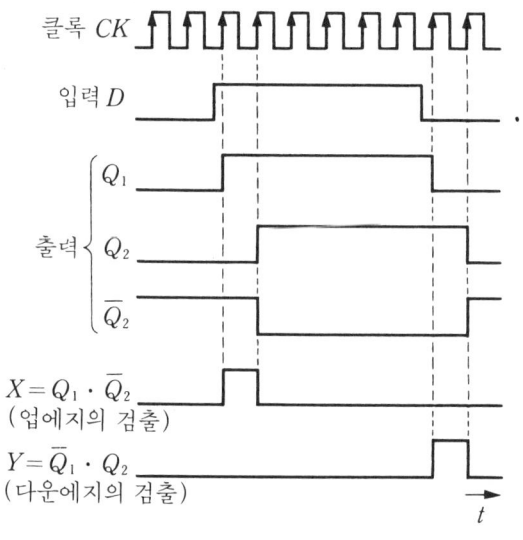

(b) 타임 차트

그림 5. 10 클록에 동기한 펄스에지의 검출

해답 D-FF(74 LS 74)에서는 입력 D, 클록 펄스 CK의 상승에 동기시켜 출력 Q에 나타낸다. 따라서 초단 FF$_1$의 출력 Q_1은 입력 D가 $D=1$이 되면 클록에 동기시켜 $Q_1=1$이 된다. 이것을 후단의 FF$_2$의 입력 신호라 하면 출력 Q_2는 〔그림 5.10(b)〕의 하단에 나타낸 바와 같이 출력 Q_1보다 1클록 늦은 것으로 된다. 그러므로 2개의 신호 Q_1과 $\overline{Q_2}$(Q_2의 반전 출력)의 AND를 취하면 출력 $X = Q_1 \cdot \overline{Q_2}$에는 1클록 분의 펄스가 생긴다. 이것은 입력 신호의 업에지를 클록에 동기시켜 검출하는 펄스로 된다. 또, 입력 신호의 다운에지를 클록에 동기시켜 검출하는 펄스로 된다. 또, 입력 신호의 다운에지를 클록에 동기시켜 검출하는 펄스는 $Y = \overline{Q_1} \cdot Q_2$로 얻어진다.

이와 같이 클록에 동기시켜 펄스에지를 검출하는 것은 시스템의 스타트 신호나 스텝 신호로도 사용된다.

5.1.3 JK 플립플롭(JK-FF)

〔1〕 JK-FF의 기능

〔그림 5.11〕은 기본적인 JK-FF의 논리 기호와 그 동작을 나타낸 것이다. 이 JK-FF은 다운에지 트리거형으로 입력 J, K의 조합에 의해 클록 입력 CK의 다운에지에 동기시켜 출력 Q가 결정된다.

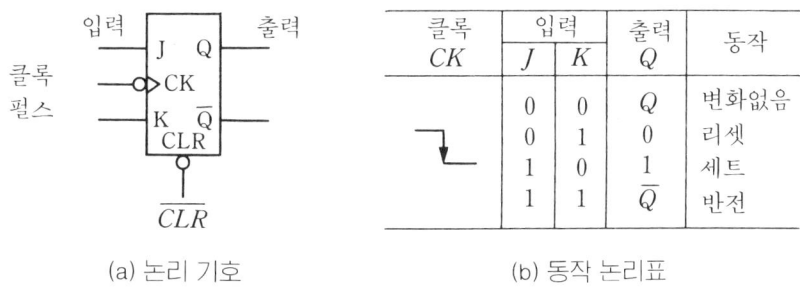

(a) 논리 기호   (b) 동작 논리표

그림 5. 11 JK 플립플롭

즉, $J=1$, $K=0$일 때는 클록 펄스 CK의 다운에지에서 출력 $Q=1$(set)로 되며, $J=0$, $K=1$일 때는 CK의 다운에지에서 $Q=0$(reset)으로 된다. $J=K=1$일 때는 CK의 상승이 있을 때마다 출력 Q는 반전한다. $J=K=0$일 때는 클록에 따라서 출력 Q는 변화하지 않는다.(Hold 한다.)

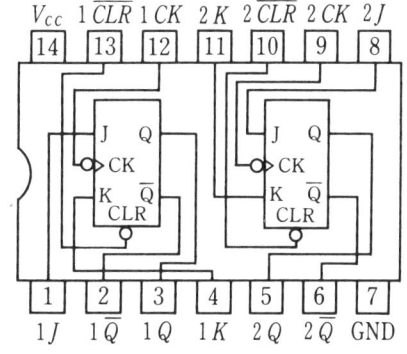

그림 5. 12 74 LS 107(JK-FF)의 핀 배치

트리거 입력 $\overline{CLR}$ =0이라 하면 우선적으로 출력은 클리어 되어 $Q=0(\overline{Q}=1)$으로 된다. 클리어 입력을 사용하지 않을 경우에는 전원 V_{CC}에 풀업해 놓는다. 출력 $\overline{Q}$가 항상 출력 Q와 반대의 레벨을 출력하는 것은 모든 플립플롭에서 공통된 점이다.

〔그림 5.12〕는 대표적인 JK-FF으로 74 LS 07의 핀 배치를 나타낸 것이다. 이 IC는 패키지 안에 다운에지 트리거형의 JK-FF을 2회로 갖는다.

〔2〕 JK-FF에 의한 일시 기억 회로

JK-FF은 데이터의 1차 기억 회로에 이용된다.

【예제】5. 〔그림 5.13(a)〕와 같이 접속된 JK-FF의 클록 입력에 펄스 신호 D를 가할 때의 출력 Q의 상태를 타임 차트로 나타내어라. (단, 플립플롭의 출력은 미리 클리어되어 있는 것으로 한다.)

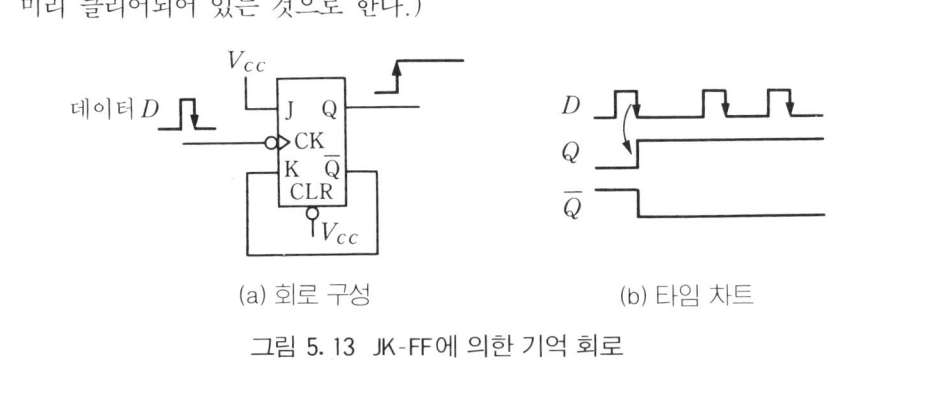

(a) 회로 구성   (b) 타임 차트

그림 5. 13 JK-FF에 의한 기억 회로

[해답] J 입력은 전원 V_{CC}에 풀업되어 있으며, 펄스 신호 D가 들어오기 전의 상태에서는 $Q=0$, $\overline{Q}=1$이기 때문에 $J=K=1$이다. 이 상태에서 펄스 신호 D가 들어오면 그 다운에지에서 출력은 반전하여 $Q=1$, $\overline{Q}=0$으로 된다. 여기서 출력 $\overline{Q}$에 붙여진 K 입력은 $K=0$으로 된다. 따라서 $J=1$, $K=0$로 된 이후의 출력은 다음 펄스가 되어도 영향을 받지 않는다. 즉, 〔그림 5.13(b)〕에 나타낸 타임 차트와 같이 최초의 펄스 데이터는 기억된다. 이 회로는 데이터의 일시 기억으로 되며, $\overline{CLR}$ =0으로 하면 데이터는 클리어된다.

5.1.4 플립플롭의 변환

JK-FF은 다음과 같이 각종 플립플롭으로 변환할 수 있으므로 응용 범위도 넓고 만능 FF으로서 많이 사용되고 있다.

〔1〕 T-FF으로의 변환

클록이 들어올 때마다 출력이 반전하는 에지 트리거형의 플립플롭을 T 플립플롭(T-FF)이라 한다. T는 토글(toggle)을 의미한다. 이것은 〔그림 5.14(a)〕와 같이

JK-FF의 J, K 입력을 $J=K=1$로 함으로써 얻어지며, 클록 CK의 하강("↓")이 있을 때마다 출력 Q는 반전한다. 〔그림 5.14(b)〕의 타임 차트에서 알 수 있는 바와 같이 클록 펄스 2개로 1개의 펄스를 출력하므로 입력 펄스의 수를 2진수로 변환하는 카운터로 동작한다.

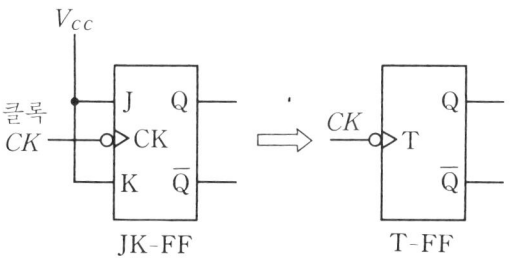

(a) JK-FF에 의한 T-FF으로의 변환

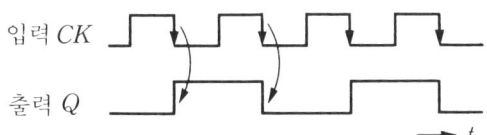

(b) T-FF의 동작 타임 차트

그림 5. 14 T 플립플롭

〔2〕 D-FF으로의 변환

〔그림 5.15〕와 같이 JK-FF의 입력 한쪽에 인버터를 접속하면 J, K 입력은 $J=1$, $K=0$ 및 $J=0$, $K=1$의 조합만으로 되기 때문에 J 입력을 D 입력으로 하여 D-FF으로 변환할 수 있다.

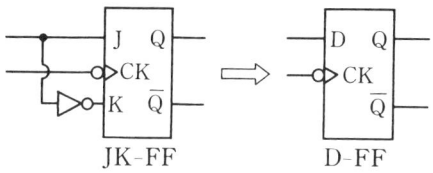

그림 5. 15 JK-FF에 의한 D-FF으로의 변환

이상에서 설명한 각종 플립플롭을 조합하면 다음에 설명하는 레지스터나 카운터 등을 구성할 수 있다.

5.2 레지스터

레지스터(register)란 일시적으로 데이터를 기억해 두는 회로로서, 플립플롭에 의해 구성된다. 레지스터에는 래치와 시프트 레지스터가 있다.

5.2.1 래 치

〔1〕 래치의 기능

〔그림 5.16〕은 래치(latch)의 논리 기호와 그 동작을 나타낸 것이다. 논리 기호는 D 플립플롭에서 입력의 에지 동작을 나타내는 삼각의 기호를 생략한 것이다. D-FF은 클록의 에지에 동기시켜 출력이 변화하지만 래치는 게이트 G가 G=H에서 열려 있는 동안은 입력 D가 그대로 출력 Q에 나타나 Q=D로 된다. 그러나 게이트가 G=L로 닫히면 그 직전의 데이터 Q_n이 래치(고정)되어 Q=Q_n으로 기억된다. 그리고 다음의 게이트가 열릴 때까지 역의 개찰구에서 래치를 닫은 것과 같이 입력 D의 변화에 관계없이 된다. 이와 같은 동작을 래치 동작이라 한다. 이 경우 래치는 D 래치 또는 데이터 래치(data latch)라고도 부르며, 데이터의 일시적인 기억을 한다.

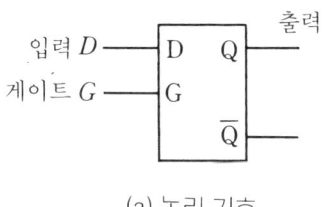

게이트 G	동 작
H	Q = D
L	Q = Q_n (래치)

(a) 논리 기호   (b) 동작 논리표

그림 5. 16 래치

【예제】6. 〔그림 5.16〕의 래치 입력 D와 게이트 신호 G가 〔그림 5.17〕과 같이 변화할 때 출력 Q의 상태를 타임 차트로 나타내어라.

해답 게이트가 G=H일 동안은 입력 D가 그대로 출력 Q에 나타나며, Q=D로 된다. 게이트 G=L로 되면 그 직전의 데이터 Q_n이 래치되어 G=L일 동안 Q=Q_n으로 기억되기 때문에 출력 Q의 타임 차트는 〔그림 5.17〕의 하단과 같이 된다.

그림 5. 17 래치의 타임 차트

〔2〕 래치 IC

　〔그림 5.18(a)〕는 래치 IC의 74375를 사용한 4비트 신호의 래치 회로를 나타낸 것이다. 74375의 패키지 안에 있는 4개의 D 래치를 병렬로 나열하고 $\overline{LATCH}$ 신호에 의해 동시에 래치가 가해지도록 하면 늘 변화하는 데이터 신호를 임의의 일정 간격으로 고정하여 표시기로 상태를 보거나 컴퓨터에 입력할 수 있다. $\overline{LATCH}$ =L일 동안 데이터는 래치(보존)된다. 회로도에는 래치가 간략화되어 〔그림 5.18(b)〕와 같이 그려진다.

　마이크로 컴퓨터 CPU의 주변 회로의 버스라인 등에는 8비트 래치로 3상태 출력형의 74373, 74573 등이 많이 사용된다.

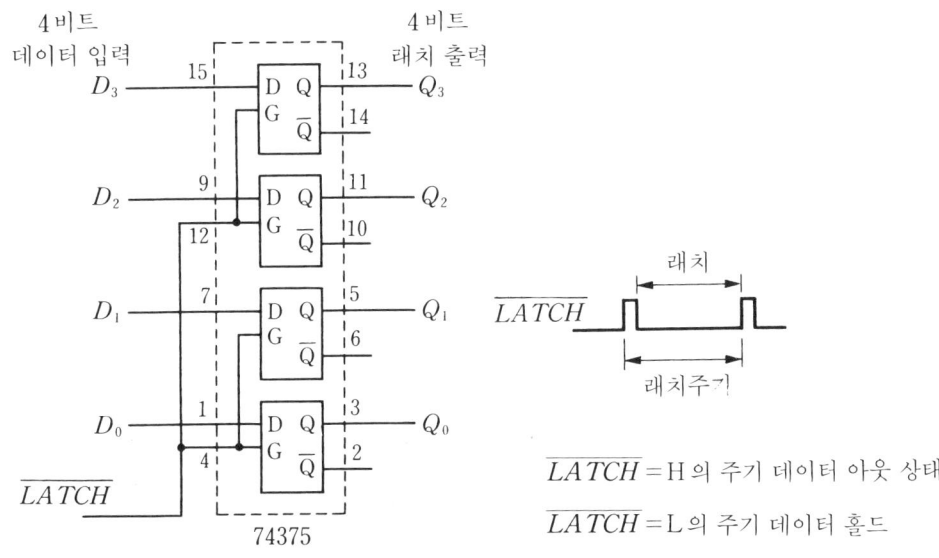

(a) 내부 구성

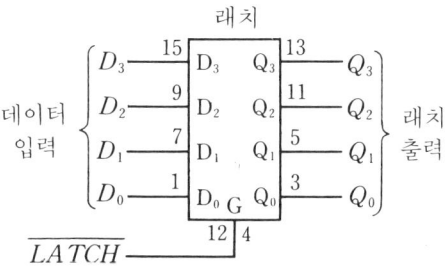

(b) 간략화한 회로도

그림 5. 18 74375에 의한 4비트 래치 회로

5.2.2 시프트 레지스터

클록이 들어올 때마다 데이터를 기억 소자상에서 1개씩 이동시키는 방식의 레지스터를 시프트 레지스터(shift register)라 한다. 시프트 레지스터는 데이터의 시간적인 직렬(serial)-병렬(parallel) 변환으로 잊어서는 안되는 것이다.

〔2〕시프트 레지스터의 원리

> **【예제】7.** 〔그림 5.19(a)〕는 D-FF 4개를 직렬로 접속한 4비트 시프트 레지스터를 나타낸 것이다. 여기에 4비트 데이터 $D=(1100)_2$를 MSB(최상위 비트)에 의해 직렬로 입력할 때 클록에 대응한 각 플립플롭의 출력 $Q_A \sim Q_D$의 변화를 타임 차트로 나타내고, 그 회로의 동작을 설명하여라.

[해답] 〔그림 5.19(b)〕와 같이 최초의 클록 1의 업에지에서 입력 데이터 $D=1$(MSB)이 플립플롭 FF$_1$에 기억되며, 출력 $Q_A=1$로 된다. 클록 2의 상승에서는 출력 Q_A가 FF$_2$에 읽어들여지며, 출력 $Q_B=1$로 된다. 똑같이 클록 3, 클록 4의 상승에서 Q_C, Q_D와 데이터가 이동하여 기억된다. 이와 같이 시프트 레지스터에서는 기억한 데이터를 1비트씩 시프트하여 꺼내는 것이 가능하다. 그리고 4비트 시프트 레지스터에서는 4클록 후의 출력 $Q_D Q_C Q_B Q_A=1100$은 직렬로 들어온 D 입력을 병렬로 변환한 출력이 된다.

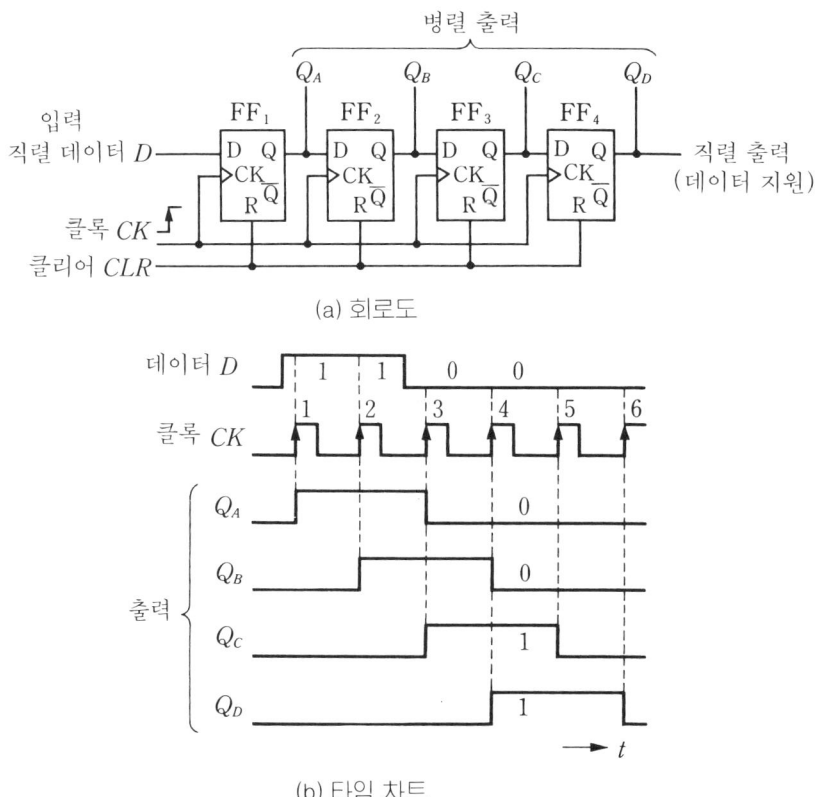

(a) 회로도

(b) 타임 차트

그림 5. 19 D-FF에 의한 4비트 시프트 레지스터(직렬 입력)

이 예에서와 같이 입력된 직렬 데이터를 플립플롭의 비트수 만큼 시프트한 후 모든 FF의 출력에서 병렬 데이터를 꺼내는 방법을 직렬 입력·병렬 출력(serial-in parallel-out)이라 부른다. 또, 이 예에서와 같이 데이터가 순차 오른쪽 방향으로 이동하는 경우를 우 시프트 레지스터(shift-right register)라 하고, 반대로 왼쪽 방향으로 이동하는 경우를 좌 시프트 레지스터(shift-left register)라 한다.

최종단의 출력 Q_D에 주목하면 데이터 D가 플립플롭의 비트수 만큼 지연되어 출력되므로 시프트 레지스터는 직렬 입력·직렬 출력(데이터 지연)의 기능도 가지고 있다.

〔2〕 시프트 레지스터 IC

① 직렬 입력·병렬 출력 시프트 레지스터 : 기본적인 8비트 직렬 입력·병렬 출력 시프트 레지스터(우 시프트)로서 74164가 있다. 〔그림 5.20(a), (b)〕는 74164의 기호와 그 동작을 나타낸 것이다. 데이터를 떨어진 곳으로 전송할 경우 직렬 데이터는 신호선의 수가 적어도 좋은 방식이다. 8비트의 직렬 데이터를 8비트 시프트 레지스터에 입력하면 8개의 클록 펄스마다 클록에 동기시켜 병렬 데이터 $Q_A \sim Q_H$가 나온다. 직렬 데이터를 MSB(최상위 비트)에서 입력할 경우에는 출력 Q_H가 MSB로 된다. 반대로 직렬 데이터를 LSB(최하위 비트)에서 입력하면 출력 Q_H가 LSB로 된다. TTL의 74 LS 164와 고속 C-MOS의 74 HC 164이며, 기능은 같다.

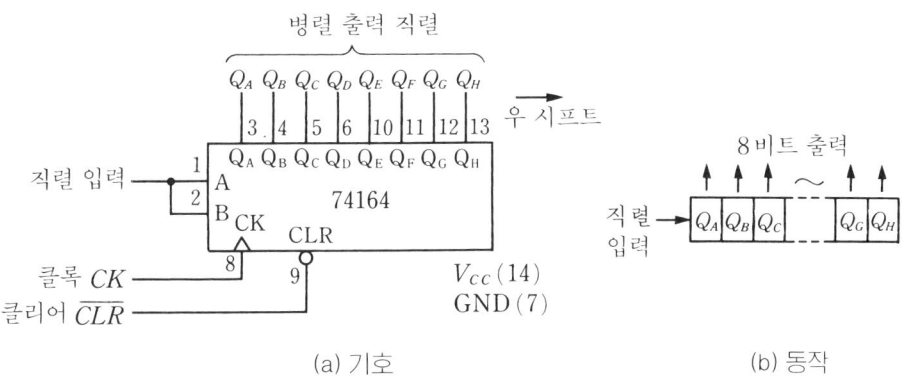

(a) 기호   (b) 동작

그림 5. 20   8비트 시프트 레지스터 74164(직렬 입력·병렬 출력)

② 병렬 입력·직렬 출력 시프트 레지스터 : 직렬 입력·병렬 출력 시프트 레지스터와는 반대로 병렬 데이터를 시간적인 직렬 데이터로 변환하는 것도 필요하다. 8비트 병렬 입력·직렬 출력 시프트 레지스터로서 〔그림 5.21〕에 나타낸 74165이다. 내부는 8개의 RS-FF로 구성되며, 1번 핀의 시프트/로드(serial shift/parallel load) 입력을 "L"라 하면 병렬 데이터 $A \sim H$가 레지스터에 기록되며(로드라 한다), "H"로 하면 클록 CK에 동기시켜 로드된 데이터 $A \sim H$가 우 시프트하며, 데이터 H에서 순서대로 출력 단자 Q_H에 의해 출력된다. 15번 핀의 클록 인히비트

(clock inhibit) 입력 *CI*를 "H"로 하면 클록 *CK*는 무효로 되어 데이터는 유지된다. 시프트 동작을 시킬 때는 *CI*=L로 한다.

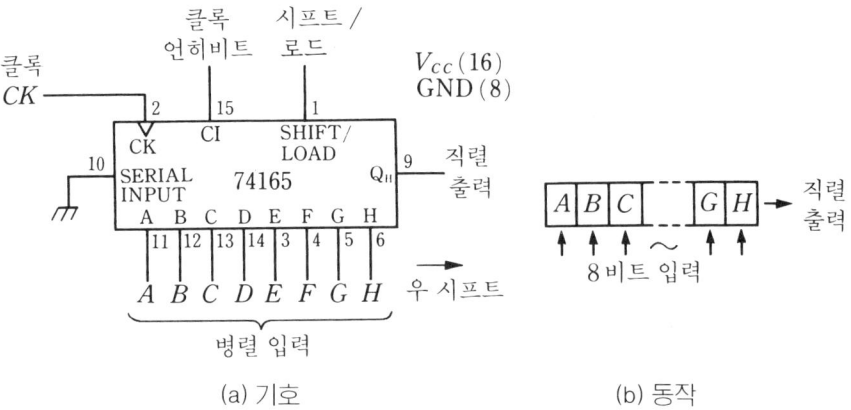

그림 5. 21 8비트 시프트 레지스터 74165(병렬 입력·직렬 출력)

③ 병렬 입력·병렬 출력 시프트 레지스터 : 병렬 입력·병렬 출력형의 8비트 시프트 레지스터 IC로서 74199(우 시프트), 74198(양방향)이 있다.

5.3 카운터

여러 개의 플립플롭(FF)으로 구성되며, 입력 펄스의 개수를 세어 기억하는 회로를 카운터(counter)라 한다. 카운터는 디지털 회로의 대표적인 소자이며, 주파수의 분주, 타이머 등에도 사용되어 대단히 응용 범위가 넓다.

5.3.1 2진 카운터

2진수에 의한 카운터를 총칭하여 2진 카운터(binary counter)라 한다.

〔1〕 2진 카운터의 원리

【예제】 8. 〔그림 5.22(a)〕는 T-FF을 직렬로 3개 접속하여 전단 출력을 다음 단 입력에 더하는 회로이다. 클록 펄스 *CK*에 대한 각 플립플롭의 출력 Q_A, Q_B, Q_C의 변화를 타임 차트로 표시하고 그 회로의 동작을 설명하여라.

해답 T-FF은 클록 펄스 *CK*의 하강이 있을 때마다 출력이 반전하는 플립플롭이다. 따라서, 출력 Q_A, Q_B, Q_C는 각 FF의 입력 하강에서 반전하므로 타임 차트는 〔그림 5.22(b)〕와 같이 된다. 각 FF는 입력 펄스 2개로 1개의 펄스를 출력하므로 출력 Q_A를 LSB, 출력 Q_C를

MSB로 하여 논리표를 작성하면 〔표 5.1〕과 같다. 출력 Q_C, Q_B, Q_A의 비트가 각각 2^2, 2^1, 2^0의 가중값을 갖는 것이므로 2진수 $(000)_2=0$으로 클록 펄스 CK의 카운트를 시작하여 $(111)_2=7$까지 된 후 다음의 펄스를 세면 또 $(000)_2$로 되돌리는 8진 카운터(3비트 2진 카운터)로 됨을 알 수 있다.

표 5.1 8진 카운터의 논리표

클록 펄스의 계수	출력		
	Q_C (2^2)	Q_S (2^1)	Q_A (2^0)
0	0	0	0
1	0	0	1
2	0	1	0
3	0	1	1
4	1	0	0
5	1	0	1
6	1	1	0
7	1	1	1
(8)	0	0	0

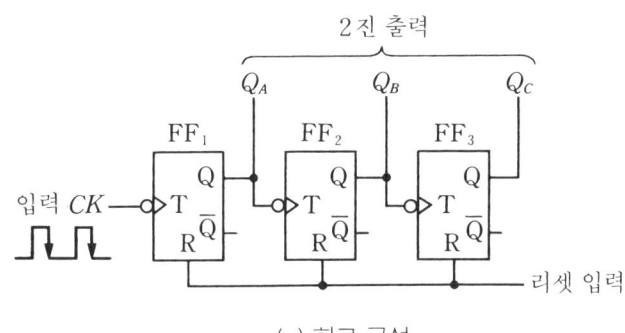

(a) 회로 구성

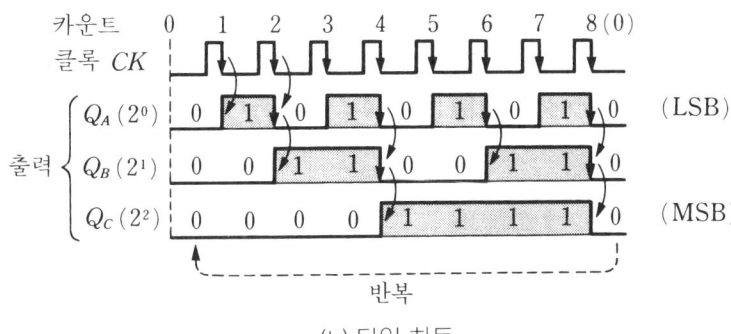

(b) 타임 차트

그림 5.22 3비트 2진 카운트(비동기 8진 카운트)

2진 카운터에서는 n개의 플립플롭이 접속되면 2^n의 수를 카운트할 수 있다. 이 때 출력은 LSB부터 순서대로 Q_A, Q_B, Q_C, Q_D,....로 붙여지며, 각 비트의 가중값은 2^0, 2^1, 2^2, 2^3,.....이 된다.

〔2〕 비동기 카운터

〔그림 5.22〕에서와 같이 앞 단의 플립플롭 출력을 다음 단의 입력 신호로 하여 각 플립플롭이 차례차례 동작하는 방식의 카운터를 비동기 카운터(asynchronous counter)라 한다. 또는 신호파가 전해지는 현상에 비교하여 리플 카운터(ripple counter)라고도 한다.

〔그림 5.23(a)〕는 4비트 비동기 2진 카운터 IC인 74293의 내부 구성을 나타낸 것이다. 이것은 2진 부분과 8진 부분으로 나누어지며, 2진 부분의 출력 Q_A를 입력 B에 접속함으로써 4비트 2진(16진) 카운터가 된다.

$R_{0(1)}$, $R_{0(2)}$는 클리어 입력 단자이며, 모두 "H"로서 $R_0 = R_{0(1)} \cdot R_{0(2)} = $H라 하면 출력 $Q_A \sim Q_D$는 리셋되어 모두 "L"로 된다. 따라서 펄스의 카운트시에는 $R_{0(1)}$, $R_{0(2)}$ 중 적어도 한쪽은 "L"로 한다.

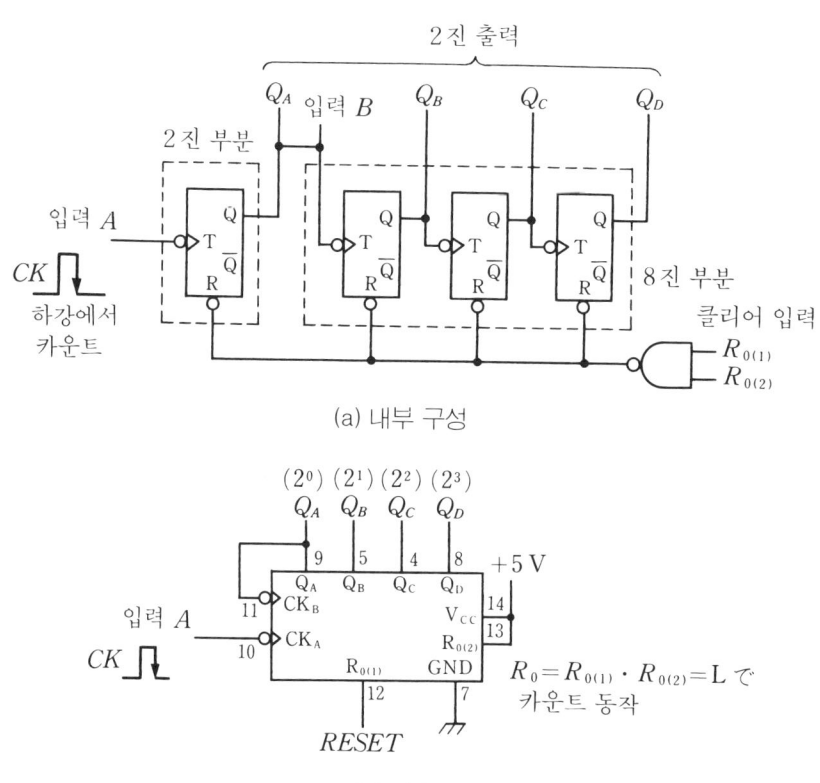

(a) 내부 구성

(b) 기호

그림 5. 23 4비트 비동기 2진 카운터 74293

회로도에서는 〔그림 5.23(b)〕와 같이 직사각형에 각각의 단자를 써넣어 표시한다. 2개의 클리어 단자 중 1개를 $R_{0(2)}$=H로 해 두면, $R_{0(1)}$만으로 리셋 입력 *RESET*으로 된다. 이것에 의해 리셋 신호에 대한 로드 팩터(load factor)를 감소시킬 수 있다.

비동기 카운터는 회로 구성이 간단하지만 〔그림 5.24〕의 타임 차트에 나타낸 바와 같이 각 FF의 동작에는 일정한 시간적 지연 t_p가 생기기 때문에 FF의 후단으로 갈수록 초단의 클록 입력의 변화에 대한 시간 지연이 커지는 결점이 있다. 또 각 FF의 출력을 게이트 회로를 통한 신호로 할 경우 그림에 나타낸 바와 같이 회로에 따라서는 동기의 트러짐(시간차) 때문에 해저드(hazard)라 부르는 불필요한 가는 펄스가 발생하므로 주의해야 한다. 이 해저드는 디지털 회로에서 오동작을 초래하는 것이다.

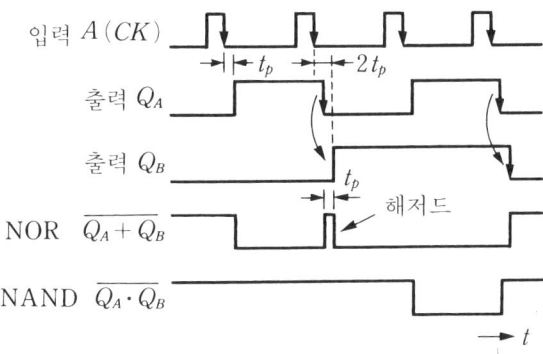

그림 5.24 비동기 카운터의 동작 지연과 해저드의 발생

〔3〕 동기 카운터

한편 〔그림 5.25(a)〕와 같이 플립플롭이 입력선에 대해 병렬로 접속되며, 클록에 동기시켜 각 FF이 동시에 동작하는 카운터를 동기 카운터(synchronous counter)라 한다. 이것은 JK-FF을 사용한 4비트 동기 2진 카운터로서 전단 출력의 AND를 취해 다음 단의 J, K 입력에 합함으로써 동기를 취하고 있다. 즉, 전단 출력이 모두 "1"일 때 (자리올림 전)에만 $J=K=1$로 되며, 클록 CK의 하강에서 출력 Q가 반전된다. 따라서 클록 CK에 대한 카운터 출력 $Q_A \sim Q_D$의 타임 차트는 〔그림 5.25(b)〕와 같다. 각 출력은 모두 CK의 하강에 동기하여 변화하기 때문에 〔그림 5.24〕에서와 같은 해저드 발생의 위험은 없다.

4비트 동기 2진 카운터에는 대표적인 IC로 74161, 74163이 있다. 74161은 클리어 동작이 클록에 비동기되어 있는 것에 반해 74163은 클록에 동기되어 행해진다. 이들 IC는 같은 핀 배치로서 각각 LS시리즈(TTL), HC시리즈(C-MOS)가 있다.

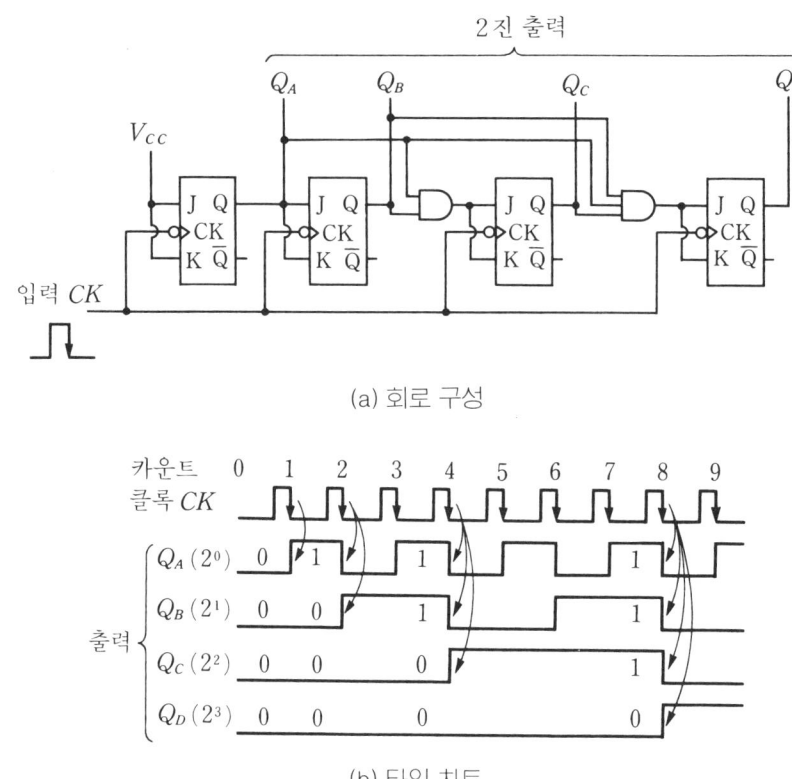

(a) 회로 구성

(b) 타임 차트

그림 5.25 JK-FF에 의한 4비트 동기 2진 카운터

〔4〕업카운터와 다운카운터

카운터는 일반적으로 입력 펄스의 수가 증가하면 출력값도 1씩 증가하는 업카운터(up-counter)를 말한다. 한편 펄스 수가 증가할수록 출력값이 1씩 감소하는 카운터를 다운카운터(down-counter)라 한다. 업과 다운을 전환할 수 있는 동기 업다운(up/down) 카운터 IC에는 74169(4비트 2진) 등이 있다.

5.3.2 10진 카운터

〔1〕10진 카운터의 원리

〔그림 5.26(a)〕는 4개의 T-FF과 AND 게이트로 된 10진 카운터(decade counter)이다. 출력 Q_D, Q_C, Q_B, Q_A의 비트는 각각 2^3, 2^2, 2^1, 2^0의 가중값을 갖는다. 그러나 위에서 설명한 2진 카운터와는 다르며, 카운트 값이 $(1010)_2=10$이 되는 순간에 AND 게이트의 출력은 "1"로 되며 모든 FF은 리셋되어 $(0000)_2=0$으로 된다. 따라서 카운트 값은 0부터 9까지를 반복하는 10진 카운터(비동기)가 된다.

〔그림 5.26(b)〕는 10진 카운터의 동작을 타임 차트로 나타낸 것이다. 입력 펄스수는 펄스의 하강에서 계수되며, 카운트 9까지는 2진 카운터와 같은 동작을 하지만 10개째의 펄스 하강에서 리셋이 걸려 출력 $Q_D Q_C Q_B Q_A = 0000$으로 된다. 즉, 출력 $Q_A \sim Q_D$는 〔표 5.2〕의 논리표와 같이 BCD 코드로 출력된다. BCD 코드는 2.3.1항에서 본 바와 같이 2진수의 4비트를 단위로 하여 10진수의 0~9를 표시하도록 한 2진화 10진수이며, 10진 카운터는 BCD 카운터(BCD counter)라고도 한다.

일반적으로 N진 카운터는 2진 카운터와 함께 계수가 N으로 된 순간에 각 FF을 리셋하는 방법에 의해 만들 수 있다.

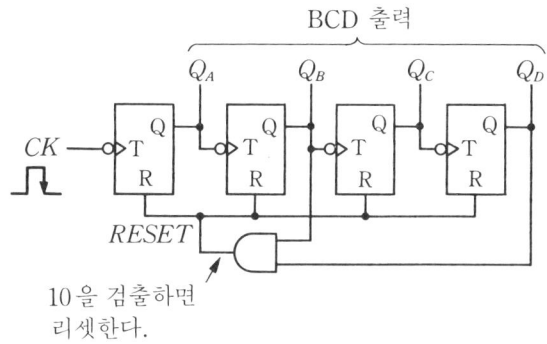

(a) 회로 구성

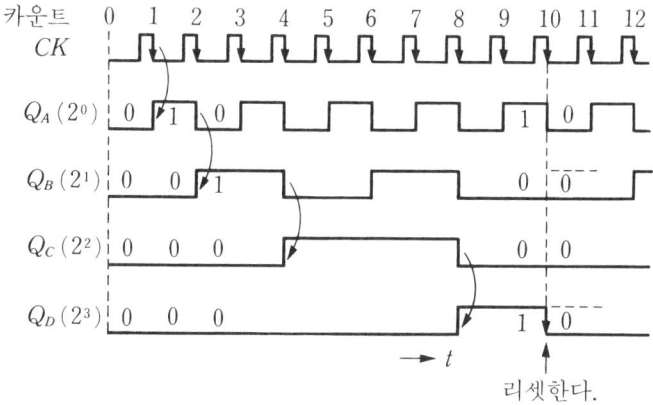

(b) 타임 차트

그림 5.26 10진 카운터의 원리

표 5. 2 10진 카운터의 BCD 출력 논리표

계 수	BCD			
	Q_D (2^3)	Q_C (2^2)	Q_B (2^1)	Q_A (2^0)
0	0	0	0	0
1	0	0	0	1
2	0	0	1	0
3	0	0	1	1
4	0	1	0	0
5	0	1	0	1
6	0	1	1	0
7	0	1	1	1
8	1	0	0	0
9	1	0	0	1
(10)	1	0	1	0

"1010"으로
된 순간
"0000"으로
리셋된다.

〔2〕 10진 카운터 IC

〔그림 5.27(a)〕는 기본적인 10진 카운터 74290의 핀 배치를 나타낸 것이다. 74290의 내부 구성은 〔그림 5.27(b)〕와 같이 2진 카운터와 5진 카운터로 구성된다. 10진 카운터로 만들기 위해서 2진 카운터의 출력 Q_A가 5진 카운터의 입력 B에 접속된다. $R_0 = R_{0(1)} \cdot R_{0(2)}$는 클리어 입력이며, $R_{0(2)} =$ H로 해 두면, $R_{0(1)}$은 리셋 신호 *RESET*의 입력 단자로 된다. *RESET* = H로 하면 출력 $Q_A \sim Q_D$는 리셋되어 모두 L 레벨로 된다. 그러므로 펄스의 카운트시에는 *RESET* = L로 해 둔다. 또, $R_9 = R_{9(1)} \cdot R_{9(2)}$는 프리셋 9 입력이며, 보통은 $R_9 =$ L로 해 두지만 $R_9 =$ H로 하면 출력은 $Q_D Q_C Q_B Q_A = 1001 = (9)_{10}$의 값으로 세트된다. 또 2번과 6번의 NC(No Connection)핀은 내부 회로와 접속되어 있지 않은 단자이다.

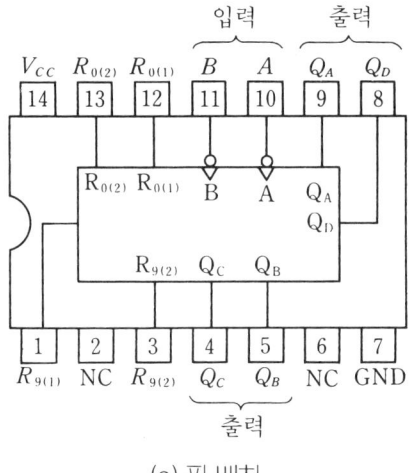

(a) 핀 배치

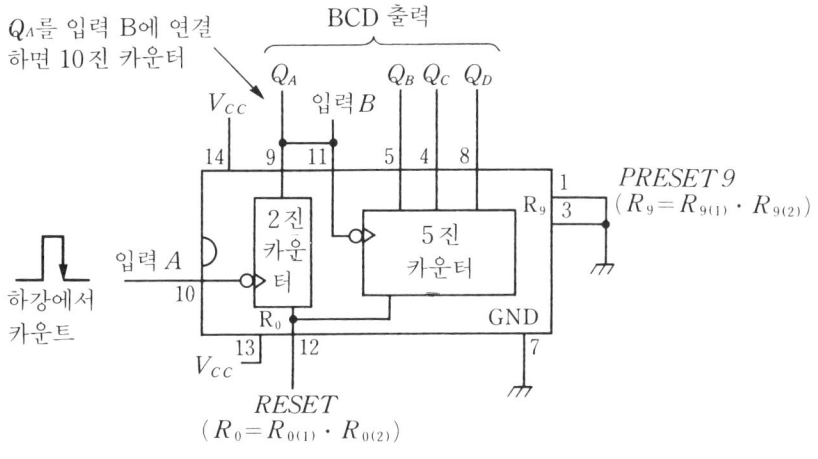

(b) 내부 구성

그림 5.27 10진 카운터 74290

74290은 비동기 카운터이며, 동기 10진(BCD) 카운터에는 74160, 74162 등이 있다. 74160은 클록에 대해 비동기 클리어, 74162는 동기 클리어 단자를 갖는다.

【예제】 9. 74290을 사용하여 10진 카운터의 자릿수를 늘리려면 어떻게 하면 좋은가?

[해답] 〔그림 5.28〕과 같이 74290을 2개 직렬로 접속하면 10진 2자리 카운터 회로가 된다. 이와 같이 하위의 자리 출력 Q_D를 상위의 10진 카운터의 입력 A에 연결하면 자릿수가 증가한다. 〔그림 5.26(b)〕에 나타낸 BCD 출력의 타임 차트에서 명확하게 알 수 있는 바와 같이 출력 Q_D는 10개의 입력 펄스에서 1개의 펄스를 출력함으로써 자리올림 신호를 겸하게 되며, 각 자리의 출력 $Q_A \sim Q_D$는 각각 BCD 코드로 얻는다.

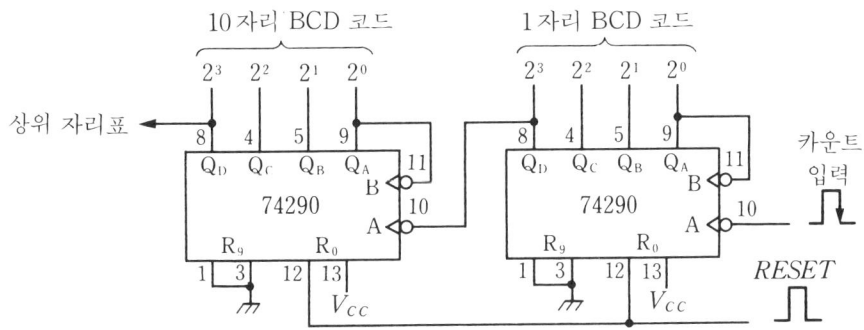

그림 5.28 10진 2자리 카운터 회로

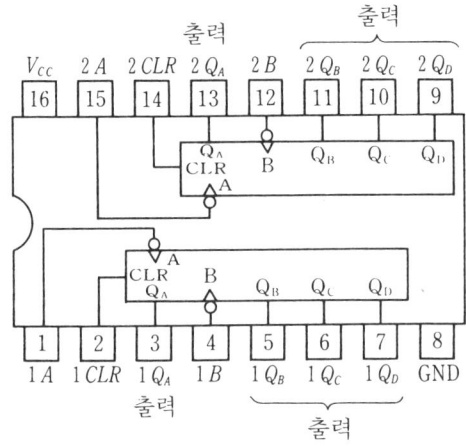

그림 5. 29 듀얼 BCD 카운터 74390

74390은 패키지 안에 74290을 2회로 가진 듀얼 BCD 카운터로서 자릿수가 많은 카운터에 매우 좋다. 〔그림 5.29〕는 74390의 핀 배치이다. 74290과 비교하면 프리셋 9가 생략되어 있다.

5.3.3 주파수의 분주 기능

카운터는 입력 펄스의 주파수를 정수분의 1로 하는 회로에도 사용된다. 이와 같은 목적으로 사용되는 카운터를 분주기(frequency divider)라 한다. 이것은 앞에서 설명한 〔그림 5.22(b)〕의 타임 차트에서 본 바와 같이 클록 펄스 CK에 대해 출력 Q_A의 주파수는 1/2로 되며, 다음 단의 출력 Q_B의 주파수는 Q_A의 1/2로 된다. 따라서 각 단의 출력 주파수는 최초의 클록 펄스 CK의 주파수에 비교해 1/2, 1/4, 1/8로 감소한다. n단의 회로를 사용하면 입력 펄스에서 $1/2^n$배로 분주된 주파수의 펄스파를 얻을 수 있다. 주파수의 분주에는 대체적으로 비동기 카운터가 사용된다.

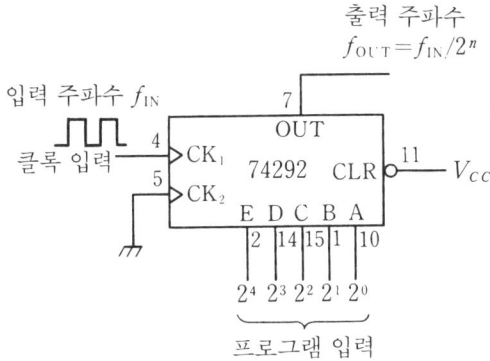

그림 5. 30 프로그램 가능한 분주기 74292

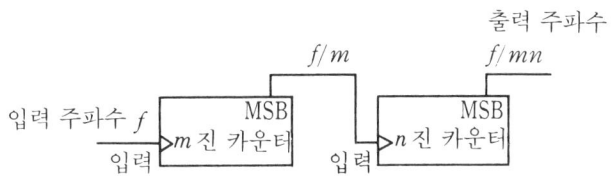

그림 5.31 카운터의 캐스케이드 접속

프로그램 가능한 분주기로는 〔그림 5.30〕에 나타낸 74292 등이 있다. 74292는 5비트의 데이터 입력($00010 \sim 11111$)으로 분주비를 $2^2 \sim 2^{31}$으로 설정할 수 있다. 데이터 $E \sim A$의 비트는 $2^4 \sim 2^0$의 가중값을 가지며, 분주비 2^n의 지수 n의 값을 결정한다. 또 〔그림 5.31〕과 같이 m진 카운터와 n진 카운터를 캐스케이드(cascade : 직렬) 접속하면 출력의 주파수는 $1/mn$로 분주된다.

5.3.4 이니셜 리셋 신호

카운터나 각종 플립플롭 등의 회로에서 전원을 넣은 직후의 출력 논리 레벨은 부정이다. 그러므로 전원을 넣은 직후의 초기 상태를 결정해 둘 필요가 있다. 이것을 일반적으로 초기화(initialize)라 부르며, 전원을 넣은 후에 전원 전압이 안정되기까지의 사이에 몇 ms 정도의 펄스를 발생시켜 그것을 리셋 펄스로 하는 방법이 취해진다.

〔그림 5.32〕는 간단한 이니셜 리셋 펄스(initial reset pulse)의 발생 회로를 나타낸다. 이것은 게이트의 입력에 RC 적분 회로를 설계하여 전원 상승시에 지연 시간을 주어 리셋 펄스를 만들어낸다. 적분 회로를 통한 신호 V_a는 완만한 파형이기 때문에 4.6.3항에서 소개한 시미트 트리거 7414에 의해서 파형 정형되어 이니셜 리셋 신호 $RESET$가 생긴다.

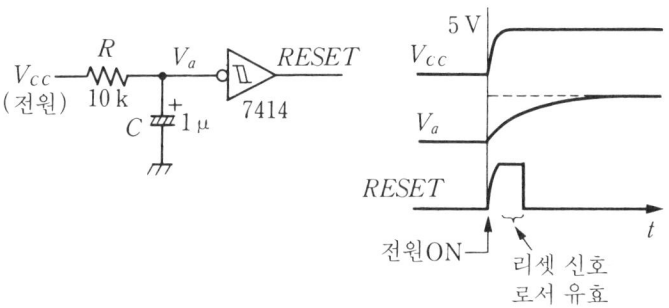

그림 5.32 이니셜 리셋 신호의 발생 회로

5.4 숫자 표시 회로

디지털 회로의 정보를 숫자로 표시하는 것은 인간에게 매우 편리한 것이다. 숫자를 나타내는 디스플레이(display : 표시기) 중 발광 다이오드(LED)를 응용한 7세그먼트 (seven segment) LED 표시기가 널리 사용되고 있다.

5.4.1 7세그먼트 LED 표시기

7세그먼트 LED 표시기는 〔그림 5.33〕에 나타낸 바와 같이 7개의 LED 세그먼트 a ~g의 점등을 조합해서 0~9의 숫자(16진에서는 다시 영문자 A, b, C, d, E, F)를 표시한 것이다. D_P는 소수점을 나타낸다.

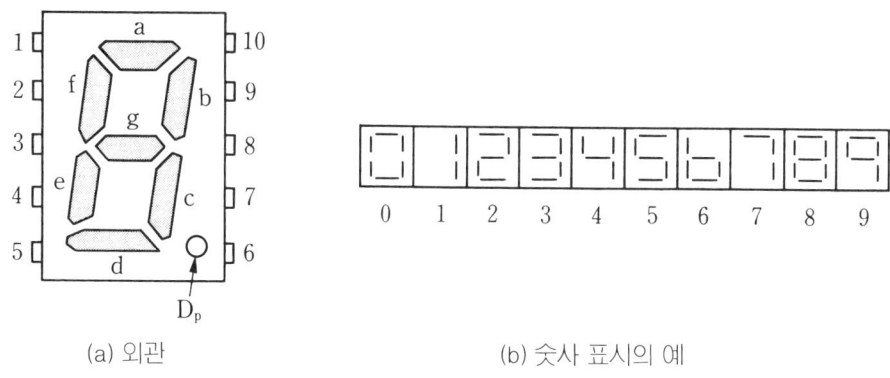

(a) 외관   (b) 숫사 표시의 예

그림 5. 33 7세그먼트 LED 표시기

〔그림 5.34〕는 7세그먼트 LED 표시기의 내부 구조를 나타낸 것이다. 애노드측(+측)을 공통 접속한 애노드 코먼(anode common)형과 캐소드(접지)측을 공통으로 한 캐소드 코먼(cathode common)형 2종류가 있으며, 다음에 설명하는 드라이버와 조합으로 사용법도 분류된다. 어떤 경우든 각 세그먼트의 LED는 순방향 전압 $V_F \fallingdotseq 2$〔V〕에서 순방향 전류 $I_F \fallingdotseq 10$〔mA〕를 흐르게 하면 점등한다.

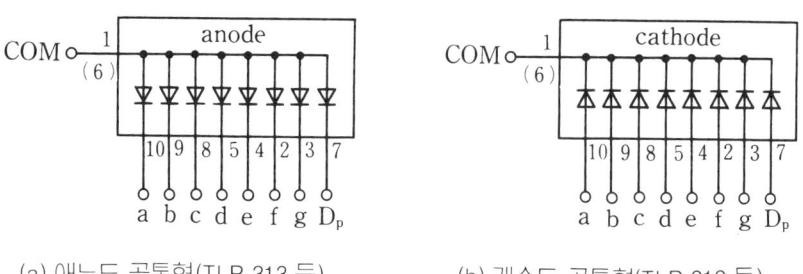

(a) 애노드 공통형(TLR 313 등)   (b) 캐소드 공통형(TLR 312 등)

그림 5. 34 7세그먼트 LED 표시기의 구조

5.4.2 7세그먼트 디코더/드라이버

7세그먼트 LED의 디코더/드라이버로서 대표적인 74 LS 47을 중심으로 설명한다. 〔그림 5.35(a)〕는 7447의 핀 배치를 나타낸 것이다. 회로도에서는 〔그림 5.35(b)〕와 같이 그린다. 7447은 다음과 같은 기능을 한다.

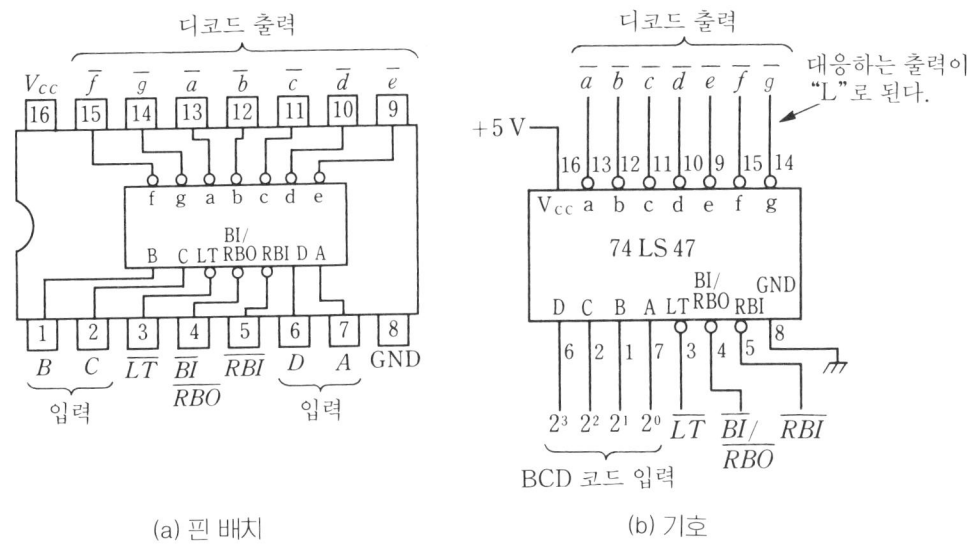

(a) 핀 배치   (b) 기호

그림 5. 35 7세그먼트 디코더/ 드라이버 7447

〔1〕 디코더로서의 기능

표 5.3 7447의 동작 논리표와 LED 표시

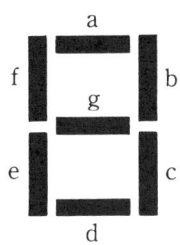

입 력				출 력							
D	C	B	A	$\overline{a}$	$\overline{b}$	$\overline{c}$	$\overline{d}$	$\overline{e}$	$\overline{f}$	$\overline{g}$	표시
0	0	0	0	0	0	0	0	0	0	1	0
0	0	0	1	1	0	0	1	1	1	1	1
0	0	1	0	0	0	1	0	0	1	0	2
0	0	1	1	0	0	0	0	1	1	0	3
0	1	0	0	1	0	0	1	1	0	0	4
0	1	0	1	0	1	0	0	1	0	0	5
0	1	1	0	1	1	0	0	0	0	0	6
0	1	1	1	0	0	0	1	1	1	1	7
1	0	0	0	0	0	0	0	0	0	0	8
1	0	0	1	0	0	0	1	1	0	0	9

디코더(decoder)란 코드(부호)화된 신호를 해독하는 회로로서 5.5.2항에서 상세히 설명한다. 〔표 5.3〕은 디코더 7447의 동작 논리표와 7세그먼트 LED의 숫자 표시를 나타낸 것이다. 입력 $D \sim A$는 BCD 코드 입력(가중값 $2^3 \sim 2^0$)이며, 이 코드 입력에 해당하는 숫자 패턴에 대응시켜 출력 $\overline{a} \sim \overline{g}$가 "0"(L 레벨)으로 된다.

〔2〕 드라이버로서의 기능

74 LS 47의 출력 $\overline{a} \sim \overline{g}$는 오픈 컬렉터 출력으로 15〔V〕의 고내압이다. 싱크 전류는 $I_{OL(\max)} = 24$〔mA〕이며, 전류 $I_F \fallingdotseq 10$〔mA〕의 LED를 충분히 드라이브할 수 있다. 7세그먼트 LED 표시기의 결점은 소비 전류가 많은 것으로 1자리의 숫자 표시기로 숫자 "8"을 표시하면 대략 10〔mA〕×7=70〔mA〕의 전류를 소비한다.

【예제】 **10.** 7세그먼트 디코더/드라이버 74 LS 47을 사용하여 BCD 코드 입력의 숫자 표시 회로를 설계하여라.

〔해답〕 7447은 BCD 코드 입력의 값에 대응하여 출력 $\overline{a} \sim \overline{g}$가 L 레벨로 되기 때문에 7세그먼트의 LED는 드라이버 7447의 싱크 전류로 발광한다. 따라서 7447에 접속된 7세그먼트 LED 표시기는 애노드 코먼형으로 〔그림 5.36〕에서와 같이 양자 사이에 전류 제한용 저항 R이 들어간다. 저항 R의 값은 식(4.4)에 의해 $R \fallingdotseq 300$〔Ω〕이 된다.

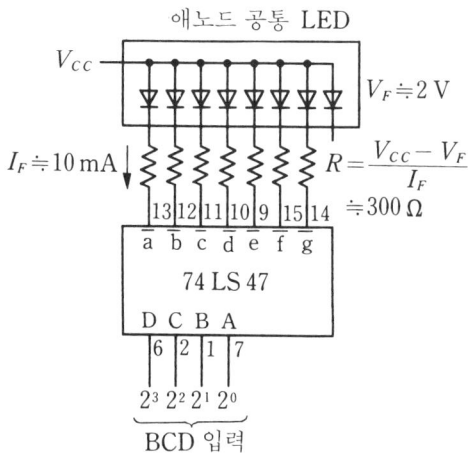

그림 5.36 7세그먼트 LED와 디코더/ 드라이버와의 접속

〔3〕 그 밖의 기능

7447은 LED의 점등을 제어하는 다음과 같은 기능을 한다(그림 5.35 참고).

① 램프 테스트(lamp test) : $\overline{LT}$ =L라 하면 모든 세그먼트가 점등하여 표시기는 "8"을 표시한다.

② 제로 서프레스(zero suppress) : 불필요한 숫자 "0"을 소등시키기 위해 다음과 같은 단자가 준비되어 있다.

- $\overline{RBI}$ (Ripple Blanking Input) : $\overline{RBI}$ =L일 때 표시하는 숫자가 "0"이면 소등한다.

- $\overline{RBO}$ (Ripple Blanking Output) : $\overline{RBI}$ =L일 때 숫자가 "0"이면 출력 신호 $\overline{RBO}$ =L를 하위 자리의 $\overline{RBI}$ 로 보낸다. 또 $\overline{RBO}$ 단자는 내부에 저항을 거쳐 풀업되어 있으므로 $\overline{BI}$ (Blanking Input) 입력으로도 사용이 가능하며, $\overline{BI}$ =L이라 하면 모든 세그먼트가 소등한다.

제로 스프레스의 예에 대해서는 다음 항에서 설명한다.

5.4.3 스태틱 드라이브 표시

〔1〕카운터와 디코더/드라이버의 조합

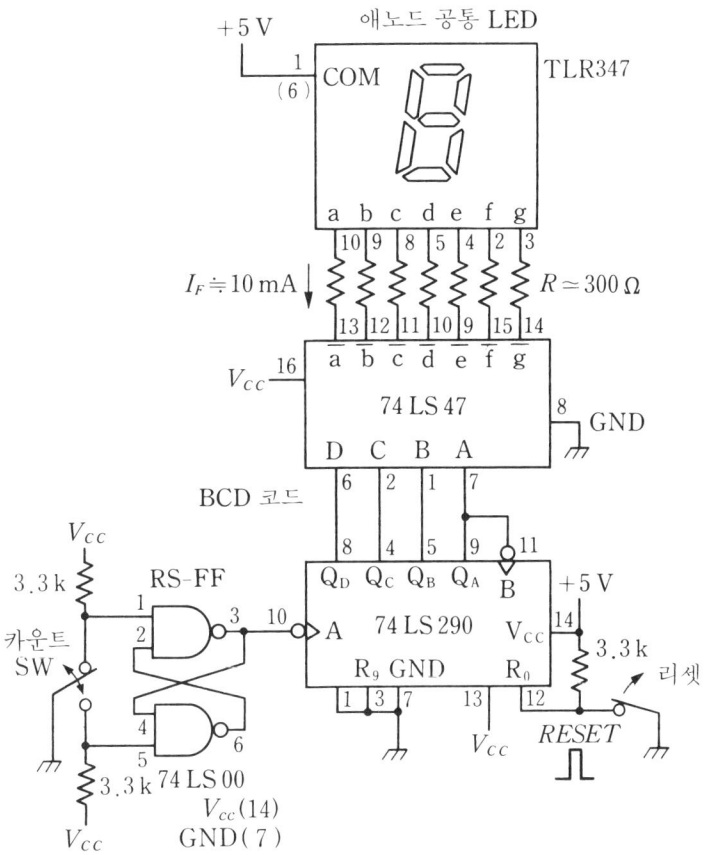

그림 5.37 10진 카운터 표시 회로

【예제】11. 10진 카운터 74 LS 290을 사용하여 스위치가 눌려진 횟수(0~9)를 7
세그먼트 LED 표시기로 표시하는 회로를 설계하여라.

[해답] 〔그림 5.37〕과 같이 10진 카운터 74290에 7세그먼트 디코더/드라이버 7447을 사용한
숫자 표시 회로〔그림 5.36〕를 접속하면 10진 카운터 표시 회로가 된다. 리셋 스위치를 누르
면 카운터는 리셋되어 "0"이 표시된다. 그 후 카운트 스위치를 누를 때마다 7세그먼트 LED
가 나타내는 숫자는 1씩 증가한다. 스위치 접점의 채터링을 방지하기 위해 다운 스위치측에
는 RS 플립플롭을 사용하고 있다.

〔2〕 스태틱 드라이브 방식

〔그림 5.38〕과 같이 10진 카운터 74290, 디코더/드라이버 7447 및 LED 표시기를
1조로 하여 카운터 74290의 출력 Q_D를 다음 자리의 입력 펄스로 하면 자릿수가 많은
카운터의 표시 회로가 된다. 이 예는 10진 3자리 카운터이며, 각 자리의 BCD 코드 입
력에 대해 각각 1조의 디코더/드라이버 및 LED 표시기를 사용하는 표시 방식을 스태틱
드라이브(static drive) 방식이라 한다.

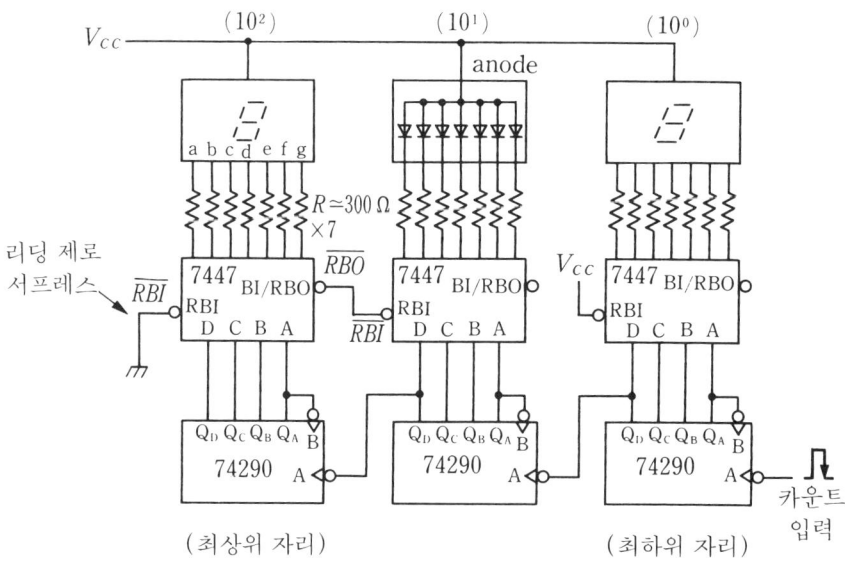

그림 5.38 스태틱 드라이브 10진 3자리 카운터(리딩 제로 서프레스 부착)

〔3〕 리딩 제로 서프레스

자릿수가 많은 카운터에서는 상위 자리의 숫자가 "0"일 때 이것을 소등하는 편이 알기
쉽다. 예를 들면 4자리의 "0 0 1 5"의 표시에서는 상위(leading) 자리 2개의 "0"을 소
등하여 "1 5"만을 표시한다. 이와 같이 불필요한 숫자 "0"을 소등하는 기능을 리딩 제로
서프레스(leading zero suppress)라 한다.

디코더/드라이버 7447은 앞의 항에서 설명한 바와 같이 이 기능을 가지고 있으며, 〔그림 5.38〕의 예에서는 최상위 자리의 $\overline{RBI}$ 입력을 GND로 떨어뜨려 $\overline{RBI}$ =L로 한다.($\overline{RBI}$ =H로 하면 제로 서프레스는 해제된다.) 그리고 $\overline{RBO}$ 출력을 하위 자리의 $\overline{RBI}$ 입력에 접속시킨다. 즉, 상위 자리가 "0"인 정보($\overline{RBO}$ =L)를 $\overline{RBI}$ 입력으로 얻은 자신의 자리도 "0"인 경우에는 점등을 멈추고 $\overline{RBO}$ 단자부터 상위 자리가 모두 "0"인 정보($\overline{RBO}$ =L)를 검출함으로써 리딩 제로 서프레스를 한다. 1의 자리의 $\overline{RBI}$ 입력은 H 레벨(TTL에서는 오픈 그대로 좋다.)로 해 둔다. 이것은 모든 자리가 "0"일 경우에는 1의 자리만 "0"으로 표시하기 때문이다.

〔4〕 카운터와 래치의 조합

〔그림 5.39(a)〕는 10진 카운터와 디코더/드라이버 사이에 래치를 넣은 래치 부착 카운터 회로를 나타낸 것이다. 고속으로 카운트 동작하고 있는 카운터에서도 각 자리의 BCD 출력 동시에 래치를 넣으면 임의의 순간 카운트 값을 정지시켜 읽을 수 있다.

> **【예제】 12.** 〔그림 5.39(a)〕에 나타낸 회로를 주기 $T=1$〔s〕마다 입력 펄스 수를 나타내는 주파수 카운터로 하여라. 래치 신호 $\overline{LATCH}$ 와 리셋 신호 $RESET$의 관계를 타임 차트로 나타내어라.

해답 〔그림 5.39(b)〕에 나타낸 바와 같이 $\overline{LATCH}$ =H의 펄스 직후에 $RESET$=H의 펄스를 가해 주기 $T=1$〔s〕로 반복시키면 된다. 카운터의 내용은 래치를 해제($\overline{LATCH}$ =H)할 때만 표시되며, 래치가 가해지면($\overline{LATCH}$ =L) 직전의 표시가 유지된다. 따라서 래치 직후에 카운터를 리셋($RESET$=H)하면 이 카운터는 주기 $T=1$〔s〕마다 입력 펄스의 수, 즉 주파수(1/s)를 나타내는 주파수 카운터(frequency counter)로 된다.

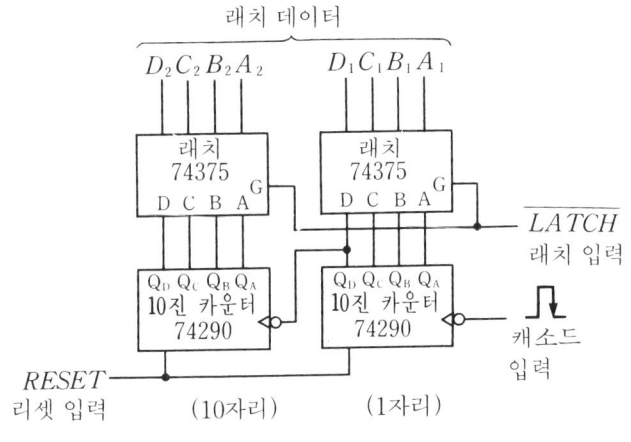

(a) 회로도

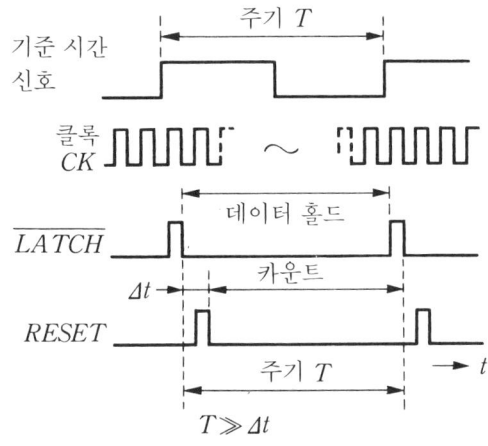

(b) 래치 신호와 리셋 신호의 관계

그림 5. 39 래치 부착 카운터

$\overline{LATCH}$ 신호와 $RESET$ 신호는 주기 T의 기준 시간 신호에서 〔그림 5.10〕에 나타낸 펄스에지의 검출을 이용하여 만들면 된다. 이 때 클록 펄스의 주기 $\varDelta t$를 주기 T에 비교해서 충분히 작으면 ($\varDelta t < 0.1$〔ms〕) 카운트 시간($T- \varDelta t$)은 래치의 주기 T와 거의 같게 된다.

이 회로는 7.5.2항에서 설명할 포토센서와 외주로 슬리트를 가진 원판으로 회전수를 계측할 경우에도 이용할 수 있다.

5.4.4 나이내믹 드라이브 표시

〔1〕 다이내믹 드라이브의 원리

스태틱 드라이브 방식은 각 자리마다 디코더/드라이버가 필요하며, 표시기의 자릿수가 증가하면 부품 수 및 배선 수도 자릿수에 비례하여 증가한다. 이것에 대해 각 자리의 표시기를 시분할로 일정 주기마다 반복 점등시켜 그 주기를 빠르게 함으로써 모든 자리가 표시되어 볼 수 있는 방식을 고안하였다. 이것을 다이내믹 드라이브(dynamic drive) 방식이라 한다.

〔그림 5.40〕은 다이내믹 드라이브 표시의 원리를 나타낸 것이다. 각 자리(4자리)의 BCD 출력을 순차적으로 꺼내어 표시하기 때문에 디코더/드라이버는 1개로 충분하고 전자 스위치 A, B는 고속으로 동시(동기시켜)에 전환된다.

〔그림 5.41〕은 다이내믹 드라이브 표시 회로의 구성을 나타낸다. 4자리의 BCD 출력을 순차적으로 꺼내어 표시하기 때문에 스캔(scan) 발진 회로에 따라서 자리 펄스 $T_1 \sim T_4$가 만들어지며, 멀티플렉서(입력 전환기로 상세한 것은 5.6절에서 설명한다.) 및 캐소드 코먼 LED의 전환 신호가 된다.

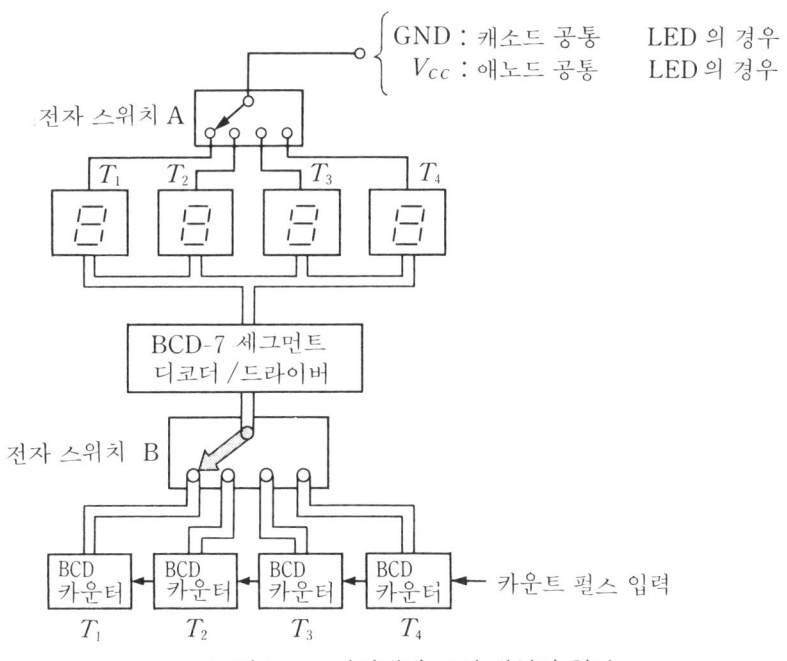

그림 5. 40 다이내믹 표시 방식의 원리

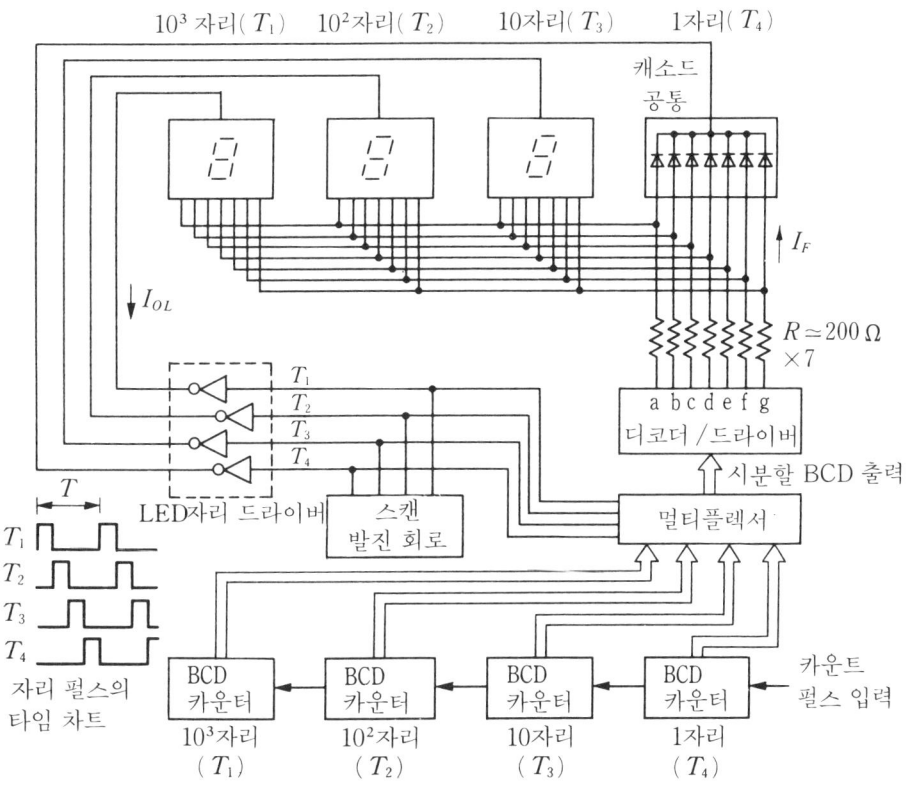

그림 5. 41 다이내믹 표시 회로의 구성

〔2〕 다이내믹 숫자 표시기

〔그림 5.42〕는 4자리 LED 다이내믹 숫자 표시기 TLR 4125의 외관과 내부 구성을 나타낸 것이다. 각 자리의 7세그먼트 LED의 단자 $a \sim g$는 내부에서 결선되어 있기 때문에 같은 자릿수의 스태틱 숫자 표시 소자에 비해 접속이 간단해진다. TLR 4125는 캐소드 코먼이며, 애노드 코먼에는 TLR 4115가 있다.

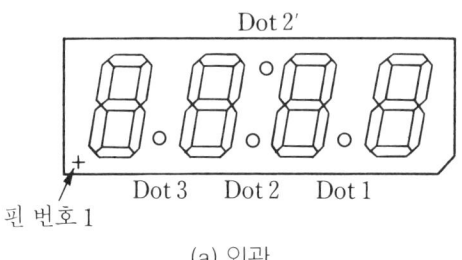

(a) 외관

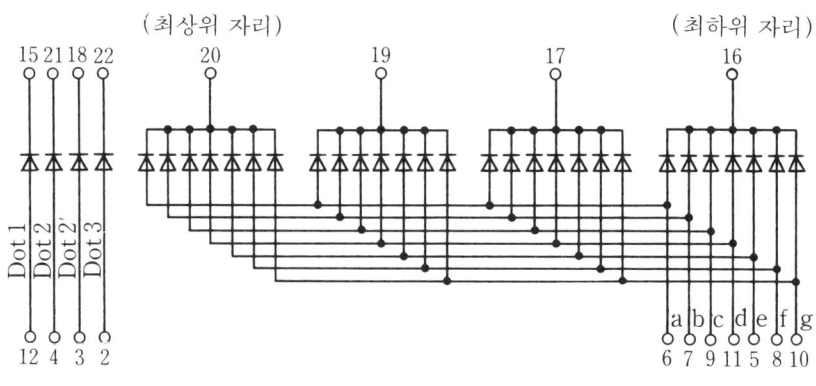

(b) 내부 구성

그림 5. 42 4자리 LED 다이내믹 표시기 TLR 4125

〔3〕 다이내믹 표시 IC

〔그림 5.43〕은 4자리 10진 업다운 카운터 IC의 TC 5053에 의한 다이내믹 드라이브 표시 회로를 나타낸 것이다. TC 5053은 카운터를 기본으로 4자리의 래치, 멀티플렉서, 7세그먼트 LED의 디코더/드라이버, 스캔 발진 회로가 내장되어 있으며 다이내믹 점등 방식이기 때문에 출력 핀 수와 외부 부품은 작아도 된다. 따라서 TC 5053 등 LSI의 카운터에는 다이내믹 드라이브 방식이 많이 사용되고 있다. 클록(카운트) 입력은 업클록과 다운 클록이 독립되어 있으며, 입력이 H 레벨일 때 펄스상에서 업 또는 다운 카운트가 이루어진다. 모든 입력은 파형 정형용 시미트 트리거를 갖는다.

MSL 966은 LED 디지트 드라이버(LED digit driver) 전용 IC로서 싱크 전류 I_{OL} 은 4회로 중 1회로만으로 80〔mA〕까지 얻어진다. 이것은 LED 1개의 구동 전류 I_F는 10〔mA〕일 경우 7세그먼트와 소수점의 LED 8개(10〔mA〕×8=80〔mA〕)를 구동할 수 있다.

다이내믹 표시 방식에서 각 자리의 LED의 점등 시간은 시분할을 위해 1/자릿수로
한다. 따라서 스태틱 표시에 비해 휘도가 떨어지지 않도록 전류 제한 저항 R의 값이 작
아진다(4자리에서는 $R \simeq 200 (\Omega)$).

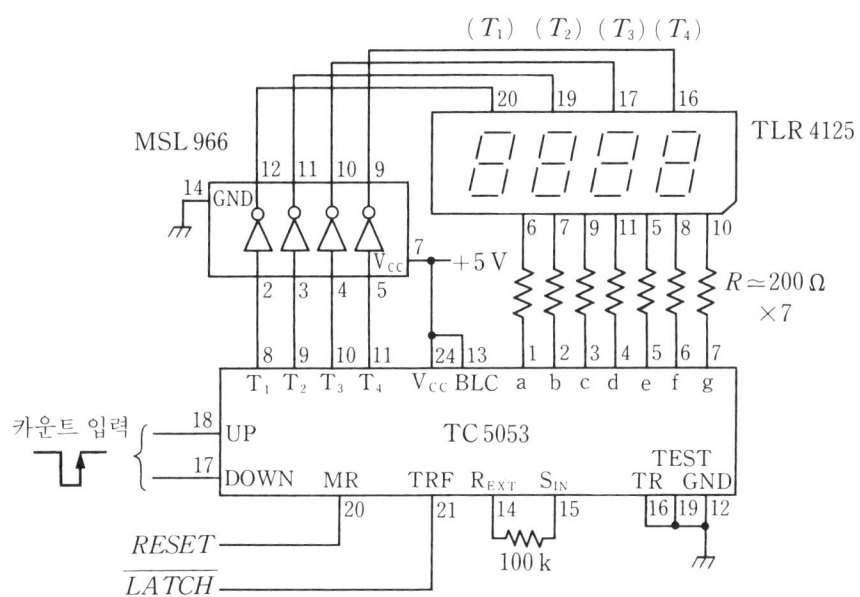

BLC : blanking control, MR : master reset, TR : T-counter reset, S_{IN} : scan in

그림 5.43 다이내믹 표시 4자리 10업 다운 카운터 회로

5.5 엔코더와 디코더

5.5.1 엔코더

〔1〕 엔코더의 기능

디지털 회로에서 1개의 신호선(1비트)을 나타내는 값은 "1"과 "0"뿐이지만 신호선의
수를 증가시키면 다룰 수 있는 수도 증가한다. 4개의 신호선의 경우 2진수에서는 0000
부터 1111까지 16가지의 값을 표시할 수 있다. 또 BCD 코드에서는 0000부터 1001까
지 10가지의 값을 표시할 수 있다.

이와 같이 값을 임의의 약속으로 여러 개의 비트를 조합하여 표시하는 것을 부호화 또
는 코드화(엔코드 : encode)라 하며, 이 기능을 가진 회로나 소자를 엔코더(encodor)라
한다.

〔2〕 BCD 엔코더의 기본

〔그림 5.44〕는 10진 입력을 BCD 코드로 코드화한 BCD 엔코더의 블록도와 진리표이다. 입력은 1(Y_1)부터 9(Y_9)까지 9개로, 출력은 A, B, C, D의 4개의 신호선으로 이루어진다. 이것은 예를 들면 9개의 스위치 중 어느 것이 눌러졌는가를 BCD 코드로 출력하는 회로이다. 입력 $Y_1 \sim Y_9$ 중 1개를 "1"("H")로 하면 출력은 진리표와 같이 BCD 코드로 된다.

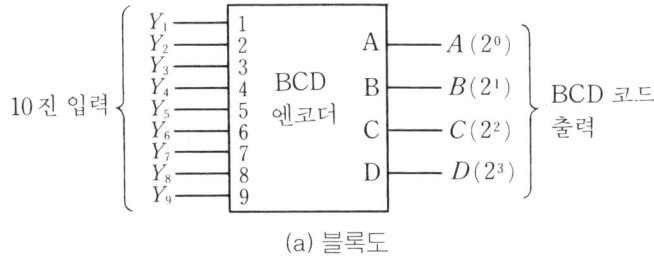

(a) 블록도

H로 한 입력	출 력			
	D	C	B	A
Y_1	0	0	0	1
Y_2	0	0	1	0
Y_3	0	0	1	1
Y_4	0	1	0	0
Y_5	0	1	0	1
Y_6	0	1	1	0
Y_7	0	1	1	1
Y_8	1	0	0	0
Y_9	1	0	0	1

(b) 진리표

그림 5. 44 BCD 엔코더의 블록도와 진리표

【예제】 13. 〔그림 5.44〕의 BCD 엔코더를 OR 게이트로 구성하여라.

해답 진리표에서 출력 "1"에 착안하면 BCD 코드의 출력 A, B, C, D의 논리식은 다음과 같이 입력의 논리합(OR)으로 표시된다.

$$
\left.
\begin{aligned}
A &= Y_1 + Y_3 + Y_5 + Y_7 + Y_9 \\
B &= Y_2 + Y_3 + Y_6 + Y_7 \\
C &= Y_4 + Y_5 + Y_6 + Y_7 \\
D &= Y_8 + Y_9
\end{aligned}
\right\} \quad \cdots\cdots\cdots\cdots\cdots\cdots\cdots\cdots\cdots\cdots \quad (5.1)
$$

위 식에서 입력 신호의 조합에 OR 게이트를 사용하면 회로는 〔그림 5.45〕가 된다. 예를 들면 출력 A(무게 2^0)은 10진 입력의 홀수 OR 출력으로서 출력 D(가중값 2^3)는 10진 입력의 8과 9의 OR 출력으로 된다. 이와 같이 엔코더는 기본적인 조합 회로로서 OR 게이트로 구성된다.

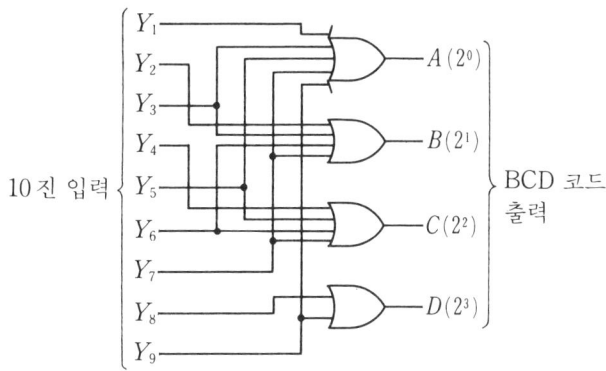

그림 5. 45 OR 게이트에 의한 BCD 엔코더

〔3〕 BCD 엔코더 IC

BCD 엔코더 IC로는 〔그림 5.46〕에 나타낸 74147이 있다. 입출력 모두 부논리이므로 입력 $\overline{Y_1} \sim \overline{Y_9}$ 중 1개를 "L"로 하면 출력은 대응하는 BCD 코드의 반전 출력(부논리의 BCD 코드라고도 한다.)으로 된다. 74147은 2개 이상의 입력이 "L"인 경우 큰 값을 우선 코드화 하는 프라이오리티(priority) 기능을 가진 엔코더이다. 예를 들면 $\overline{Y_3}(3)$과 $\overline{Y_3}(8)$이 "L"인 경우에는 8이 코드화된다.

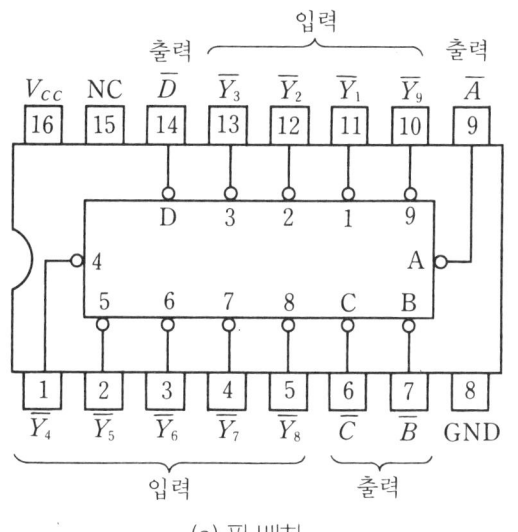

(a) 핀 배치

L로 하는 입력	출 력			
	$\overline{D}$	$\overline{C}$	$\overline{B}$	$\overline{A}$
$\overline{Y_1}$	1	1	1	0
$\overline{Y_2}$	1	1	0	1
$\overline{Y_3}$	1	1	0	0
$\overline{Y_4}$	1	0	1	1
$\overline{Y_5}$	1	0	1	0
$\overline{Y_6}$	1	0	0	1
$\overline{Y_7}$	1	0	0	0
$\overline{Y_8}$	0	1	1	1
$\overline{Y_9}$	0	1	1	0

(b) 진리표(부논리)

그림 5. 46 BCD 엔코더 74147

〔4〕 2진수 엔코더 IC(binary encoder)

〔그림 5.47〕은 3비트 2진수 엔코더 74148의 기호와 진리표이다. 입력·출력이 모두 부논리(액티브 L)이며, 8개의 입력 $\overline{Y_0}(0) \sim \overline{Y_7}(7)$ 중 1개가 "L"이면 그 값은 부논리의 3비트 2진 코드 $\overline{C}\ \overline{B}\ \overline{A}$로 변환(엔코드)된다. 이 때 입력 수부 신호의 이네이블 (enable) 입력 $\overline{EI}$는 $\overline{EI}$ =L인 것이 필요하다. $\overline{EI}$ =H라 하면 엔코더는 금지되어 출력은 모두 "H"로 된다. 또 74148도 큰 값을 우선 코드화 하는 프라이오리티 기능을 갖는다.

엔코더 74148은 이 IC를 복수 사용하여 보다 많은 입력을 엔코드하기 위한 이네이블 출력 $\overline{EO}$를 갖는다. 이것은 입력 중 1개라도 "L"이 있으면 $\overline{EO}$ =H로 된 것으로 상위 $\overline{EO}$는 하위의 $\overline{EI}$에 접속된다. 이것에 의해서 하위 엔코더는 금지된다. 스트로브 (strobe) 출력 $\overline{GS}$는 현재 입력이 되고 있는지를 나타내는 신호로서 입력 $\overline{Y_0} \sim \overline{Y_7}$ 중 1개라도 "L"(단 $\overline{EI}$ =L)이면 $\overline{GS}$ =L로 된다. 이것은 키 입력일 때 어느 키가 눌려졌 는지의 확인용으로 사용된다.

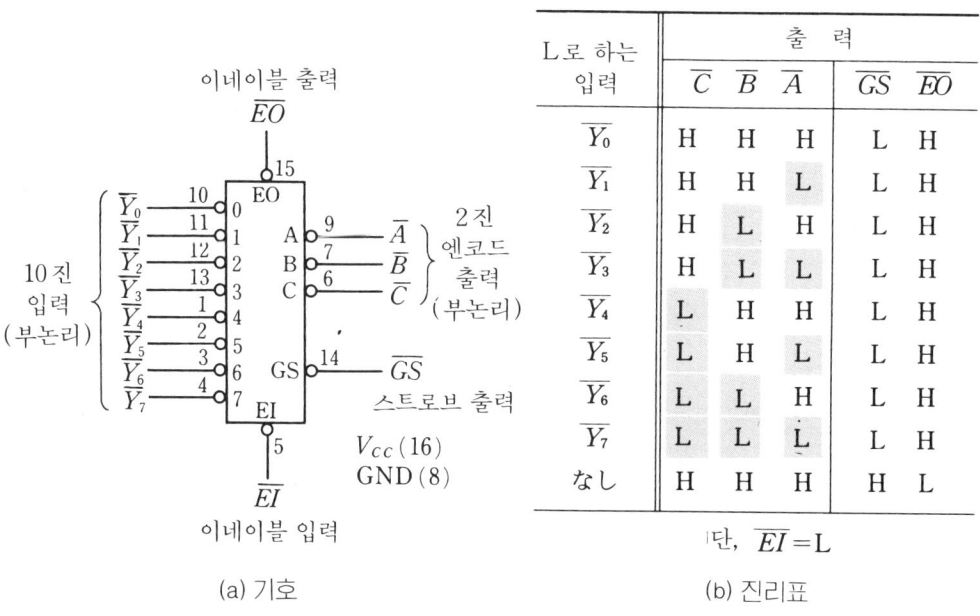

L로 하는 입력	출 력				
	$\overline{C}$	$\overline{B}$	$\overline{A}$	$\overline{GS}$	$\overline{EO}$
$\overline{Y_0}$	H	H	H	L	H
$\overline{Y_1}$	H	H	L	L	H
$\overline{Y_2}$	H	L	H	L	H
$\overline{Y_3}$	H	L	L	L	H
$\overline{Y_4}$	L	H	H	L	H
$\overline{Y_5}$	L	H	L	L	H
$\overline{Y_6}$	L	L	H	L	H
$\overline{Y_7}$	L	L	L	L	H
なし	H	H	H	H	L

단, $\overline{EI}$ =L

(a) 기호   (b) 진리표

그림 5.47 3비트 2진 엔코더 74148

5.5.2 디코더

〔1〕 디코더의 기능

코드화된 데이터를 해독(디코드 : decode)하는 기능을 가진 소자를 디코더(decoder)

라 한다. 디코더는 여러 개의 신호 데이터 중에서 특정한 데이터를 검출하는 회로이기도
하다.

〔2〕2진수 디코더(binary decoder)

〔그림 5.48(a), (b)〕는 3비트의 2진수 디코더 74138의 기호와 진리표이다. 기능적으
로는 엔코더 74148의 입출력을 역으로 한 것이지만 입력은 정논리(액티브 H)이다. 2진
수의 디코드(세그먼트) 입력 A, B, C가 나타내는 값에 따라서 10진수의 출력 $\overline{Y_0} \sim \overline{Y_7}$
중 1개가 "L"로 된다. 즉 입력 C, B, A의 각 비트는 2^2, 2^1, 2^0의 가중값을 가지며, 2
진수(2진 코드)가 10진수로 디코드(해독)된다.

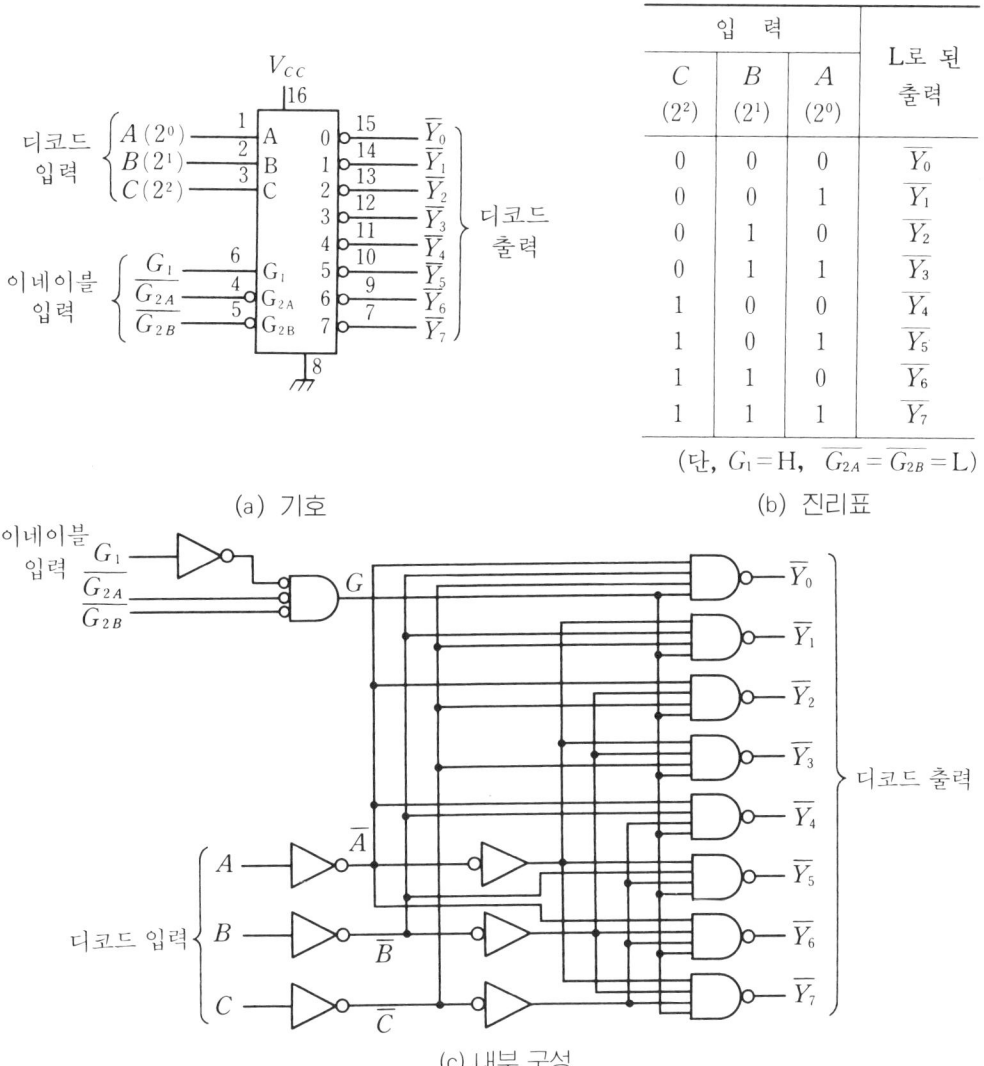

입 력			L로 된
C (2^2)	B (2^1)	A (2^0)	출력
0	0	0	$\overline{Y_0}$
0	0	1	$\overline{Y_1}$
0	1	0	$\overline{Y_2}$
0	1	1	$\overline{Y_3}$
1	0	0	$\overline{Y_4}$
1	0	1	$\overline{Y_5}$
1	1	0	$\overline{Y_6}$
1	1	1	$\overline{Y_7}$

(단, $G_1 =$ H, $\overline{G_{2A}} = \overline{G_{2B}} =$ L)

(a) 기호 　　　　　　　　　　　　　(b) 진리표

(c) 내부 구성

그림 5. 48　3비트 2진수 디코더 74138

〔그림 5.48(c)〕는 디코더 74138의 내부 구성이며, 디코드 입력 A, B, C와 그 반전 신호 $\overline{A}$, $\overline{B}$, $\overline{C}$의 조합으로 디코드 출력이 된다. 디코더 74138에는 이네이블 입력 단자가 3개이며, G_1=H 또 $\overline{G_{2A}} = \overline{G_{2B}}$=L일 때만 입력이 유효하며, 해당 출력은 "L"로 한다. 이외의 이네이블 입력일 때에는 출력을 모두 "H"로 한다.

이런 종류의 디코더는 제6장에서 설명할 마이크로컴퓨터의 어드레스 지정 등에 이용된다.

〔3〕블랙 박스

카운터나 디코더 등의 회로를 그릴 경우 게이트나 플립플롭에 의한 내부 회로까지 그리는 것이 아니라 〔그림 5.48(a)〕와 같이 직사각형에 각 단자를 써넣어 표시한다. 즉, 회로는 더욱 큰 블랙 박스(black box)로서 다룬다. 게이트 회로나 플립플롭 등 회로 소자적인 IC를 SSI(Small Scale Integration : 소규모 집적 회로)라 하며, 이들을 조합한 카운터나 디코더는 1개의 회로적인 기능을 가진 IC로서 MSI(Medium Scale Integration:중규모 집적 회로)라 한다. 더욱 집적도를 증가시킨 IC는 LSI(Large Scale Integration:대규모 집적 회로)라 한다.

5.6 멀티플렉서

5.6.1 멀티플렉서의 기능

멀티플렉서(multiplexer)는 〔그림 5.49(a)〕와 같이 여러 개의 입력 신호 중 1개를 선택하여 출력하는 기능을 가진 소자로서 데이터 셀렉터(data selector)라고도 부른다. 이것과 반대로 〔그림 5.49(b)〕와 같이 1개의 입력 신호를 복수 출력의 1개로 전환하는 것을 디멀티플렉서(demultiplexer)라 한다. 멀티플렉서와 디멀티플렉서는 입력과 출력이 서로 반대로 된 것이며, 기계적인 로터리 스위치(rotary switch) 대신 셀렉트 입력에 의해서 전환하는 전자 스위치를 사용한다.

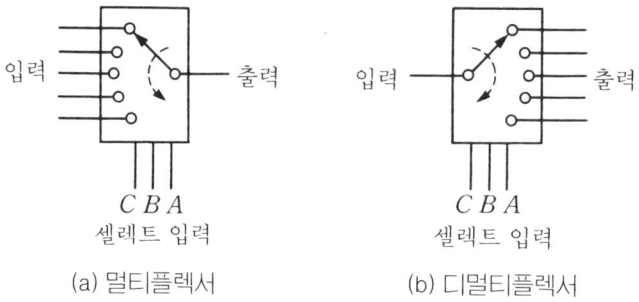

(a) 멀티플렉서   (b) 디멀티플렉서

그림 5. 49 멀티플렉서와 디멀티플렉서의 기능

5.6.2 멀티플렉서 IC

〔그림 5.50〕은 8입력의 멀티플렉서 74151의 기호와 진리표이다. 이 IC는 8개의 디지털 데이터 $D_0 \sim D_7$ 중의 1개를 셀렉트 입력 A, B, C의 바이너리에 의해 선택하여 Y에 출력하는 것이다. 출력 $\overline{W}$는 Y의 반전 출력 $(\overline{Y})$이다. 스트로브 입력 $\overline{S}$는 출력을 컨트롤 하는 신호이며, $\overline{S}$=L일 때 데이터가 출력되지만 $\overline{S}$=H라 하면 다른 입력에 관계 없이 출력 Y=L($\overline{W}$=H)로 된다. 74251은 74151의 3상태 출력형이다.

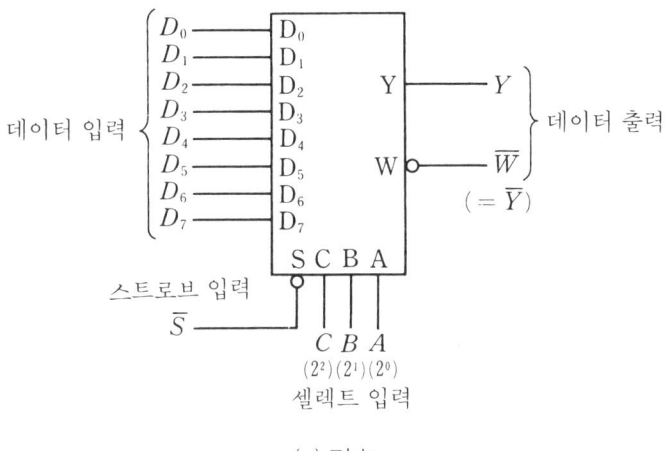

(a) 기호

입 력			스트로브	출 력
셀렉트			스트로브	Y
C	B	A	$\overline{S}$	
X	X	X	H	L
0	0	0	L	D_0
0	0	1	L	D_1
0	1	0	L	D_2
0	1	1	L	D_3
1	0	0	L	D_4
1	0	1	L	D_5
1	1	0	L	D_6
1	1	1	L	D_7

(b) 진리표

그림 5. 50 멀티플렉서 74151

5.7 아날로그 스위치

5.7.1 아날로그 스위치의 특징

아날로그 스위치(analog switch)의 대부분은 C-MOS로 구성된 반도체 스위치로서 〔그림 5.51(a)〕와 같이 디지털 신호를 제어 입력으로 하여 기계적인 스위치를 대신하는 것이다. 〔그림 5.51(b)〕와 같은 표기법도 있다. 아날로그 스위치는 기계적인 가동 부분이 없기 때문에 접점의 채터링이 없고, 고속(몇 〔MHz〕)으로 동작하며 수명도 매우 길기 때문에 아날로그 또는 디지털 신호의 개폐에 많이 사용되고 있다.

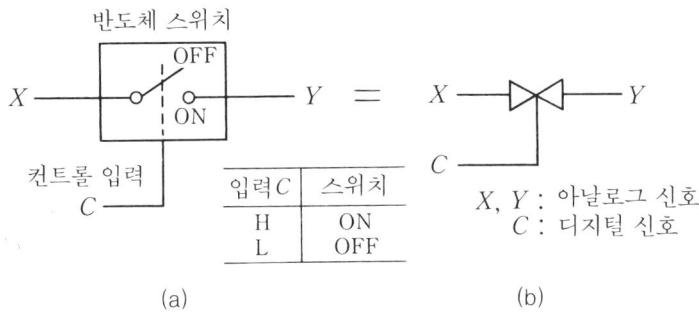

그림 5.51 아날로그 스위치의 표기법

컨트롤 입력 C를 H 레벨로 하면 스위치가 ON(도통)되며, L 레벨로 하면 OFF(비도통)로 된다. 단, ON 상태에서도 수십~수백〔Ω〕의 저항이 있으면, ON 저항 R_{ON}이라 부른다. 아날로그 스위치의 결점은 이 저항값 R_{ON}이 기계적인 접점의 몇 〔mΩ〕 정도보다 크다는 것이다. OFF 상태의 스위치 단자 사이는 1,000〔MΩ〕 정도의 고임피던스가 된다.

아날로그 스위치는 양방향성으로서 어떤 방향으로 입력을 해도 좋지만 제어할 신호의 진폭은 전원 전압의 범위에 한정된다.

5.7.2 아날로그 스위치 IC

C-MOS의 아날로그 스위치는 4000B시리즈가 오리지널(예를 들면 4066B)이지만 최근에는 개량되어 74 HC시리즈에도 같은 형이 포함되어 있다(예를 들면 74 HC 4066). 74 HC시리즈의 C-MOS 아날로그 스위치는 4000B시리즈에 비해 전원 전압이 낮기 때문에 일반적으로 동작 전압 범위는 좁지만 ON 저항 R_{ON}이 낮고 고속으로 응답한다.

〔그림 5.52〕는 대표적인 아날로그 스위치 74 HC 4066의 핀 배치를 나타낸 것이다. 이 IC는 단일 전원 $V_{CC} = +5$〔V〕로 사용되며, 컨트롤 입력(디지털 신호) $C_1 \sim C_4$에 의

해 4회로를 각각 독립적으로 ON/OFF할 수 있다. 단 아날로그 신호로서 전압 V_{CC}~ GND의 양의 신호밖에 다룰 수 없다. 양음의 진폭을 가진 아날로그 신호를 다룰 경우에 는 음전원 V_{EE} 단자를 가진 74HC4316 등이 사용된다. 이 때 V_{CC}=+5[V], GND=0[V], V_{EE}=-5[V]로 하면 V_{CC}=+5[V]의 논리 회로에서 -5[V]~+5[V] 사이 의 신호를 ON/OFF시킬 수 있다.

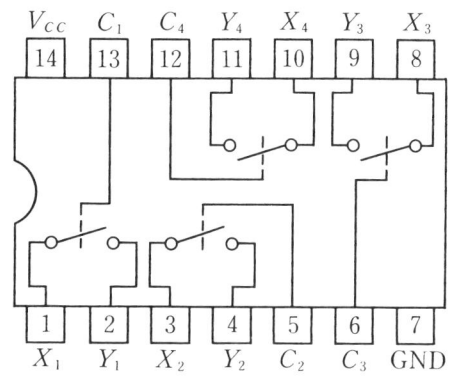

그림 5.52 아날로그 스위치 74HC4066의 핀 배치

【예제】 14. 아날로그 스위치 74HC4066을 사용하여 NAND 게이트와 인버터에 의한 디코더로 4개의 아날로그 입력 중 1개를 선택하는 아날로그 멀티플렉서를 설계하여라.

해답 〔그림 5.53〕과 같이 4개의 아날로그 스위치의 출력측을 접속하여 세그먼트 입력 A, B 의 조합으로 1개의 스위치를 선택하는 회로는 4입력의 아날로그 멀티플렉서가 된다. 디코더 는 입력 A, B가 "0"과 "1"로 조합된 4가지 종류의 NAND 게이트와 인버터로 구성된다. 아 날로그 스위치의 입력(X_1~X_4)와 출력(Y)을 반대로 하면 아날로그 멀티플렉서가 된다.

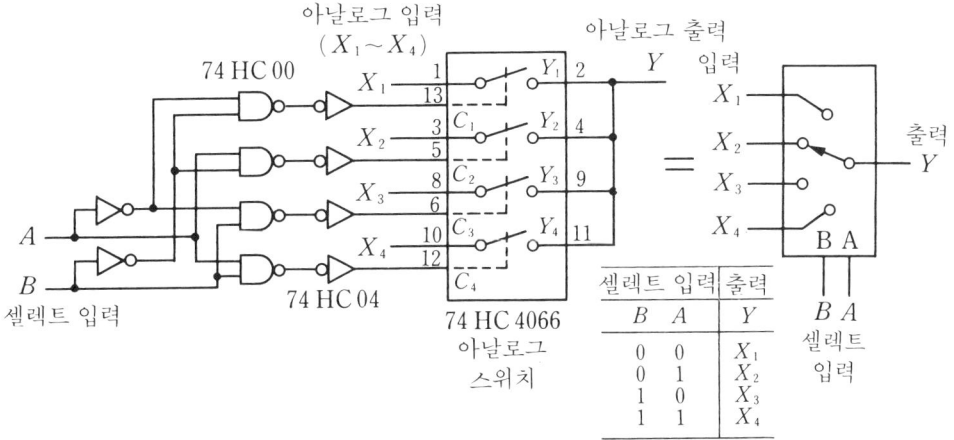

그림 5.53 아날로그 스위치에 의한 아날로그 멀티플렉서

〔그림 5.54〕에 나타낸 아날로그 멀티플렉서 74 HC 4053은 독립한 3회로의 2 대 1의 아날로그 스위치로 이용된다. 이네이블 입력 $\overline{EI}$ =L일 때 컨트롤 입력 A, B, C의 디지털 신호에 의해서 각각 2개의 아날로그 신호에서 1개를 선택하여 전환할 수 있다. 음전원 V_{EE}=-5〔V〕로 하면 -5〔V〕~$+5$〔V〕의 아날로그 신호를 스위칭할 수 있다.

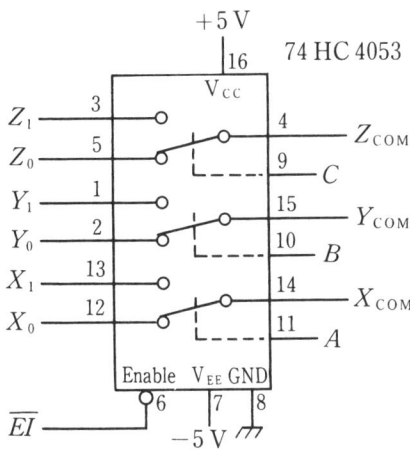

그림 5.54 아날로그 멀티플렉서 74 HC 4053

5.8 멀티바이브레이터

펄스의 발진 회로를 총칭하여 멀티바이브레이터(multivibrator)라 한다. 이것은 비안정 멀티바이브레이터와 단안정 멀티바이브레이터로 분류된다.

5.8.1 비안정 멀티바이브레이터

비안정 멀티바이브레이터(astable multivibrator)는 외부로부터 얻지 않고 자력으로 펄스 파형을 연속적으로 발생시켜 발진을 지속하는 회로로서 무안정 멀티바이브레이터 또는 자주 멀티바이브레이터라고도 부른다.

〔그림 5.55(a), (b)〕는 TTL에 의한 비안정 멀티바이브레이터 회로와 그 동작 원리를 나타낸 것이다. 이것은 인버터와 콘덴서 C 및 저항 R을 1조로 하여 2조 사용한 것으로서 점 ⓑ에 대한 콘덴서 C의 충·방전 파형이 TTL의 드레숄드 전압을 넘을 때마다 인버터에서 출력이 반전되기 때문에 펄스를 연속적으로 발생한다. 이 발진 회로의 주기 T는 콘덴서 C와 저항 R에 의한 시상수 $\tau = CR$로 정해진다. 단, 안정도나 정도가 나쁘기 때문에 다이내믹 표시 회로의 스캔용 클록 신호 등에 사용된다. 정도를 필요로 할 경우에는 수정 발진 회로나 타이머용 IC가 사용된다.

또 〔그림 5.55(b)〕와 같이 발진 주기 T에 대해 펄스 파형이 "1"로 되어 있는 시간 T_1의 비율 T_1/T를 듀티 사이클(duty cycle) 또는 듀티비(duty ratio)라 한다.

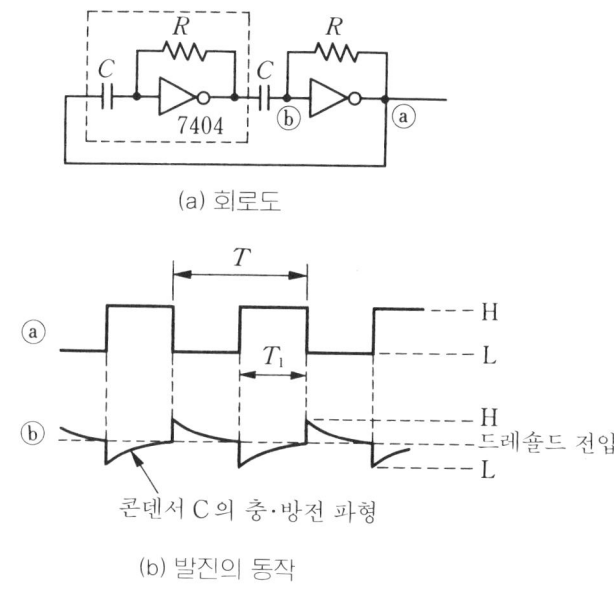

(a) 회로도

(b) 발진의 동작

그림 5. 55 비안정 멀티바이브레이터

5.8.2 단안정 멀티바이브레이터

〔1〕 기본 동작

단안정 멀티바이브레이터(monostable multivibrator)는 외부로부터 "방아쇠"의 기능을 하는 트리거(trigger) 신호가 가해지면 임의의 일정한 시간폭을 가진 1펄스를 출력하는 소자로서 원숏 멀티바이브레이터(one shot multivibrator)라고도 부른다.

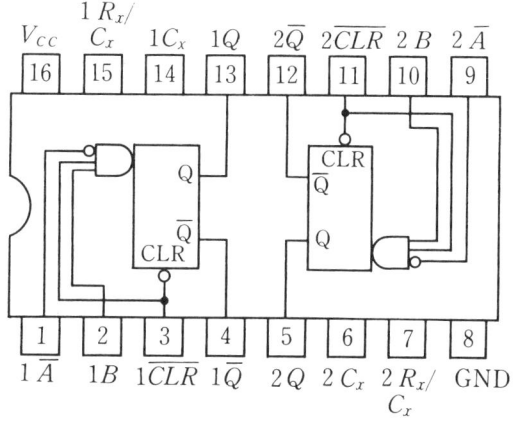

그림 5. 56 원숏 멀티바이브레이터 74 LS 123의 핀 배치

〔그림 5.56〕은 대표적인 원숏 멀티바이브레이터 IC인 74 LS 123의 핀 배치를 나타낸 것이다. 패키지 안에 동일 회로가 2개 들어 있으며 그 안의 1회로를 〔그림 5.57〕에 나타내어 기본 동작에 대해 설명한다. 2개의 트리거 입력 $\overline{A}$, B와 출력 Q 및 그 반전 출력 $\overline{Q}$를 가지며, 입력 $\overline{A}$는 하강(down edge)에서, 입력 B는 상승(up edge)에서 트리거가 가해지며 출력 Q에 일정한 폭의 펄스를 출력한다.

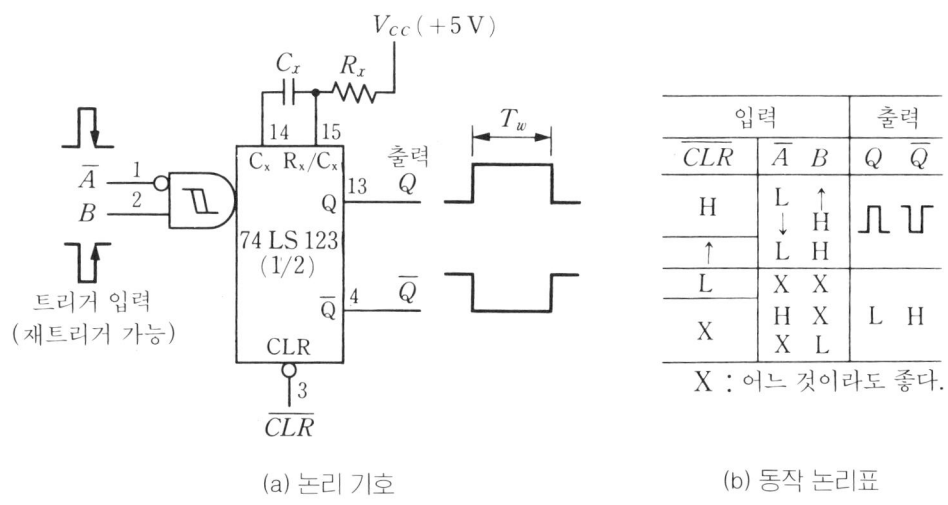

(a) 논리 기호   (b) 동작 논리표

그림 5. 57 74 LS 123의 기본 동작

출력 펄스의 폭 T_W[s]는 입력 펄스 폭의 영향을 받지 않고 외부의 콘덴서 C_X와 저항 R_X의 시상수로 결정되며, 다음 식으로 얻어진다.

$$T_W = K \cdot C_X \cdot R_X \quad\text{······················} (5.2)$$

여기서 K는 소자에 의한 정수로서 74 LS 123의 경우 $K \fallingdotseq 0.45$이다. 사용하지 않는 입력 단자는 입력 $\overline{A}$에서는 GND, 입력 B에서는 V_{CC}에 붙여 놓는다.

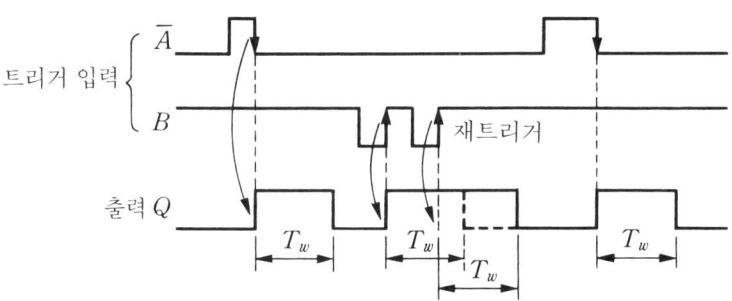

그림 5. 58 재트리거 기능

74 LS 123은 입력 트리거를 무엇이든 받아 들이는 재트리거(retriggerable) 기능이 있다. 즉, 〔그림 5.58〕과 같이 펄스 출력이 끝나기 전에 재트리거 입력이 가해지면 거기서부터 재펄스 출력이 나타난다. 원숏 동작중에 클리어 입력이 $\overline{CLR}$=L로 되면 강제적으로 출력은 Q=L($\overline{Q}$=H)로 된다. 또 74 LS 123에서는 입력 $\overline{A}$=L, B=H일 때 $\overline{CLR}$ 이 L에서 H로 되면 $\overline{CLR}$ 는 트리거 입력의 역할을 한다. 74 LS 121 등은 재트리거 기능이 없다.

〔2〕 원숏 멀티바이브레이터의 응용

원숏 멀티바이브레이터를 2개 접속하면 지연형의 펄스 발생이나 펄스의 발진에 응용할 수 있다.

【예제】 15. 〔그림 5.59(a)〕와 같이 원숏 멀티바이브레이터 2개를 직렬로 접속할 때 입력 B_1에 가한 펄스와 Q_2의 관계를 타임 차트로 나타내어라.

[해답] 〔그림 5.59(b)〕와 같이 트리거 입력 B_1의 업에지에서 첫 번째 단 출력 Q_1에는 시간 폭 T_1의 펄스가 출력된다. 이것을 두 번째 단의 트리거 입력 $\overline{A_2}$에 가하면, 펄스 Q_1의 다운에지에서 출력 Q_2에는 시간폭 T_2의 펄스가 출력된다. 따라서 출력 Q_2에는 입력 B_1에 가한 펄스에 의해 시간 T_1만큼 지연된 펄스(시간 폭 T_2)가 생긴다.

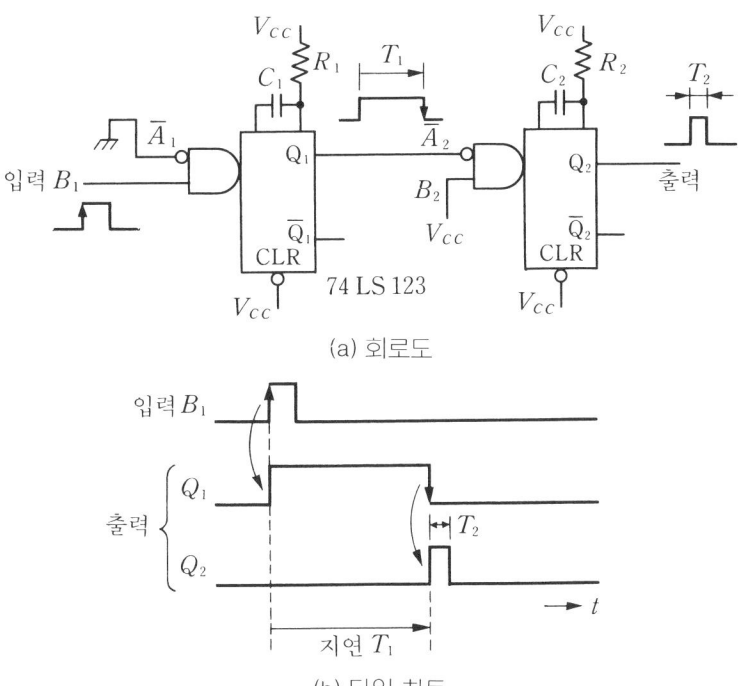

(a) 회로도

(b) 타임 차트

그림 5. 59 원숏 멀티바이브레이터의 직렬 접속에 의한 펄스 지연

【예제】 **16.** 〔그림 5.60(a)〕와 같이 원숏 멀티바이브레이터 2개를 접속하여 스위치 SW를 전환한 후의 출력 Q_1과 Q_2는 어떻게 되는가? 동작을 타임 차트로 나타내어라.

해답 서로 멀티바이브레이터의 출력 Q를 다른 한쪽의 멀티바이브레이터의 트리거 입력 $\overline{A}$에 접속하면 각 펄스 폭 T_1, T_2의 펄스 다운에지에서 상대측의 펄스를 유기시키는 것으로서 〔그림 5.60(b)〕와 같이 발진을 반복한다.

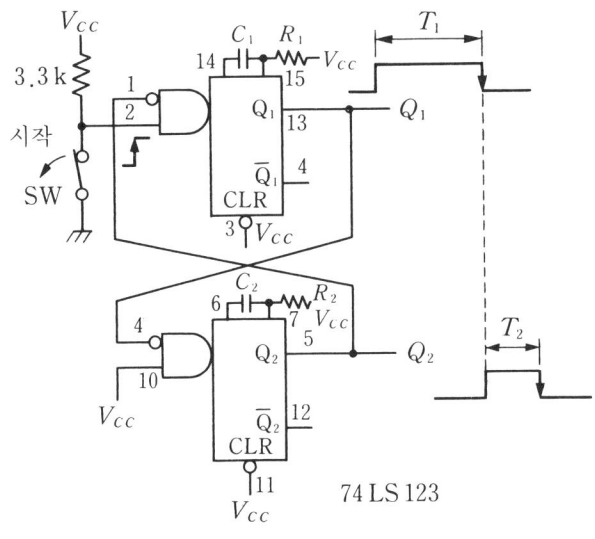

(a) 회로도

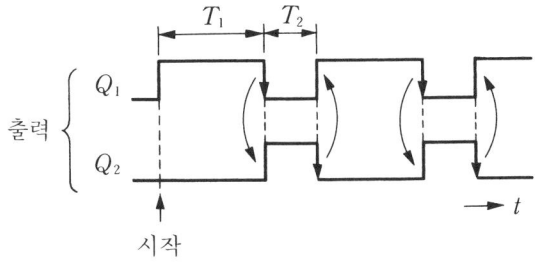

(b) 타임 차트

그림 5.60 원숏 멀티바이브레이터에 의한 발진 회로

연습 문제

문제 **1.** 다음 용어에 대해 설명하여라.

    (a) 플립플롭　　　　　　　　(b) 리딩 서프레스

    (c) 멀티플렉서와 디멀티플렉서　　(d) 원숏 멀티바이브레이터

문제 **2.** JK-FF의 기능과 동작을 설명하여라.

문제 **3.** D-FF을 사용하여 T-FF을 만들어라.

문제 **4.** 〔그림 5.61(a)〕의 D-FF과 래치의 입력에 〔그림 5.61(b)〕의 신호를 가할 때 각 출력 Q_D와 Q_L의 타임 차트를 완성하여라.

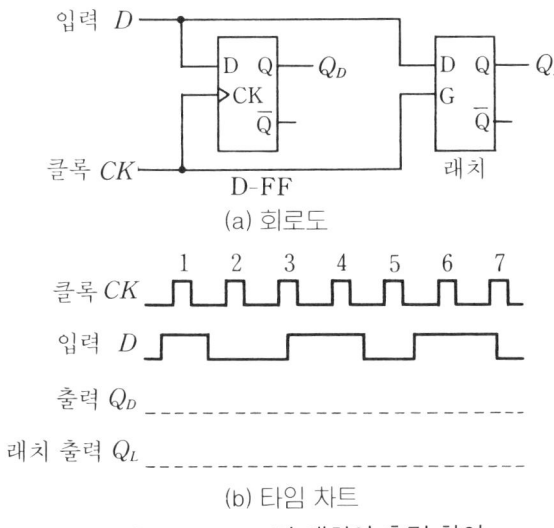

그림 5.61　D-FF과 래치의 출력 차이

문제 **5.** 〔그림 5.62(a)〕에 나타낸 NAND 게이트 4개로 구성된 회로가 래치 회로로 되는 것을 진리표로 확인 완성하여라.

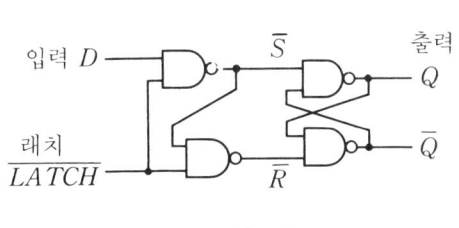

$LATCH$	D	$\bar{S}$	$\bar{R}$	Q	$\bar{Q}$	동작
1	0					
1	1					
0	0					
0	1					

(a) 회로도　　　　　　　　　　　　　　　(b) 진리표

그림 5.62　NAND 게이트에 의한 래치

[문제] **6.** [그림 5.63]과 같이 업에지 트리거형의 T-FF을 직렬로 접속하면 다운 카운터로 되는 것을 타임 차트로 나타내어라.

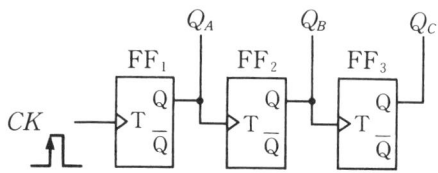

그림 5.63 3비트 2진 다운 카운터

[문제] **7.** 리셋 단자를 가진 T-FF을 사용하여 다음의 리플(비동기) 카운터를 설계하여라.
    [1] 3진 카운터　　　　　　　[2] 5진 카운터

[문제] **8.** 카운터 IC의 74290을 2개 사용하여 분주비 1/20의 주파수 분주기를 설계하여라.(단, 출력의 듀티비를 50[%]로 한다.)

[문제] **9.** [그림 5.64]와 같이 7세그먼트 LED의 전류 제한 저항 R를 1개로 하면 어떠한 불편함이 있는가?

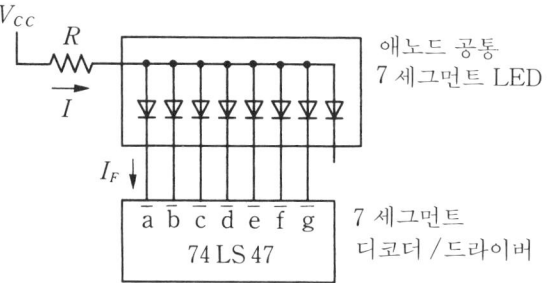

그림 5.64 전류 제한 저항 R이 1개인 경우

[문제] **10.** [그림 5.39(b)]의 래치 신호 $\overline{LATCH}$ 와 리셋 신호 $RESET$을 발생시키는 회로를 D-FF을 사용하여 설계하여라.

[문제] **11.** 엔코더 74148을 2개 사용하여 16입력으로 4비트의 2진 코드를 만든 엔코더를 설계하여라.

마이크로컴퓨터의 기초

마이크로컴퓨터(microcomputer, 약칭은 마이컴)는 LSI 기술의 진보에 의해 출현한 것이다. 컴퓨터의 3대 기능은 연산·제어, 기억, 입출력이며, 이것은 초대형 컴퓨터도 극소의 마이컴도 원리적으로는 같다는 것을 나타낸다. 여기서는 마이컴에 관한 기초 지식을 배운다.

6.1 마이크로컴퓨터의 구성

6.1.1 기본 구성

마이크로컴퓨터는 기본적으로 〔그림 6.1〕에 나타낸 바와 같이 연산 또는 전체를 제어하는 CPU(Central Processing Unit : 중앙 처리 장치) 프로그램이나 데이터를 기억하기 위한 메모리(memory) 및 외부 기기(입출력 장치)와 데이터를 주고 받기 위한 입출력 포트(I/O 포트 : input-output port)로 구성된다. 그리고 이들은 버스 라인 또는 간단히 버스(bus : 신호 모선)라고 부르는 신호선 군으로 연결되어 있다.

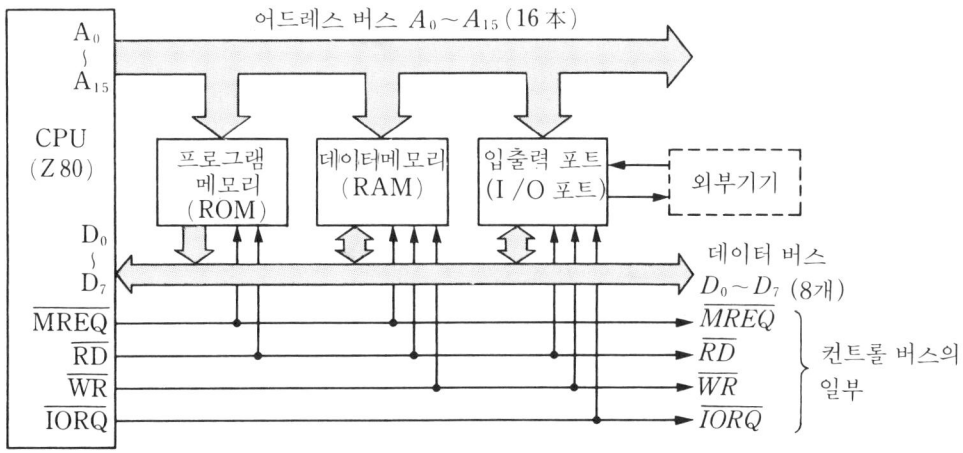

그림 6. 1 마이컴의 회로 구성(Z80 CPU)

버스는 〔그림 6.2(a)〕와 같이 여러 선의 집합으로서 일반적으로 〔그림 6.2(b)〕와 같이 간단히 표시한다. 숫자는 버스를 구성하는 신호선의 총 수를 나타낸다. 화살표는 신호가 전달되는 방향을 나타내며 양방향 버스의 경우에는 양쪽에 화살표가 붙어 있다.

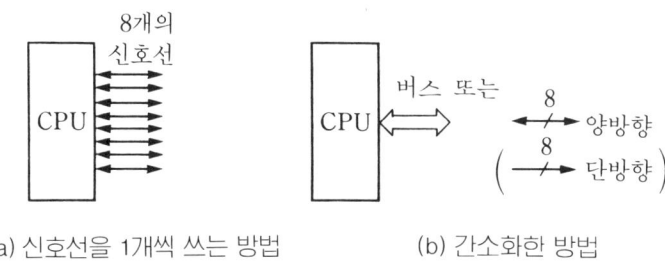

(a) 신호선을 1개씩 쓰는 방법   (b) 간소화한 방법

그림 6.2 버스의 표현

6.1.2 버스의 역할

버스는 데이터를 그 위로 통과시키는 역할을 하며 신호의 종류에 따라서 어드레스 버스(address bus), 데이터 버스(data bus), 컨트롤 버스(control bus)로 분류할 수 있다. 이들 버스는

(1) 어디로(어드레스 버스)

(2) 무엇을(데이터 버스)

(3) 어떻게(컨트롤 버스)

전송하는지의 역할에서 각각 다음과 같은 성질을 갖는다.

〔1〕 어드레스 버스

CPU가 메모리나 입출력 포트의 어드레스(address:번지)를 선택하기 위한 신호의 통로로서 CPU로 부터 외부를 향해서 흐르는 단방향 버스이다. Z 80 CPU에서는 16개의 신호선으로 16비트 병렬의 어드레스 버스를 구성한다. A_0가 LSB(최하위 비트), A_{15}가 MSB(최상위 비트)인 3상태 출력이다.

〔2〕 데이터 버스

CPU가 메모리나 I/O 포트와의 사이에서 데이터를 주고 받는 데 사용되는 신호의 통로로서 신호의 흐름은 양방향이다. Z 80 CPU에서는 8개의 신호로 8비트 병렬의 데이터 버스가 구성된다.

〔3〕 컨트롤 버스

CPU가 메모리나 I/O 포트와의 사이에서 서로 동작을 제어하기 위한 신호선 군으로서 신호의 흐름은 단방향이다. 〔그림 6.1〕에 대한 4개의 신호선은 이들의 일부이며 다음과 같은 의미를 갖는다.

① $\overline{MREQ}$ (memory request) : 메모리를 호출하는 신호

② $\overline{RD}$ (read) : 메모리나 I/O 포트에 대한 CPU의 읽어들이는 신호

③ $\overline{WR}$ (write) : 메모리나 I/O 포트에 대한 CPU의 써 넣는 신호

④ $\overline{IORQ}$ (I/O request) : I/O 포트를 호출하는 신호

신호 이름 위에 바($\overline{\quad}$)가 붙어있는 것은 L 레벨에서 능동(액티브 L)인 것을 나타낸다.

6.2 CPU(Central Processing Unit)

6.2.1 CPU용 LSI

CPU를 인간에 비교하면 두뇌에 해당하며 마이크로컴퓨터의 핵심이지만 메모리 또는 I/O 포트와 주고 받음에 있어 컴퓨터의 첫 기능이다. CPU용 LSI는 마이크로프로세서 (micro-processor)라 부르며, Intel사를 중심으로 한 80계열과 Motorola사를 중심으로 한 68계열이 있다.

80계열의 CPU에는 8비트의 8080, 8085, Z 80, 16비트의 8086, 80286, 32비트의 80386, 80486 등이 있다. CPU의 비트 수는 1개의 명령으로 처리할 수 있는 데이터의 크기를 표시하며, 16비트 라면 8비트의 2배의 데이터를, 32비트라면 16비트 2배의 데이터를 1번에 처리할 수 있다.

6.2.2 Z 80 CPU

〔그림 6.3〕은 대표적인 8비트 CPU인 Z 80의 입력 신호와 핀 배치를 나타낸 것이다. 이것은 40핀의 LSI이며, 앞에서 설명한 것을 제외한 신호는 다음의 의미를 갖는다.

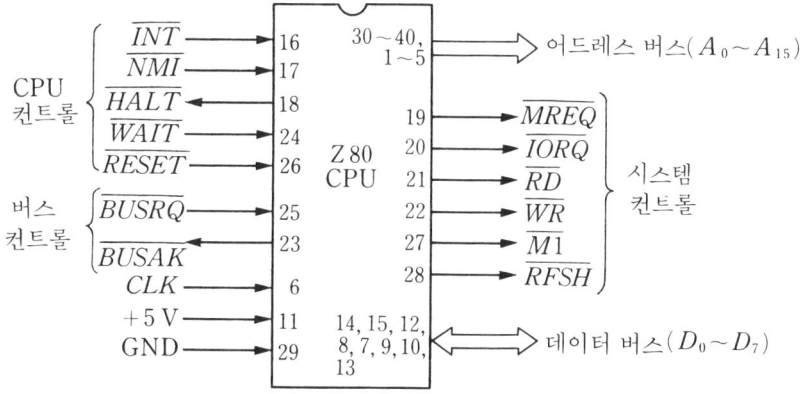

그림 6.3 Z80 CPU의 입출력 신호

① $\overline{INT}$ (interrupt) : CPU에 대한 가로채기 신호

② $\overline{NMI}$ (Non Maskable Interrupt) : 프로그램으로 조작할 수 없는 가로채기 신호

③ $\overline{HALT}$ (halt) : CPU가 정지 명령을 실행하여 정지 상태를 나타내는 신호

④ $\overline{WAIT}$ (wait) : CPU의 동작에 비해 느린 메모리나 I/O가 동기를 취하기 위해 CPU에 기다릴 것을 요구하는 신호

⑤ $\overline{RESET}$: CPU 내부를 초기 상태로 하는 리셋 신호

⑥ $\overline{BUSRQ}$ (bus request) : 버스 라인의 개방을 요구하는 신호

⑦ $\overline{BUSAK}$ (bus acknowledge) : 버스 라인의 개방을 알리는 신호

⑧ $\overline{M1}$ (Machine cycle 1) : CPU가 머신 사이클 1의 상태(명령의 1바이트 읽음)인 것을 나타내는 신호

⑨ $\overline{RFSH}$ (refresh) : 다이내믹 RAM의 리프레시 신호

또, 클록 신호 CLK의 주파수는 표준으로 2.5〔MHz〕, A 버전에서 4〔MHz〕이다.

6.3 메모리

6.3.1 메모리의 종류

데이터를 기억하는 메모리용 LSI는 다음과 같이 분류된다.

〔1〕 ROM(Read Only Memory)

읽기 전용 메모리로서 전원을 꺼도 내용이 소거되지 않으므로 불휘발성 메모리라고도 부른다. 크게 다음 2가지로 분류된다.

① 마스크 ROM(mask ROM) : 데이터(프로그램)는 만든 회사에서 제조시에 써넣은 것으로 내용 변경은 할 수 없다.

② EP-ROM(Erasable Programmable ROM) : 사용자가 기억 내용을 변경할 수 있는 ROM의 대표적인 것이다. 칩 중앙에 작은 창이 있어서 이레이저(eraser) 자외선을 조사하여 내용을 소거하는 것은 특히 UVEP-ROM(ultra violet

EP-ROM)이라 부른다. 소거된 8비트의 데이터는 FF$_H$로 된다. ROM 라이터 (ROM writer)라는 장치로서 전기적으로 데이터를 써넣은 후 불투명한 실을 붙여 둔다.

또, 회로에 실장한 대로 메모리 내용을 전기적으로 소거 또는 써넣을 수 있는 EEP-ROM(Electrically EP-ROM)도 개발되어 있다. 사용하기 쉬우므로 차후에는 EEP-ROM이 주류를 이룰 것으로 기대되고 있다.

〔2〕RAM(Random Access Memory)

프로그램이나 데이터의 읽기, 쓰기를 할 수 있는 메모리로서 전원을 끄면 기억 내용은 소멸되므로 휘발성 메모리라 한다.

다음 2종류로 나누어진다.

① 스태틱 RAM(static RAM) : 1비트의 정보를 1개의 플립플롭으로 구성한 RAM으로서 취급하기 쉽다.

② 다이내믹 RAM(dynamic RAM) : MOS-FET의 게이트 용량에 축적된 전하량으로서 "0", "1"을 기억하는 RAM으로서 구성이 간단하므로 집적도를 크게 할 수 있다. 그러나 게이트 용량에 축적된 전하는 조금씩 방전하기 때문에 끊임없이 다시 써넣는 동작, 즉 리프레시(refresh)가 필요하다.

6.3.2 메모리 용량

메모리 IC의 기억 용량은 1개의 칩에 기억할 수 있는 정보의 비트 수로 표시하며, 2^{10}=1024비트를 1K비트로 표현한다. 또, 마이컴에서는 8비트를 1개의 데이터로 다루며 이것을 1바이트로 표시한다. 똑같이 1K바이트는 2^{10}=1024바이트를 나타낸다. 메모리에 대한 데이터의 읽기, 쓰기에는 어드레스를 지정할 필요가 있기 때문에 메모리 IC는 메모리 용량에 일치하는 수의 어드레스 입력 단자를 갖는다.

〔그림 6.4〕에서 출력 이네이블(output enable) $\overline{OE}$는 출력 단자 $DO_0 \sim DO_7$에 데이터를 출력하는 지의 여부를 결정하는 제어 입력이며, 메모리에서 데이터를 읽어들일 때 $\overline{OE}$=L가 되도록 $\overline{MREQ}$ 또는 $\overline{RD}$ 신호가 주어진다. 칩 셀렉트(chip select : 소자 선택) 입력 $\overline{CS}$는 $\overline{CS}$=L에서 이 메모리 IC가 선택되어 액티브로 된다.

스태틱 RAM 6264는 64K비트(=8K바이트)의 RAM이며, EP-ROM 2764와는 같은 용량으로 핀 배치도 동일하다. 따라서 EP-ROM에 써넣기 전에 실험용으로 응용해도 좋다.

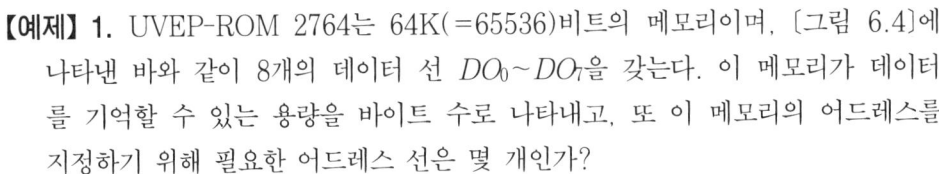

【예제】 1. UVEP-ROM 2764는 64K(=65536)비트의 메모리이며, 〔그림 6.4〕에 나타낸 바와 같이 8개의 데이터 선 $DO_0 \sim DO_7$을 갖는다. 이 메모리가 데이터를 기억할 수 있는 용량을 바이트 수로 나타내고, 또 이 메모리의 어드레스를 지정하기 위해 필요한 어드레스 선은 몇 개인가?

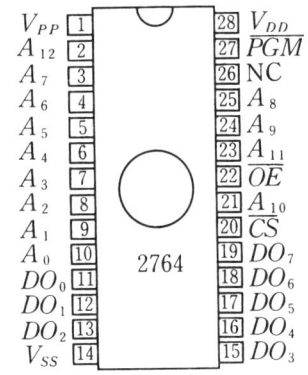

$A_0 \sim A_{12}$: 어드레스 입력　　　V_{DD} : 5 V

$DO_0 \sim DO_7$: 데이터 출력　　　V_{SS} : GND

$\overline{OE}$: output enable　　　V_{PP} : 5 V (읽어들일 때)

　　　　　　　　　　　　　　　　 21 V (써넣을 때)

$\overline{CS}$: chip select

$\overline{PGM}$: 프로그램 (써넣기용)

그림 6.4 UVEP-ROM 2764의 핀 배치

[해답] 1바이트=8비트이므로 EP-ROM 2764는 64K비트/8비트=8K바이트의 메모리 용량을 갖는 것으로 된다. 8K바이트는 정확하게 $2^3 \times 2^{10} = 2^{13}$ 바이트이며, 2^{13}개의 메모리 어드레스

A_{12}	A_8	A_4	A_0
0	0 0 0 0	0 0 0 0	0 0 0 0
		⟨	
1	1 1 1 1	1 1 1 1	1 1 1 1

를 지정하기 위해 필요한 어드레스 선은 13개($A_0 \sim A_{12}$)이다. 따라서 EP-ROM 2764는 〔그림 6.4〕에 나타낸 바와 같이 어드레스 입력 단자 $A_0 \sim A_{12}$를 가진다.

6.3.3 메모리 맵

메모리의 기억 장소에는 어드레스(번지)가 붙여져 있으며, CPU는 어드레스 버스에 어드레스 신호를 주어 메모리를 지정하게 된다. Z 80 등 8비트 CPU는 어드레스 버스가 16개($A_0 \sim A_{15}$)로서 최대 $2^{16} = 65536$(64K라 부른다.)개의 번지를 지정할 수 있다. 이와 같이 어드레스에 의해 번지를 지정할 수 있는 메모리의 최대 영역을 메모리의 어드레스 공간(address space) 또는 간단하게 메모리 공간이라 한다. 즉, CPU가 지정 가능한 어드레스 범위는 16진수로 $0000_H \sim FFFF_H$ 번지(첨자 H는 16진수를 표시한다.)이며, 이 어드레스 공간에 대한 메모리의 구성 및 사용 상태를 나타낸 것을 메모리 맵(memory map)이라 한다.

【예제】 **2.** 8비트 마이컴에서 기억 용량이 64K비트(데이터 선 8개)의 ROM과 RAM을 각각 1개 사용하여 ROM의 개시 어드레스를 0000$_H$, RAM의 개시 어드레스를 8000$_H$로 할 경우의 메모리 맵과 각 메모리 IC의 지정 방법을 나타내어라.

해답 이 경우 ROM과 RAM은 모두 64K비트/8비트=8K바이트의 기억 용량을 갖는다. 8K 바이트는 $8 \times 2^{10} = 2^{13}$바이트이며, 그 크기는 16진수에서는 2000$_H$가 된다. 따라서 〔그림 6.5〕에 나타낸 바와 같이 ROM 영역은 어드레스 0000$_H$~1FFF$_H$로 RAM 영역은 8000$_H$~9FFF$_H$로 할당된다.

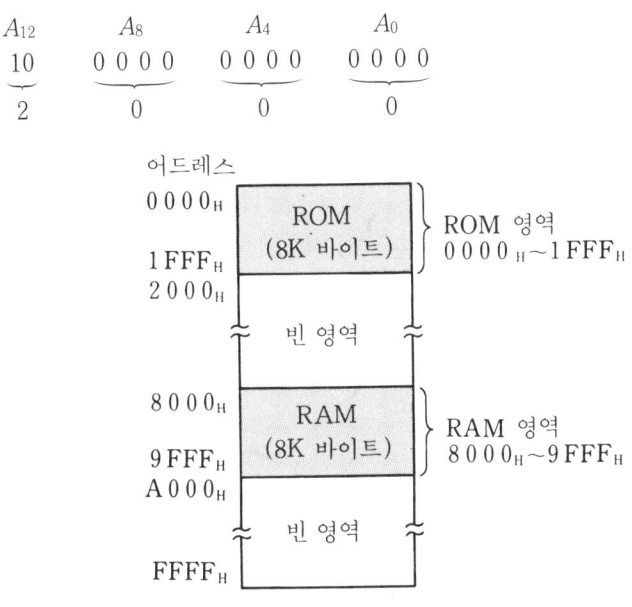

그림 6.5 메모리 맵의 예

표 6.1 메모리 어드레스의 할당

메모리	어드레스 (16진 표시)	어드레스 버스(2진수)																		칩 셀렉트	
		A_{15}	A_{14}	A_{13}	A_{12}	A_{11}	A_{10}	A_9	A_8	A_7	A_6	A_5	A_4	A_3	A_2	A_1	A_0		$\overline{CS_1}$	$\overline{CS_2}$
ROM (8K 바이트)	0000 ～ 1FFF	0 / 0	0 / 0	0 / 0	0 / 1	0 / 1	0 / 1	0 / 1	0 / 1	0 / 1	0 / 1	0 / 1	0 / 1	0 / 1	0 / 1	0 / 1	0 / 1		0	1
RAM (8K 바이트)	8000 ～ 9FFF	1 / 1	0 / 0	0 / 0	0 / 1	0 / 1	0 / 1	0 / 1	0 / 1	0 / 1	0 / 1	0 / 1	0 / 1	0 / 1	0 / 1	0 / 1	0 / 1		1	0

각 메모리 IC의 지정에는 〔표 6.1〕에 나타낸 바와 같이 상위의 어드레스 선 $A_{15} \sim A_{13}$ 을 사용하여 할당의 어드레스 범위에서 칩 셀렉트 신호가 $\overline{CS} = 0(\text{L})$이 되도록 하면 좋다. 즉, ROM에는 $A_{15}A_{14}A_{13} = 000$에서 $\overline{CS_1} = 0$으로 되며, RAM에는 $A_{15}A_{14}A_{13} = 100$에서 $\overline{CS_2}$ $= 0$이 되도록 회로를 설계하면 좋다. 이와 같이 어드레스 신호의 안에서 지정한 어드레스를 검출하는 회로를 어드레스 디코더(address decoder)라 한다.

〔그림 6.6〕은 어드레스 디코더를 만들어 넣을 때 메모리 IC의 선택 예를 나타낸다. 실제 어드레스 디코더 회로에 관해서는 7.1.2항에서 설명한다.

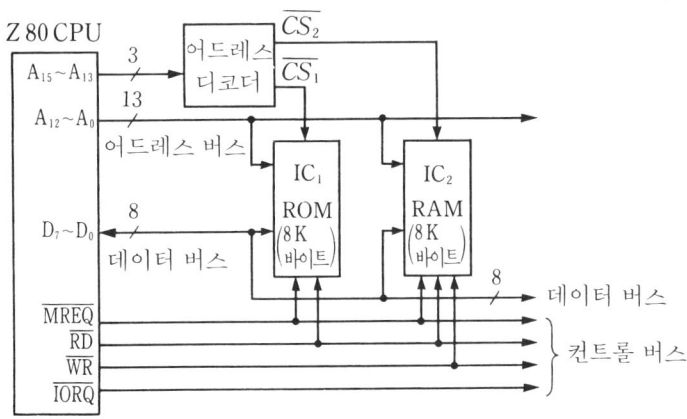

그림 6.6 어드레스 디코더에 의한 메모리 IC의 선택 예

6.4 입출력 포트

6.4.1 I/O 포트의 어드레스 공간

입출력 포트(I/O 포트)는 CPU가 외부 장치와 데이터 전송을 하는 중계점이다. 메모리의 어드레스 공간과는 별도로 I/O 포트의 어드레스 공간(I/O 공간)을 가지며, 입출력 명령(IN 명령, OUT 명령)에 의해 CPU가 I/O 포트와 데이터를 주고 받는 방법을 I/O 맵 I/O(input-output mapped I/O) 방식이라 한다. 이것은 〔그림 6.7〕에 나타낸 바와 같이 I/O 컨트롤 신호가 메모리 컨트롤 신호와 독립되어 있는 80계열의 CPU가 사용된다. Z 80 CPU는 신호 $\overline{IORQ}$ 에서 I/O 공간을 액세스 하고, 신호 $\overline{MREQ}$ 에서 메모리 공간을 액세스 한다. I/O 포트용으로서 어드레스 버스 하위 8개($A_0 \sim A_7$)를 사용할 때는 I/O의 어드레스 공간은 $2^8 = 256$($00_H \sim FF_H$ 번지)이 된다. 16개의 어드레스 버스를 모두 사용하면 I/O의 어드레스 공간은 2^{16}($0000_H \sim FFFF_H$ 번지)이 된다.

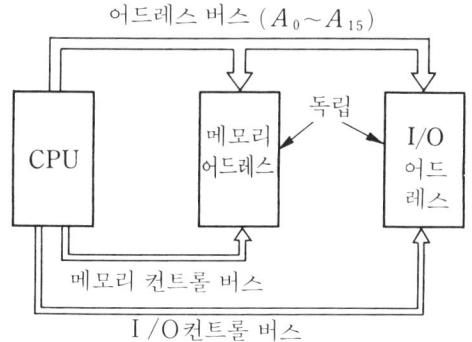

그림 6.7 I/ O 맵 방식

68계열의 CPU는 입출력 명령을 갖지 않기 때문에 〔그림 6.8〕에 나타낸 바와 같이 메모리의 일부 번지를 입출력용으로 할당하는 방법이 취해진다. 이것을 메모리 맵 I/O(memory mapped I/O) 방식이라 한다. 이 경우는 메모리에 대한 명령이 I/O에 대해서도 사용되지만 메모리의 어드레스는 I/O 어드레스를 사용한 부분만큼 감소한다.

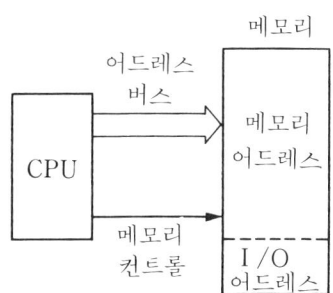

그림 6.8 메모리 맵 I/ O 방식

6.4.2 병렬 출력

〔1〕 특 징

입출력 포트에는 외부 기기와 데이터를 병렬로 주고 받는 병렬(parallel) 입출력과 직렬로 주고 받는 직렬(serial) 입출력이 있다.

병렬 신호로 외부 기기와 데이터를 주고 받는 방식을 병렬 전송(parallel transfer)이라 한다. 병렬 입출력이 8비트에서는 8개의 신호선이 필요하므로 장거리 전송에는 바람직하지 않지만 단위 시간당의 데이터량은 많이 다룰 수 있다. 마이컴으로 기계를 제어할 경우 마이컴은 기계에 만들어 넣거나 가까이에 두고 사용하기 때문에 병렬 입출력이 많이 사용된다.

〔2〕 병렬 입출력용 LSI

〔그림 6.9〕는 병렬 입출력용 LSI를 사용한 인터페이스의 구성을 나타낸 것이다.

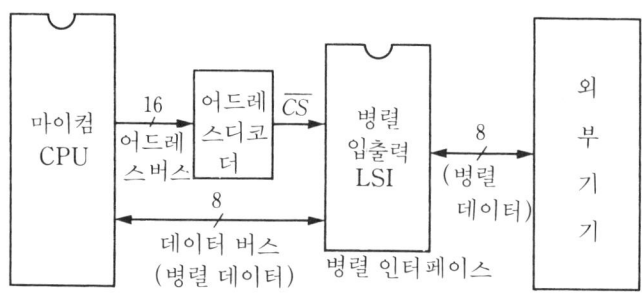

그림 6.9 병렬 인터페이스

메모리와 똑같이 이 입출력용 LSI는 어드레스 디코더에 의해서 선택되며, 입출력 포트에는 어드레스가 할당되어 있다.

프로그램 가능한 병렬 입출력용 LSI로서 80계열의 CPU에는 PPI(Programmable Parallel Interface) 8255, Z80에는 PIO(Parallel Input/Output interface controller), 68계열의 CPU에는 PIA(Peripheral Interface Adapter)가 있다. 이들은 프로그램에서 입력 포트에도 출력 포트에도 설정할 수 있으며, 8비트의 데이터를 한 번에 모아서 병렬로 입력 또는 출력할 수 있다. PPI 8255는 대표적인 병렬 입출력용 LSI로서 어떤 CPU라도 접속이 가능하다. PPI 8255의 사용 방법에 대해서는 다음 장에서 설명한다.

6.4.3 직렬 입출력

〔1〕 특 징

8비트의 CPU에서는 8비트 데이터를 병렬 신호로 다루지만 외부로 데이터를 전송할 경우에는 1비트씩 순서대로 전송하는 방법이 있다. 이것을 직렬 전송(serial transfer)이라 하며, 떨어진 장소에 있는 기계와 데이터를 주고 받는 데에는 신호선의 수가 적어도 되는 이점이 있다. 그러나, 병렬과 직렬의 신호 변환이 필요하며, 전송 속도가 느려지는 결점이 있다. 직렬 전송의 대표적인 인터페이스에는 RS-232C가 있다.

〔2〕 직렬 입출력 LSI

〔그림 6.10〕은 직렬 입출력용 LSI를 사용한 인터페이스의 구성 예를 나타낸 것이다.

송신용, 수신용 및 공통 ground의 3개의 신호선을 사용하면 송수신이 동시에 가능하며, 이 방식을 전2중 모드(full-duplex mode)라 한다. 한편 송신과 수신을 교대로 하는 방식을 반2중 모드(half-duplex mode)라 한다.

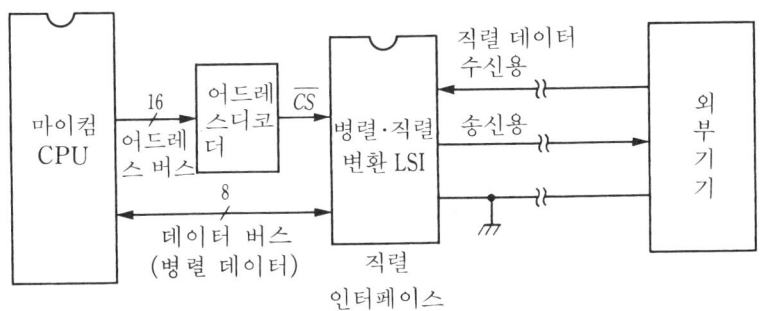

그림 6. 10 직렬 인터페이스

직렬 입출력용 LSI를 대표하는 PCI 8521은 USART(Universal Synchronous /Asynchronous Receiver/Transmitter)라 부른다. 다음과 같이 통신 방식, 전송 속도, 데이터의 길이 등이 프로그램으로 지정될 수 있다.

① 통신 방식 : 비동기식과 동기식이 있다.

② 전송 속도 : 단위는 비트/초(bps:bit/s)로 표시된다. 통신 분야에서는 보속도 (baud rate)라 하며, 예를 들면 2400〔bps〕는 2400보라고도 한다.

③ 데이터 길이 : 보통 7비트 또는 8비트로 데이터 1문자를 표시하며, LSB에 의해 순서대로 보낸다. 이 때 데이터의 구분을 알 수 있도록 전후에 스타트 비트와 스톱 비트를 붙여 보낸다.

문자를 나타내는 코드로 항상 사용되고 있는 것은 아스키 코드(ASCII : American Standard Code for Information Interchange)와 KS 코드이다. KS 코드는 아스키 코드를 확장하여 한글 문자를 더한 것으로서 영숫자의 코드는 아스키 코드와 같다. 〔표 6.2〕에 KS 코드의 일부를 16진·표시로 나타낸다. 예를 들면 문자 "A"의 코드는 41_H이고, 2진수로는 7비트로서 100 0001이다.

표 6.2 KS 코트(ASCII 코드)의 일부

문자	코드	문자	코드	문자	코드	문자	코드
0	30	@	40	J	4A	T	54
1	31	A	41	K	4B	U	55
2	32	B	42	L	4C	V	56
3	33	C	43	M	4D	W	57
4	34	D	44	N	4E	X	58
5	35	E	45	O	4F	Y	59
6	36	F	46	P	50	Z	5A
7	37	G	47	Q	51	스페이스	20
8	38	H	48	R	52	a	61
9	39	I	49	S	53		B1

연습 문제

[문제] **1.** 다음 용어에 대해 설명하여라.

 (a) EP-ROM (b) 1K바이트 (c) 어드레스 공간

[문제] **2.** EP-ROM 2716은 16K비트의 메모리에서 8개의 데이터 선을 갖는다. 이 메모리의 기억 용량을 바이트로 나타내어라. 또, 필요한 어드레스 선은 몇 개인가?

[문제] **3.** I/O 맵 I/O 방식에 대해 설명하여라.

[문제] **4.** 병렬 전송과 직렬 전송의 차이와 각각의 이점을 설명하여라.

[문제] **5.** 아스키 코드로 7비트의 $(1001010)_2$는 무엇을 표시하는가?

컴퓨터와 기계간의 인터페이스

컴퓨터를 기계에 접속함으로써 기계를 지능화할 수 있다. 그렇게 하기 위해서는 둘을
접속하는 회로, 즉 인터페이스(interface)가 필요하다. 여기서는 컴퓨터와 기계 사이의
인터페이스에 대해 가장 기초가 되는 병렬 입출력 인터페이스를 중심으로 실제 회로와
함께 설명한다.

7.1 병렬 입출력 인터페이스

마이크로컴퓨터(마이컴)를 사용하여 기계를 제어할 경우 [그림 7.1]과 같이 마이컴은
CPU로서 계산한 값이나 판단한 결과를 가지고 출력 포트에 신호를 출력시켜 모터 등의
액추에이터(actuator)를 구동시킨다. 한편, 외부 기계에는 스위치 신호나 센서
(sensor) 신호가 입력 포트로부터 입력된다.

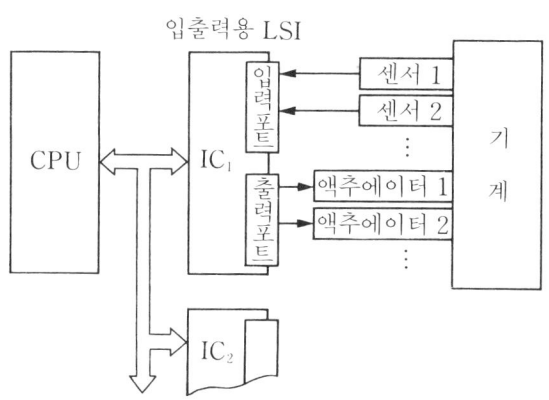

그림 7.1 컴퓨터와 기계 사이의 인터페이스

병렬 입출력용 LSI로서 가장 유명한 것이 PPI 8255이며, 현재 개량된 8255A는 마
이컴 관계의 LSI 중에서는 가장 많이 사용되고 있다. 다음에 PPI 8255의 특성과 사용
방법에 대하여 상세하게 설명한다.

7.1.1 PPI 8255

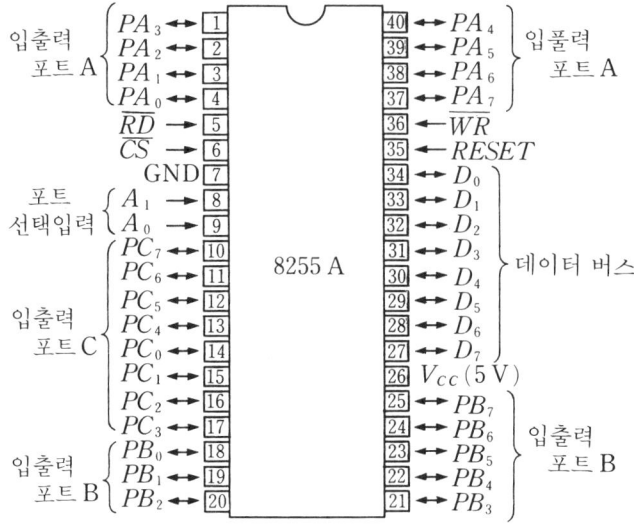

그림 7.2 PPI 8255의 핀 배치

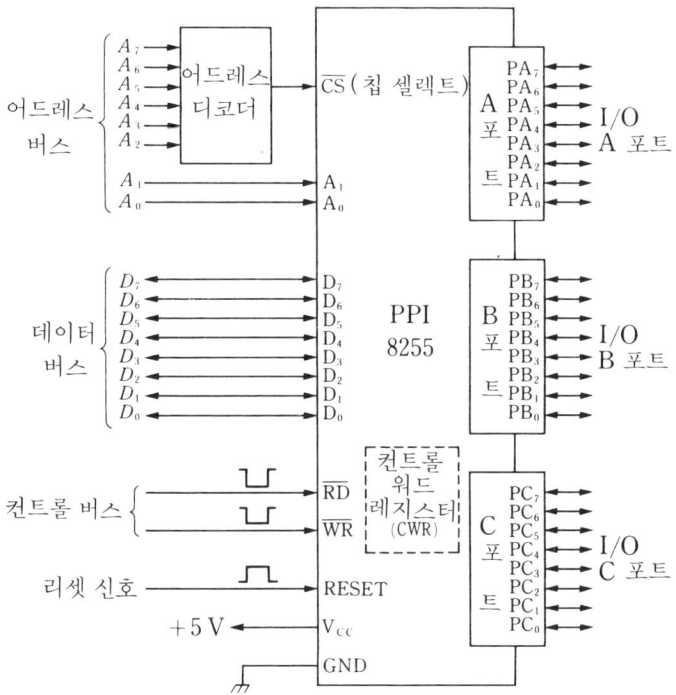

그림 7.3 8255의 구성

〔그림 7.2〕는 40핀을 가진 PPI 8255(이후로 간단히 8255라 한다.)의 핀 배치이며, 〔그림 7.3〕은 그 구성을 나타낸다. 8255는 TTL과 직접 접속할 수 있는 TTL 컴패티블이다. 24개의 I/O 핀은 8비트×3조로서 포트 A, B, C로 나누어지며, 각 포트는 프로그램에 의해서 입력인지 출력인지를 선택할 수 있다. 여기서, 포트 A, B, C의 각 8비트 $PA_7 \sim PA_0$, $PB_7 \sim PB_0$, $PC_7 \sim PC_0$은 가중값 $2^7 \sim 2^0$을 갖는 2진 데이터를 나타낸다.

다음은 8255를 동작시키기 위한 신호에 대해 설명한다.

〔1〕 칩 셀렉트 신호 $\overline{CS}$

8255 IC는 칩 셀렉트 신호 $\overline{CS}$ 가 "L"일 때 액티브(능동)로 된다. 따라서 신호명 위에 바($\overline{}$)가 붙어 있다. 이 $\overline{CS}$ =L로 된 어드레스를 설정하는 회로가 어드레스 디코더이다.

〔2〕 포트 선택 입력(A_1, A_0)

CPU와 8255 사이에 데이터를 주고 받는 것은 8비트의 데이터 버스를 통해 이루어진다. 따라서 8255 안의 포트 A, B, C와 각 포트의 입출력 동작을 결정하는 컨트롤 워드 레지스터(CWR:Control Word Register)는 전환에 따라서 데이터 버스에 접속된다. 여기서 레지스터란 데이터를 일시적으로 기억해 두는 장소를 말한다.

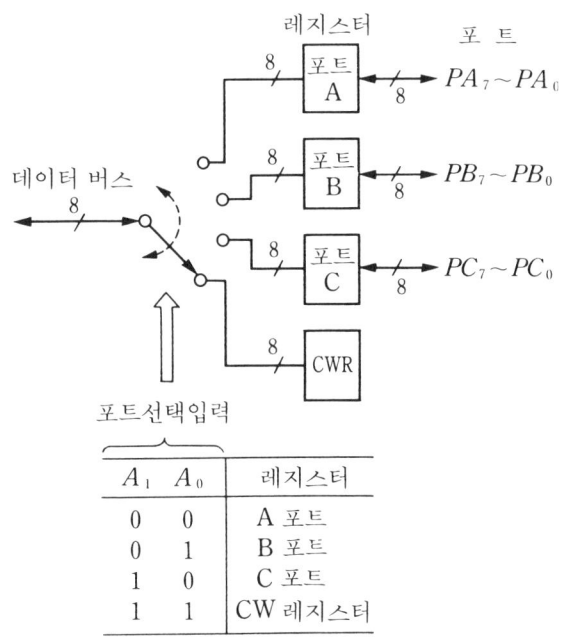

A_1	A_0	레지스터
0	0	A 포트
0	1	B 포트
1	0	C 포트
1	1	CW 레지스터

그림 7.4 8255의 포트 선택

데이터 버스에 접속된 포트의 선택은 〔그림 7.4〕에 나타낸 바와 같이 CW 레지스터 (CWR)도 일종의 포트로 간주되며, 포트 선택 입력 A_1, A_0의 2비트로 이루어진다. 즉 데이터 버스는 $A_1=A_0=0$일 때는 포트 A로, $A_1=0$, $A_0=1$에서는 포트 B로, $A_1=1$, $A_0=0$에서는 포트 C로, $A_1=A_0=1$에서는 CW 레지스터로 접속된다.

포트 선택 입력 A_1, A_0을 〔그림 7.3〕에서 나타낸 바와 같이 어드레스 버스에 접속하면 포트는 A, B, C와 CW 레지스터 4개의 I/O 어드레스로 지정하게 된다. 실제 각 포트의 I/O 어드레스는 어드레스 디코더에 의해 하드웨어(hardware)로서 결정된다.

〔3〕 컨트롤 신호

8255의 컨트롤 신호로는 부논리 입력의 리드 $\overline{RD}$, 라이트 $\overline{WR}$ 신호가 있다. 이들은 〔표 7.1〕에 나타낸 바와 같이 CPU로 부터 입출력의 IN 명령(읽어들임), OUT 명령(써넣음)에 대응하여 신호가 보내진다. 즉, CPU로 부터의 IN 명령에 의해 $\overline{RD}=L$로 되면 8255의 입력 포트 데이터는 데이터 버스로 보내져 CPU가 읽어들인 것으로 된다. 또 OUT 명령에 의해 $\overline{WR}=L$로 되면 CPU에서 보낸 데이터는 데이터 버스로부터 8255의 포트로 써넣어 진다.

표 7.1 IN 명령과 OUT 명령

명령	$\overline{RD}$	$\overline{WR}$	동 작
IN 명령(읽어 들임)	L	H	데이터 버스←포트
OUT 명령(써넣음)	H	L	데이터 버스→포트

7.1.2 어드레스 디코더

8255를 액티브하려면 어드레스 버스를 사용하여 〔그림 7.5〕와 지정된 어드레스 칩 셀렉트 신호가 $\overline{CS}=L(0)$로 되도록 회로를 구성하면 된다. 이와 같은 목적의 어드레스를 선택하는 것을 어드레스 디코드(address decode)라 하며, 이 회로를 어드레스 디코더(address decoder)라 한다. 어드레스 버스의 하위 8비트 $A_7 \sim A_0$를 사용하면 $00_H \sim FF_H$ 번지의 256 종류의 I/O 어드레스를 지정할 수 있다.

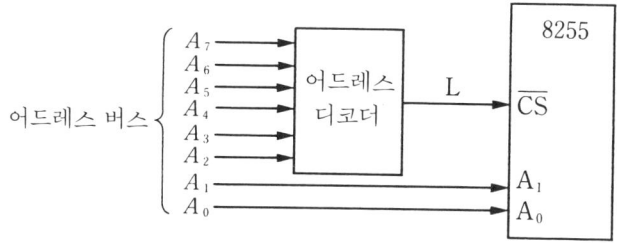

그림 7.5 어드레스 디코더의 역할

〔1〕 게이트 회로에 의한 어드레스 디코더

> **【예제】1.** 〔그림 7.6(a)〕는 NAND 게이트와 인버터에 의한 어드레스 디코더의 예
> 이다. 이 때 8255의 포트 A, B, C 및 CW 레지스터의 I/O 어드레스를 나타내
> 어라.

〔해답〕 이 8255를 액티브 하려면 NAND 게이트의 입력을 모두 "1"로 하여 칩 셀렉트 신호를
$\overline{CS}$=0(L)로 하면 된다. 따라서 어드레스 버스의 상위 4비트 $A_7 \sim A_4$를 "1"로 하고, 인버터
에 붙인 A_3, A_2를 "0"으로 하면 I/O 어드레스의 할당은 〔그림 7.6(b)〕와 같이 된다. 즉, 포
트 선택 입력으로 된 A_1, A_0의 조합에 의해 포트 A, B, C 및 CW 레지스터의 어드레스는
각각 F 0_H, F 1_H, F 2_H, F 3_H가 된다.

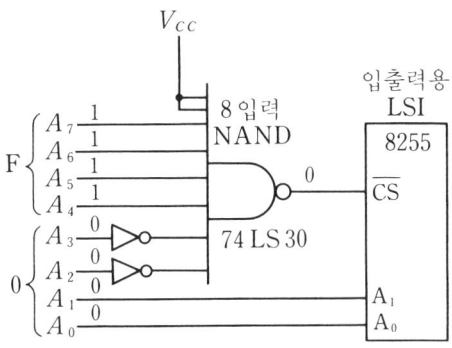

(a) 회로도

$\overline{CS}$	A_7 A_6 A_5 A_4 A_3 A_2 A_1 A_0	I/O 어드레스	포트명
0	1 1 1 1 0 0 0 0 〈F〉	F 0_H	A 포트
	1 1 1 1 0 0 0 1 〈F〉	F 1_H	B 포트
	1 1 1 1 0 0 1 0 〈F〉	F 2_H	C 포트
	1 1 1 1 0 0 1 1 〈F〉	F 3_H	CW 레지스터

(b) I/O 어드레스의 할당

그림 7.6 게이트에 의한 어드레스 디코더의 예

이 예 외에 〔그림 4.32〕에 나타낸 와이어드 접속에 의한 일치 회로나 〔그림 7.7〕에 나타낸 8비트 일치 회로 IC의 74 LS 688을 사용해서 어드레스 디코더를 구성할 수도 있다. 74LS688은 입력 A와 B의 8비트가 서로 모두 일치하며($A=B$), 다시 이네이블 입력 $\overline{G}$=L일 때 출력 X=L가 된다.(출력 $\overline{A=B}$=L라고 쓴다.) 기판상에서 DIP 스위치를 사용하면 I/O 어드레스를 수동으로 설정할 수 있다.

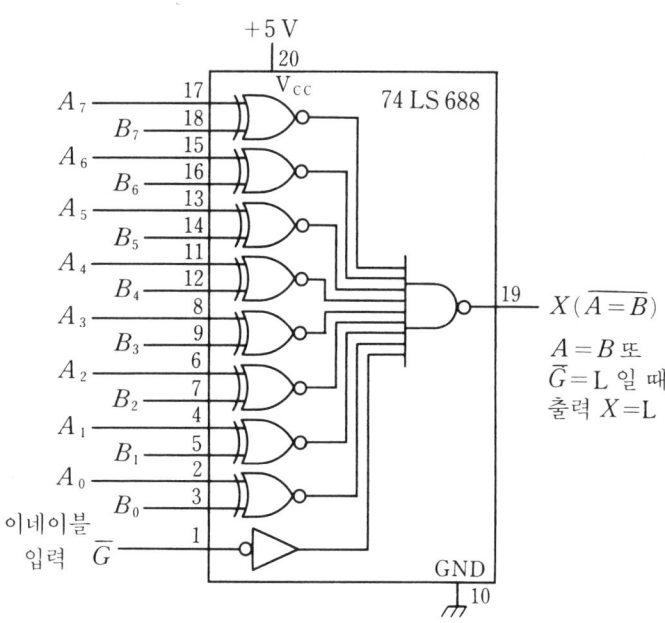

그림 7.7 8비트 일치 회로 IC 74 LS 688

〔2〕 디코더 IC의 이용

실제 어드레스 디코더에는 5.5.2항에서 설명한 디코더 IC를 이용하는 것이 편리하다.

【예제】2. 〔그림 7.8(a)〕와 같이 디코더 IC의 74 LS 138을 사용하여 8개의 8255를 선택(칩 셀렉트)할 경우의 I/O 어드레스를 나타내어라.

해답 여러 개의 8255를 사용할 경우 각각의 8255는 포트 A, B, C와 CW 레지스터 4개의 어드레스가 필요하며, 어드레스 버스의 하위 2비트의 A_1, A_0가 각 8255의 포트 선택 입력 A_1, A_0에 공통으로 접속된다. 따라서 그 상위의 3비트 A_4, A_3, A_2에 따라서 8개의 8255의 칩 셀렉트 신호 $\overline{CS}_1 \sim \overline{CS}_8$이 선택되도록 하면 된다.

2진수 디코더 74 LS 138은 이네이블 신호가 G_1=H 또 $\overline{G_{2A}}=\overline{G_{2B}}$=L일 때 2진수의 디코드(select) 입력 $A(2^0)$, $B(2^1)$, $C(2^2)$에 따라서, 출력 $\overline{Y}_0 \sim \overline{Y}_7$ 중 1개가 L로 된다. 출력 $\overline{Y}_0 \sim \overline{Y}_7$을 각각 8255의 칩 셀렉트 신호 $\overline{CS}_1 \sim \overline{CS}_8$로 하면 〔그림 7.8(b)〕에 나타낸 바와

같이 어드레스 버스의 3비트 A_4, A_3, A_2에서 $\overline{CS_1} \sim \overline{CS_8}$ 중 1개가 선택되어 "1"로 된다.

따라서 8개 안에 CS_1에서 칩 셀렉트된 8255의 I/O 어드레스는 $80_H \sim 83_H$, $\overline{CS_2}$는 $84_H \sim 87_H$, $\overline{CS_3}$은 $88_H \sim 8B_H$, ……, $\overline{CS_8}$은 $9C_H \sim 9F_H$로 된다.

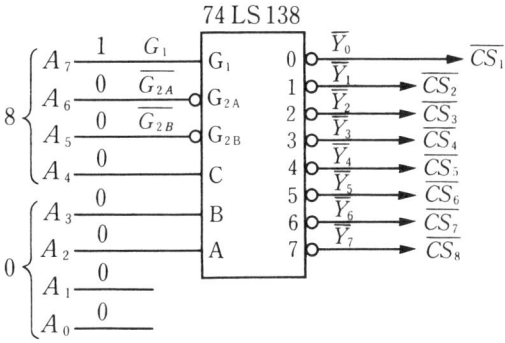

(a) 접속도

A_7 A_6 A_5 A_4	A_3 A_2	L 로 된 $\overline{CS}$	A_1 A_0	I/O 어드레스
	0 0	$\overline{CS_1}$	0 0 〜 1 1	$80_H \sim 83_H$
	0 1	$\overline{CS_2}$	0 0 〜 1 1	$84_H \sim 87_H$
1 0 0 0 8	1 0	$\overline{CS_3}$	0 0 〜 1 1	$88_H \sim 8B_H$
	1 1	$\overline{CS_4}$	0 0 〜 1 1	$8C_H \sim 8F_H$
	0 0	$\overline{CS_5}$	0 0 〜 1 1	$90_H \sim 93_H$
	0 1	$\overline{CS_6}$	0 0 〜 1 1	$94_H \sim 97_H$
1 0 0 1 9	1 0	$\overline{CS_7}$	0 0 〜 1 1	$98_H \sim 9B_H$
	1 1	$\overline{CS_8}$	0 0 〜 1 1	$9C_H \sim 9F_H$

(b) I/O 어드레스의 할당

그림 7. 8 디코더 74LS 138를 사용한 어드레스 디코더

7.1.3 CPU와의 접속

〔1〕 Z 80의 인터페이스

① 접속 회로 예 : 〔그림 7.9〕는 Z 80 CPU와 8255의 접속 예를 나타낸 것이다. 어드레스 디코더는 앞에서 설명한 〔그림 7.8〕의 회로를 사용하고 있으며, 8255의 I/O 어드레스에 대해서는 포트 A, B, C는 80_H, 81_H, 82_H이고, CW 레지스터는 83_H이다. 이후 이 책에서는 Z 80에 의한 8255의 사용에 관해서는 이 설계 조건으로 설명한다.

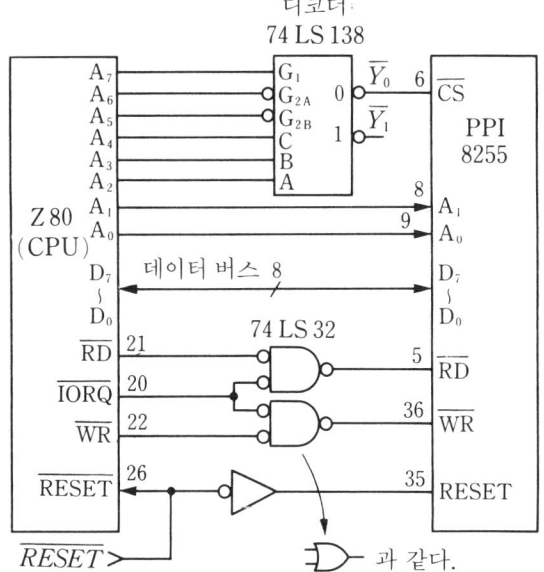

포드명	I/O 어드레스
A	80_H
B	81_H
C	82_H
CWR	83_H

그림 7. 9 Z 80 CPU와 8255의 접속

Z 80 CPU로 부터의 $\overline{RD}$, $\overline{WR}$ 신호는 메모리와 I/O의 양쪽에 대해 리드 신호와 라이트 신호로 되기 때문에 직접 8255에 접속하면 CPU가 데이터를 주고 받고 있는 것이 메모리인지 I/O인지를 판별할 수 없다. 따라서 I/O 포트 호출 신호 $\overline{IORQ}$ =L과 함께 $\overline{RD}$, $\overline{WR}$ 신호가 유효하게 되도록 구성한다. 회로적으로는 〔그림 7.9〕와 같이 신호 $\overline{IORQ}$와 CPU로 부터의 신호 $\overline{RD}$, $\overline{WR}$을 OR(부논리로 AND) 회로에 결합하여 8255에 접속한다. 똑같은 회로는 메모리 호출 신호 $\overline{MREQ}$로서 CPU가 메모리와 데이터를 주고 받을 때에도 사용된다.

② 입출력 명령 : 〔표 7.2〕에 Z 80의 어셈블러 언어(assembler language)에 의한 I/O 포트로의 데이터 입출력 명령을 나타낸다. IN 명령은 I/O 포트로 부터 데이터를 취입하는 명령이고, OUT 명령은 I/O 포트에 데이터를 출력하는 명령이다.

"OUT (PN), A"의 A는 Z80의 A 레지스터이며, 산술 논리 연산 처리의 중심적 역할을 하므로 어큐뮬레이터(accumulator : 누산기)라고도 부른다. 수치 PN은 16진수로 I/O 포트의 어드레스를 표시한다. 단, 어셈블러에서는 16진수의 값 끝에 H를 붙인다.

표 7.2 Z80 어셈블러에 의한 입출력 명령

명령	서 식	예
입력	IN A, (PN)	IN A, (80H)
출력	OUT (PN), A	OUT (81H), A

A : A 레지스터
PN : I/O 포트 어드레스 (16진수)

이와 같이 어셈블러에서는 포트로의 데이터 입출력은 A 레지스터를 통해 이루어진다. 따라서, 예를 들면 16진수의 데이터 55_H(=0101 0101$_B$)를 B 포트(어드레스 81_H 번지)로 출력할 경우에는 다음과 같이 먼저 데이터를 A 레지스터로 전송한 후에 OUT 명령으로 출력한다.

LD A, 55H ……데이터 55_H를 A 레지스터로 전송
OUT (81H), A ……A 레지스터의 내용을 81_H 번지의 B 포트로 출력

〔2〕 퍼스컴의 인터페이스

퍼스널 컴퓨터(personal computer : 퍼스컴)에서는 제어 프로그램을 BASIC 언어나 C 언어 등의 고급 언어로 만들 수 있다. 또 대부분의 퍼스컴은 I/O 확장 슬롯(I/O extended slot)에 I/O 보드(I/O board)를 꽂으면 사용자가 I/O 포트를 이용하게 되어 있다. 다음에서는 퍼스컴의 PC-9801시리즈(NEC제, 이후로는 PC 98시리즈라 부른다.)에서 PPI 8255를 병렬 인터페이스로 사용하는 경우를 나타낸다.

① 사용자가 사용할 수 있는 I/O 어드레스 : PC 98 시리즈의 중요한 기종은 CPU가 32비트에서도 I/O의 주변 회로는 16비트로 설계되어 있다. 사용자가 자유롭게 사용할 수 있는 I/O 어드레스는

XXD0$_H$~XXDF$_H$ 및
XnE0$_H$~XnEF$_H$(n=0~7에서, 00E0$_H$~00EC$_H$를 제거)

이다. 여기서 X는 어떤 값이라도 좋지만 하위 8비트의 선택 폭은 적지 않다. 이외의 I/O 어드레스는 키보드, CRT 디스플레이나 플로피 디스크 등 시스템의 입출력 장치용으로 사용되고 있으나 예약시만이다.

② 짝수 어드레스의 디코더 : 컴퓨터의 데이터는 8비트(1바이트) 단위로 다루어지기 때문에 16비트의 데이터가 메모리에 격납되었을 경우는 상위와 하위의 8비트로 나누어 어드레스가 붙여진다. 8255의 데이터 버스는 8비트이며, 퍼스컴(PC 98시리즈)측의 데이터 버스는 16개 중 하위 8비트 $D_0 \sim D_7$이 여기에 접속되며, 8255의 I/O 어드레스는 짝수가 된다. 시판되고 있는 PC 98용 각종 인터페이스 보드가 대부분은 $XXD0_H \sim XXDE_H$의 짝수 어드레스를 사용하고 있으며, 동시에 여러 개의 보드를 사용할 경우에는 어드레스가 중복되지 않도록 상위 8비트 XX(00~7F)도 디코드 해야 한다. 이것을 풀 디코드(full decode)라 한다.

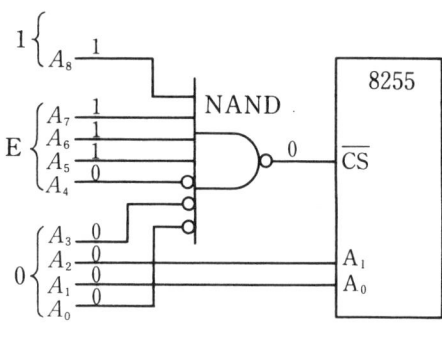

(a) 접속도

$\overline{CS}$	A_8	A_7	A_6	A_5	A_4	A_3	A_2	A_1	A_0	I/O 어드레스	포트명
	1	1	1	1	0	0	0	0	0	$1E0_H$	A 포트
			E								
	1	1	1	1	0	0	0	1	0	$1E2_H$	B 포트
			E								
0	1	1	1	1	0	0	1	0	0	$1E4_H$	C 포트
			E								
	1	1	1	1	0	0	1	1	0	$1E6_H$	CW 레지스터
			E								

(b) I/O 어드레스의 할당

그림 7. 10 짝수 어드레스 디코더의 원리

〔그림 7.10(a)〕는 사용자가 사용할 수 있는 I/O 어드레스로서 $1E0_H$ 번지(A 포트)부터 시작하는 짝수 어드레스를 디코드 할 어드레스 디코더의 원리를 나타낸

다. 어드레스 버스의 제8~제4비트 A_8, A_7, A_6, A_5, A_4가 $11110_B = 1E_H$에서 $A_3 = A_0 = 0$일 때 이 8255는 칩 셀렉트 입력이 $\overline{CS} = 0$으로 되어 선택된다. 그리고 포트 A, B, C 및 CW 레지스터의 선택(8255의 A_1, A_0)은 어드레스 버스의 A_2와 A_1에 의해서 이루어지기 때문에 8255의 I/O 어드레스는 짝수가 된다. 즉, 〔그림 7.10(b)〕와 같이 $1E0_H$(A 포트), $1E2_H$(B 포트), $1E4_H$(C 포트), 그리고 $1E6_H$(CW 레지스터)에 할당된다.

③ 병렬 인터페이스 회로 : 〔그림 7.11〕은 PC 98 시리즈의 퍼스컴에 대한 병렬 인터페이스 회로의 예를 나타낸 것이다. 〔그림 7.11(a)〕는 신호선의 접속도에서 확장 슬롯용 유니버설 기판상에 8255A, 74 LS 138(디코더), 74 LS 00(2입력 NAND× 4) 3개의 IC만으로 구성할 수 있다.

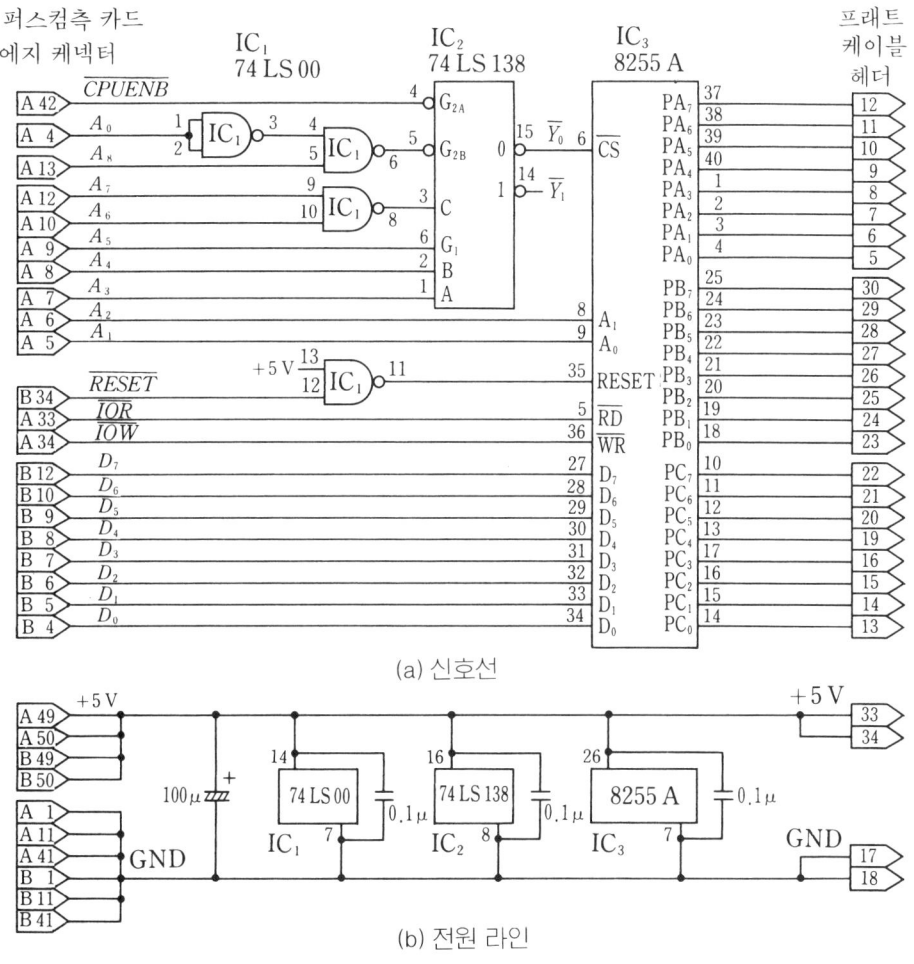

(a) 신호선

(b) 전원 라인

그림 7.11 PC 98 시리즈 퍼스컴의 병렬 인터페이스

〔그림 7.11(b)〕는 전원라인과 바이패스 콘덴서의 배치를 나타낸 것이다. 어드레스 디코더는 I/O포트의 어드레스가 〔그림 7.10(b)〕와 같이 설계되어 있다. 이후 이 책에서 퍼스컴에 의한 8255의 사용에 관해서는 이 설정조건으로 설명한다. 그 위에 또 1개의 8255를 접속할 경우에는 디코더 74 LS 138의 출력 $\overline{Y_1}$을 새로운 8255의 칩 셀렉트 신호 $\overline{CS_2}$로 하면 좋다.

④ 입출력 명령 : 〔표 7.3〕은 BASIC 언어에 의한 I/O 포트로 데이터의 입출력 명령 을 나타낸 것이다.

표 7.3 BASIC 언어에 의한 입출력 명령

명령	서 식	예
입력	D=INP(PN)	D=INP(&H1E 2)
출력	OUT PN, D	OUT &H1E0, &H55

BASIC에서 입력 포트로부터 데이터를 읽어들이는(입력한다.) 데에는 INP 함수 가 준비되어 있다.

D=INP (PN)

로 하면 어드레스 PN(값 또는 변수)으로 지정된 입력 포트에서 8비트의 데이터가 판독되어 변수 D에 격납된다. 여기서는 PN이 16진수일 때 BASIC 언어에서는 &H1E2와 같이 &H가 값의 앞에 붙여진다.

한편, 포트에 데이터를 출력하는 명령으로는 OUT 명령이 있으며,

OUT PN, D

로 하면 8비트의 데이터 D가 어드레스 PN(값 또는 변수)으로 지정된 출력 포트 로 전송된다.

이와 같은 입출력 명령을 실행하려면 미리 각 포트를 입력에 사용할 것인지 출 력에 사용할 것인지를 결정해 둘 필요가 있다. 여기서는 다음 항에서 설명할 컨트 롤 워드의 설정이 불가결이다.

7.1.4 컨트롤 워드

8255의 포트 A, B, C의 입출력 설정은 CPU에서 8비트 데이터의 컨트롤 워드 (control word:제어어)를 컨트롤 워드 레지스터(CWR)로 써넣음으로써 이루어진다. 즉, 8255의 동작은 제어 정보인 컨트롤 워드의 값에 의해 제어된다.

〔1〕 모드의 선택

8255에는 다음의 모드 0~2의 3가지 사용 방법이 있다.

① 모드 0 : 포트 A, B, C를 각각 입출력에 사용한다.

② 모드 1 : 포트 A, B를 입출력에 사용하고, 포트 C로 제어한다.

③ 모드 2 : 포트 A를 양방향 버스로 사용하고, 포트 C로 제어한다.

이 중 단순한 모드 0(기본 입출력 모드)이 24비트(8비트×3)라는 큰 비트수를 입출력에 사용할 수 있으므로 가장 많이 사용된다. 이후의 설명도 모드 0에 한해서 한다.

〔2〕 컨트롤 워드의 설정과 초기화

〔표 7.4〕는 8255를 모드 0으로 사용할 경우의 컨트롤 워드 설정 방법을 나타낸다. 컨트롤 워드는 8비트 $D_7 \sim D_0$으로 구성된다. 포트 A, B는 각각 제4비트 D_4와 제1비트 D_1이 "1"일 때 입력에 설정되고, "0"일 때 출력으로 설정된다. 또 포트 C는 D_3과 D_0의 비트에 의해서 상위 4비트($PC_7 \sim PC_4$)와 하위 4비트($PC_3 \sim PC_0$)가 별도로 입출력이 설정되며, 각각 "1"일 때 입력으로 설정된다.

표 7.4 컨트롤 워드의 설정(모드 0)

D_7	D_6	D_5	D_4		D_3		D_2	D_1		D_0	
1	0	0					0				
			A 포트		C 포트 $\left(\begin{smallmatrix}상위\\4비트\end{smallmatrix}\right)$			B 포트		C 포트 $\left(\begin{smallmatrix}하위\\4비트\end{smallmatrix}\right)$	
			0	1	0	1		0	1	0	1
			출력	입력	출력	입력		출력	입력	출력	입력

8255를 어떤 모드를 사용하여 각 모드의 입출력을 어떻게 설정할 것인가를 최초로 프로그램하는 것을 초기화(initialize)라 한다. 초기화하기 전의 8255의 I/O 포트는 고임 피던스 상태이며, 초기화한 후부터 각 포트와 데이터의 주고 받음이 가능해진다. 출력에 설정된 포트에 관해서는 CPU로부터 출력 명령이 올 때까지 출력 데이터는 래치(보존)된다.

【예제】 3. 8255 모드 0에서 포트 A를 입력, 포트 B, C를 출력에 설정하여 사용할 경우의 컨트롤 워드를 16진수로 나타내어라. 또 이 설정 조건으로 8255를 초기화하는 명령을 BASIC(PC 98시리즈 퍼스컴) 및 어셈블러(Z 80 마이컴)로 나타내어라.(단, 각 CW 레지스터의 I/O 어드레스는 병렬 인터페이스의 하드웨어에 의해 1E6$_H$〔그림 7.11〕 및 83$_H$〔그림 7.9〕인 것으로 한다.)

[해답] 포트 A만을 입력으로 하여 사용할 컨트롤 워드는 〔표 7.4〕에서 제4비트 D_4를 "1"로 하여,

D_7	D_6	D_5	D_4	D_3	D_2	D_1	D_0	
1	0	0	1	0	0	0	0	$= 90_H$

에 의해 90_H가 된다.

8255의 초기화에는 CW 레지스터의 어드레스가 $1E6_H$일 때 BASIC 언어에서는 OUT 명령으로

OUT &H1E6, &H90

을 실행하면 된다.

Z 80 어셈블러로 CW 레지스터의 어드레스가 83_H인 경우는 다음과 같이 하여 초기화한다.

LD A, 90H ……A 포트 입력, B, C 포트 출력
OUT (83H), A ……8255의 초기화

이와 같이 8255를 사용하기에 앞서 CW 레지스터에 컨트롤 워드를 써넣을 필요가 있다. 단, CW 레지스터의 어드레스는 하드웨어에 의해 결정된다.

7.1.5 비트 제어 워드

표 7.5 포트 C의 비트 세트를 위한 컨트롤 워드 ($D_7 = 0$)

D_7	D_6	D_5	D_4	D_3	D_2	D_1	D_0
0	X	X	X				

관계없음

			1 · 세트 / 0 · 리셋

D_3	D_2	D_1	
0	0	0	PC_0
0	0	1	PC_1
0	1	0	PC_2
0	1	1	PC_3
1	0	0	PC_4
1	0	1	PC_5
1	1	0	PC_6
1	1	1	PC_7

↑ 대상이 되는 포트 C의 비트

8255의 특별한 기능으로서 포트 C의 단일 비트의 세트, 리셋이 있다. 포트 C가 이미 출력 포트로 설정되어 있는 경우 〔표 7.5〕와 같이 MSB의 D_7을 "0"으로 하는 컨트롤 워

드를 CW 레지스터에 써넣으면 포트 C의 임의의 1비트를 세트("1") 또는 리셋("0")할 수 있다. 이 경우 포트 C의 비트 $PC_0 \sim PC_7$ 중 대상이 되는 비트는 컨트롤 워드의 $D_3 \sim D_1$의 3비트로 선택되며, LSB의 D_0 비트를 "1"로 하면 세트되고, "0"으로 하면 리셋된다. 또, $D_6 \sim D_4$의 비트는 "1" 또는 "0"의 어떤 것이라도 좋다.

【예제】4. 포트 C의 제3비트 PC_3에 연결된 장치에 스타트 펄스를 주기 위해 비트 PC_3을 세트하여 리셋하는 프로그램을 BASIC 및 어셈블러로 나타내어라.(단, 각 병렬 인터페이스는 예제 3번과 같은 것으로 한다.)

[해답] 〔표 7.5〕에서 비트 제어의 대상을 제3비트 PC_3으로 하려면 컨트롤 워드의 데이터 $D_3 \sim D_1$을 $3 = (011)_2$로 한다. 그리고 이 PC_3의 비트를 세트($PC_3 = 1$)하려면 D_0비트를 "1"로 하면 좋으므로 컨트롤 워드는

D_7	D_6	D_5	D_4	D_3	D_2	D_1	D_0	
0	0	0	0	0	1	1	1	$= 07_H$

$(011)_2 = 3$

에 의해 07_H가 된다. 그 다음 비트 PC_3을 리셋($PC_3 = 0$)하려면 D_0 비트를 "0"으로 하면 좋고, 컨트롤 워드는

$(0000\ 0110)_2 = 06_H$

가 된다. 따라서 BASIC 및 Z 80 어셈블러의 프로그램은 〔리스트 7.1〕과 같이 된다.

〔리스트 7.1〕 비트 PC_3을 세트시켜 리셋하는 프로그램

```
(a) BASIC
  100  OUT &H1E6, &H90    … 8255 초기화(CWR의 어드레스 1E6ᴴ)
  200  OUT &H1E4, &H07    … PC₃를 세트(C 포트의 어드레스 1E4ᴴ)
  210  OUT &H1E4, &H06    … PC₃를 리셋
(b) Z80 어셈블러
  LD   A, 90H
  OUT  (83H), A           ………… 8255의 초기화(CWR의 어드레스 83ᴴ)
  LD   A, 07H
  OUT  (82H), A           ………… PC₃를 리셋(C 포트의 어드레스 82ᴴ)
  LD   A, 06H
  OUT  (82H), A           ………… PC₃를 리셋
```

7.1.6 PPI 8255의 전기적 특성

〔표 7.6〕은 8255의 전기적 특성을 일반적인 LS-TTL과 비교하여 나타낸 것이다. 8255의 전압 레벨은 TTL 컴패터블이며, LS-TTL과 직접 접속할 수 있다. 그러나 싱크

전류 I_{OL}(L 출력시의 유입 전류)는 LS-TTL보다 작고, 최대 2.5[mA]밖에 흐를 수 없으며, LED(점등 전류 10[mA])도 직접 구동할 수 없다. 8255의 출력 포트와 LED 사이에 74 LS 07, 74 LS 06(인버터 형식) 등의 버퍼 IC를 넣으면 최대 40[mA]의 싱크 전류를 ON/OFF시킬 수 있다. 〔그림 7.12〕는 소형의 리드 릴레이를 구동하기 위해 8255와의 사이에 버퍼 74 LS 06을 설치한 예를 나타낸 것이다.

표 7.6 8255의 전기적 특성

IC	입출력 레벨〔V〕				출력 전류〔mA〕	
	V_{OH}	V_{OL}	V_{IH}	V_{IL}	I_{OH}	I_{OL}
8255	2.4	0.45	2.0	0.8	0.4*	2.5
LS-TTL	2.7	0.4	2.0	0.8	0.4	8

* 달링턴 드라이브 전류 $I_{DAR} = 1\,mA$

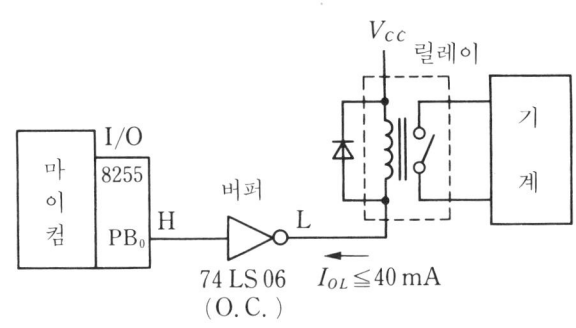

그림 7. 12 버퍼에 의한 소형 릴레이의 구동

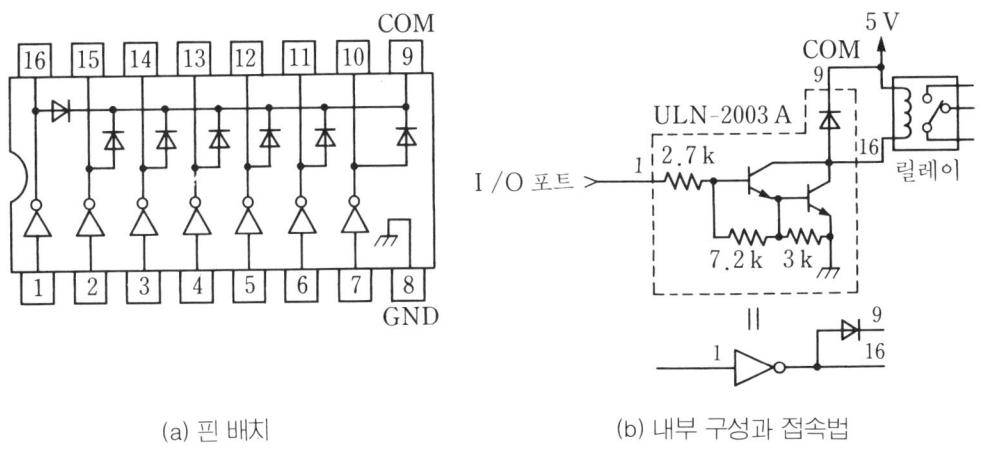

(a) 핀 배치   (b) 내부 구성과 접속법

그림 7. 13 달링턴 트랜지스터 어레이 ULN-2003 A

〔그림 7.13(a)〕는 드라이버로서 릴레이 구동용에 널리 사용되는 달링턴 트랜지스터 어레이(Darlington transistor array) ULN-2003A의 핀 배치이다. 7조의 소자의 내부 구성과 접속법은 〔그림 7.13(b)〕와 같다. ULN-2003A는 8255의 출력 포트에 직접 접속할 수 있으며, 내압 50〔V〕에서 최대 500〔mA〕의 싱크 전류를 제어할 수 있다. 또, 트랜지스터의 OFF시에 코일에 발생하는 높은 전압(역기전력)을 피하기 위한 다이오드를 IC 내부에 가지고 있으며 다이오드를 외부에 붙일 필요가 없어서 편리하다.

7.2 인터페이스 실험 회로

〔그림 7.14〕는 PPI 8255의 사용 방법을 이해하기 위해 발광 다이오드(LED)와 스위치에 의한 간단한 인터페이스 실험 회로를 나타낸 것이다. 이후 이 책에서 BASIC 프로그램은 PC 98 시리즈 퍼스컴, 어셈블러는 Z 80 마이컴을 대상으로 한 병렬 인터페이스는 각각 〔그림 7.11〕 및 〔그림 7.9〕와 같다.

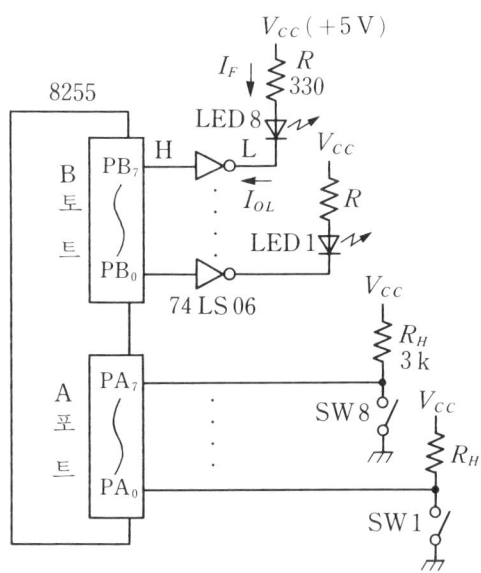

그림 7.14 LED와 스위치의 인터페이스

7.2.1 발광 다이오드의 점등

LED는 회로의 동작 상태를 나타내기 위해 흔히 사용된다. 〔그림 7.14〕 회로에서는 PPI 8255의 B 포트에 연결한 8개의 LED로 B 포트의 출력 상태를 조사할 수 있다. LED를 점등시키려면 10〔mA〕 정도의 전류를 흐르게 해야 하지만 앞에서 설명한 바와 같이 8255의 출력 전류로는 불충분하므로 8255와 LED 사이에 버퍼로서 74 LS 06(인버터)이 들어 있다.

8255의 포트 출력이 H 레벨일 때 74 LS 06의 출력은 L 레벨이 되며, 이 때의 싱크 전류 $I_{OL}(\leqq 40[\mathrm{mA}])$에 의해 LED를 점등한다.

또, 8255를 초기화 하기 전의 각 포트는 고임피던스 상태이며, TTL의 특성에서 이 것은 H 레벨과 등가적으로 같다. 따라서 인버터 74 LS 06의 출력은 L 레벨로 되며, 모든 LED는 점등하게 된다.

【예제】5. 〔그림 7.14〕의 회로에서 B 포트에 연결된 8개의 LED를 〔그림 7.15〕와 같이 1개씩 건너뛰어 점등시키는 프로그램을 BASIC 및 어셈블러로 나타내어라.

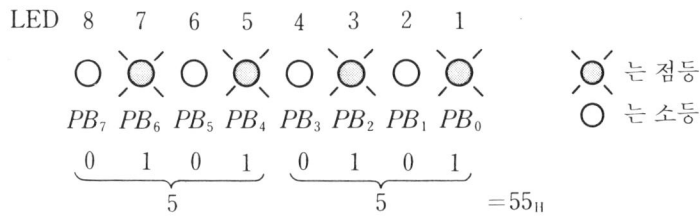

그림 7. 15 홀수 번호의 LED 점등

[해답] 8255의 B 포드에는 인버터(버퍼)가 접속되어 있으며, LED를 점등시키려면 B 포트 출력을 H 레벨로 하게 된다. 그림과 같이 홀수 번호의 LED를 점등시키려면 B 포트에

$$(0101\ 0101)_2 = 55_H$$

의 데이터를 출력하면 된다. 따라서, BASIC 및 어셈블러의 프로그램은 〔리스트 7.2〕와 같다. 또 8255의 출력은 래치되므로 그 다음 명령이 올 때까지는 출력 데이터는 보존된다.

〔리스트 7.2〕 LED를 1개씩 건너뛰어 점등시키는 프로그램

```
(a) BASIC
 100  OUT  &H1E6, &H90   … 8255의 초기화(CWR의 어드레스 1E6ₕ)
 200  OUT  &H1E2, &H55   … LED의 점등(B 포트의 어드레스 1E2ₕ)
(b) Z80 어셈블러
 LD   A,  90H            ………… A 포트 입력, B, C 포트 출력
 OUT  (83H), A           ………… 8255의 초기화(CWR의 어드레스 83ₕ)
 LD   A,  55H
 OUT  (81H), A           ………… LED의 점등(B 포트의 어드레스 81ₕ)
```

7.2.2 스위치 입력의 인터페이스

〔1〕풀업

스위치 신호의 입력에는 〔그림 7.14〕에 나타낸 바와 같이 풀업 저항 R_H를 접속한다. 풀업 저항은 스위치가 OFF 상태일 때 H 레벨로서 잡음에 의한 오동작을 방지하기 위한 것이다. 스위치가 ON 상태일 때 포트 A의 입력 전압은 0〔V〕가 되며, L 레벨로 된다.

〔2〕채터링 방지

스위치 등 기계적인 접점은 전환시에 몇 ms 정도 진동하여 접촉을 반복한 후에 안정한다. 이 채터링이라 부르는 현상은 불규칙적인 펄스를 발생하기 때문에 디지털 회로에서 오동작의 원인이 된다.

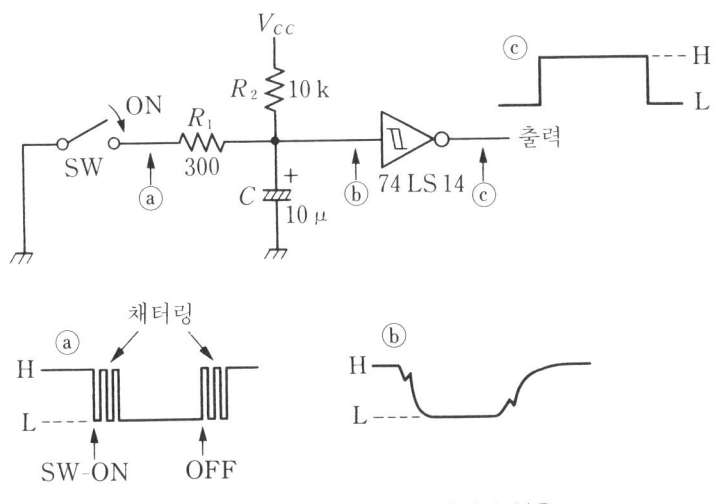

(a) 적분 회로와 시미트 트리거의 이용

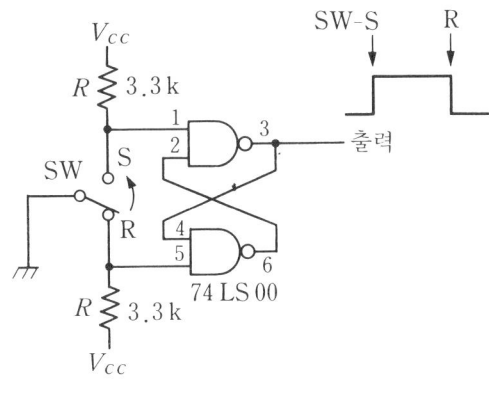

(b) RS-FF의 이용

그림 7.16 스위치의 채터링 방지 회로

채터링 방지에는 〔그림 7.16(a), (b)〕에 나타낸 2가지 방법이 있다. 〔그림 7.16(a)〕는 적분 회로와 시미트 트리거를 조합한 회로로서 채터링에 의한 빠른 펄스는 적분 회로(시정수 $\tau = RC$)에서 흡수되며, 나머지 출력은 시미트 트리거 74 LS 14에 의해 파형 정형된다. 저항 R_1은 스위치를 ON할 때의 콘덴서 방전 전류를 제한하며, 저항 R_2는 스위치를 OFF할 때의 콘덴서로의 충전 전류를 제한한다. 스위치가 ON 상태일 때 점 ⓑ 의 전압 V_b는 전원 전압 V_{CC}(5〔V〕)을 저항 R_1과 R_2로 분압된 전압과 TTL의 입력 전류 I_{IL}(≤0.4〔mA〕)에 의한 R_1의 강하 전압의 합이기 때문에 R_1의 값이 크게 되면 L 레벨(≤0.4〔V〕)을 유지할 수 없게 된다.

【예제】 **6.** 〔그림 7.14〕 회로에서 8개의 스위치 OFF 상태를 LED로 표시하는 프로그램을 BASIC, 어셈블러 또는 C 언어로 만들어라.

〔해답〕 스위치가 OFF 상태일 때 A 포트의 입력은 풀업되어 H 레벨로 된다. 이 스위치의 정보를 8비트 데이터로 판독하여 B 포트로 출력하면 OFF 상태의 스위치에 대응한 번호의 LED를 점등시킬 수 있다. 이를 위한 프로그램 예는 〔리스트 7.3〕과 같다.

〔리스트 7.3〕 스위치의 상태를 LED로 표시하는 프로그램

```
(a) BASIC
 100  'SAVE "LED.BAS"
 110  'PPI8255 I/O Address
 120     PORTA = &H1E0 : PORTB = &H1E2 : PORTC = &H1E4
 130     CWR   = &H1E6
 200  'INITIALIZE
 210     OUT CWR, &H90 : 'PA-IN, PB-OUT, PC-OUT
 300  'MAIN
 310     D = INP(PORTA)    : 'DATA Input From PortA
 320     OUT PORTB, D      : 'DATA Output to PortB
(b) Z80 어셈블러
LD   A, 90H      … A 포트 입력, B, C 포트 출력
OUT  (83H), A    … 8255의 초기화(CWR의 어드레스 83H)
LD   A, 80H      … 스위치 상태 읽어들임(A 포트의 어드레스 80H)
OUT  (81H), A    … LED의 점등(B 포트의 어드레스 81H)
(c) C 언어
#include 〈stdio.h〉
#include 〈dos.h〉
#include 〈conio.h〉
#define PA    0x1e0  /* PortA Address */
#define PB    0x1e2  /* PortB Address */
#define PC    0x1e4  /* PortC Address */
#define CWR   0x1e6  /* CW Register Address */
main()
{
   int d;
   outp(CWR, 0x90); /* PA-IN, PB-OUT, PC-OUT */
   d = inp(PA)     : /* DATA Input from PortA */
   outp(PB,d)      : /* DATA Output to PortB */
}
```

그러나 스위치의 채터링 방지에는 〔그림 7.16(b)〕의 RS 플립플롭을 이용한 회로쪽이 더 확실하다. 이 동작 원리에 관해서는 이미 5.1.1항에서 설명되었다.

이 예와 같이 IN 명령이나 OUT 명령에 의해서 비교적 쉽게 8255를 컨트롤 할 수 있다. 단, 포트 A, B, C 및 CW 레지스터의 어드레스는 하드웨어에 따라 달라진다.

7.2.3 기기간의 접속과 잡음 대책

〔1〕 버스 버퍼

디지털 회로에서 신호선을 길게 연장하면 잡음에 의해 논리 레벨이 변화하며 오동작의 원인이 된다. 마이컴 회로의 버스에서도 몇 MHz 이상의 높은 주파수의 클록 펄스에 의해 동작하고 있기 때문에 버스 길이를 너무 길게하면 오동작을 일으키기 쉽다. PPI 8255를 CPU와 수십 cm 이상 떨어뜨려서 접속할 경우에는 버스 라인에 증폭용으로 드라이브 능력이 큰 버퍼를 사이에 넣는 것이 좋다. 이와 같은 버퍼를 버스 버퍼 또는 버스 드라이버(bus driver)라 한다. 데이터 버스에 사용되는 양방향의 버스 버퍼는 특별히 버스 트랜시버(bus transceiver)라 부른다. 버스 버퍼는 3상태 출력으로 컨트롤 입력에 의해 신호계를 버스로부터 격리시킬 수 있다.

〔그림 7.17〕은 3상태 버퍼 74 LS 541을 사용한 8비트 단방향 버스 버퍼의 예를 나타낸 것이다. 어드레스 버스의 증강용으로 사용할 때 컨트롤 입력은 불필요하며 $\overline{G_1}$과 $\overline{G_2}$는 GND에 접속된다.

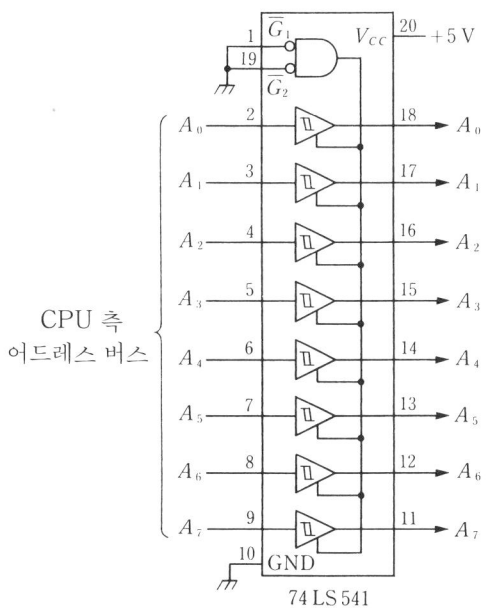

그림 7.17 8비트 단방향 버스 버퍼

〔그림 7.18(a)〕는 버스 트랜시버 74 LS 245를 사용한 8비트 양방향 버스 버퍼의 예로서 데이터 버스의 증강용으로 사용된다. 〔그림 7.18(b)〕는 74 LS 245의 내부 구성과 동작표이다. 컨트롤 신호 $\overline{G}$=L일 때 신호 DIR에 의해서 데이터가 전달되는 방향이 결정된다. 따라서 8255를 사용한 인터페이스 회로에서는 8255로의 리드 신호 $\overline{RD}$가 DIR 입력에 접속된다. 즉, $\overline{RD}$=L(액티브)일 때 데이터가 CPU측에 보내지며(읽어들여짐), $\overline{RD}$=H일 때 데이터는 CPU측에 의해 8255의 포트로 써넣어 진다.

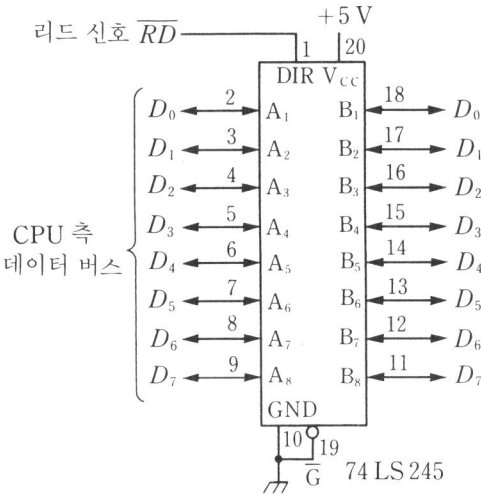

(a) 버퍼 74 LS 245의 접속

컨트롤 입력		동 작
$\overline{G}$	DIR	
L	H	A → B
L	L	A ← B
H	X	절 연

(b) 74 LS 245의 내부 구성과 동작표

그림 7. 18 8비트 양방향 버스 버퍼

〔2〕신호선

　일반적인 디지털 IC에서 잡음에 대해 안심할 수 있는 신호선의 길이는 대략 30〔cm〕 정도까지이다. 신호선을 길게 할 경우는 〔그림 7.19(a)〕와 같이 버퍼를 사이에 넣어 수신측에서 입력을 풀업하면 1〔m〕까지 가능하다.

　모터의 주변 등과 같이 잡음이 많은 곳에서는 〔그림 7.19(b)〕와 같이 신호선에 트위스트 페어선(twisted pairline)이 사용된다. 이 경우는 몇 m 정도의 신호 전송에 유효하다. 더욱 신호선을 길게 할 경우는 7.5.1항에서 설명하는 포토커플러를 사용하면 10〔m〕 정도의 신호 전송이 가능하다.

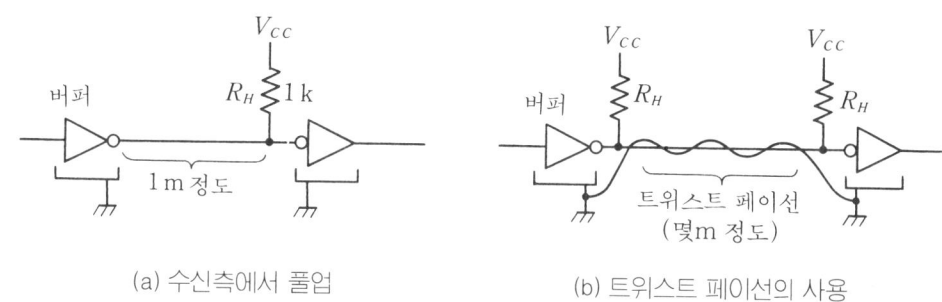

　　(a) 수신측에서 풀업　　　　　　　(b) 트위스트 페이선의 사용

그림 7. 19 전송선을 길게 하는 방법

7.3 스테핑 모터의 구동

7.3.1 스테핑 모터의 특징

　스테핑 모터(stepping motor)는 스텝 모터(step motor) 또는 펄스 모터(pulse motor)라고도 부르며, 펄스에 의해서 디지털 방식으로 제어할 수 있으므로 프린터의 헤드 구동이나 종이 이송 기구 등 메커트로닉스 분야에서 폭넓게 사용되고 있다.

　(1) 스테핑 모터의 장점

　　① 입력 펄스 수에 비례한 회전 각도를 정확하게 실현할 수 있다.

　　② 1스텝당 각도 오차가 작고, 오차는 누적되지 않는다.

　　③ 정지 상태에서 자기 유지력이 있다.

　　④ 구조 및 구동 회로가 간단하다.

　(2) 스테핑 모터의 단점

　　① 크고 무겁다.

　　② 고속 회전이 곤란하다.(탈조를 일으키기 쉽다.)

　　③ 소비가 크다.

7.3.2 구동 원리와 여자 방식

일반적인 스테핑 모터는 〔그림 7.20〕과 같이 4상(A, B, $\overline{A}$, $\overline{B}$상)의 여자 코일이 감겨져 있다. 원리적으로는 〔그림 7.21〕과 같이 스위치로 직류 전류가 흐르는 코일을 A상, B상, $\overline{A}$상, $\overline{B}$상의 순서로 전환하면 그에 따라 모터는 단계적으로 일정한 각도만큼 회전한다. 이 스위치의 전환 방법에 따라서 스테핑 모터를 구동하는 여자 방식에는 다음 3가지가 있다.

① 1상 여자 방식 : 각 상을 순차 여자하는 방식.

② 2상 여자 방식 : 인접한 2상을 순차 여자하는 방식. 상 전환시에도 반드시 1개의 상은 여자된다.

③ 1-2상 여자 방식 : 1상과 2상을 교대로 여자하는 방식. 규격의 1/2각도(half step)로 회전한다.

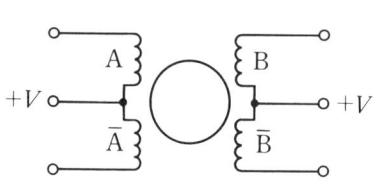

그림 7.20 스테핑 모터의 내부 결선

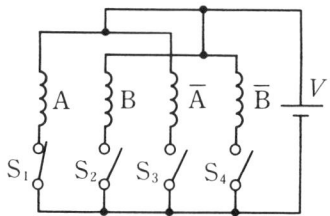

그림 7.21 스위치에 의한 스테핑 모터의 구동

〔그림 7.22(a)~(c)〕는 위의 여자 방식에 관한 각 상의 여자 상태의 타임 차트를 나타낸 것이다. 일반적으로 그림 (b)의 2상 여자 방식이 많이 사용된다. 이것은 4개의 코일 중 전류가 흐르는 2개의 상을 전환(시프트시켜)하여 1스텝씩 진행시키는 방식으로 진동이 작고, 구동 토크가 크다는 이점이 있다.

1스텝 각은 $1.8°$(또는 $0.9°$)의 것이 많으며, 이 경우는 200스텝(또는 400스텝)에 1회전 한다. 회전 속도는 여자의 패턴을 출력하는 시간 간격을 바꾸어 조정할 수 있다. 스테핑 모터의 기본 동작을 이해하기 위한 실험용에는 스텝 각도 $15°$의 모터가 적합하다.

스텝	PB_7	PB_6	PB_5	PB_4	PB_3	PB_2	PB_1	PB_0	데이터
1	0	0	0	1	0	0	0	1	11_H
2	0	0	1	0	0	0	1	0	22_H
3	0	1	0	0	0	1	0	0	44_H
4	1	0	0	0	1	0	0	0	88_H

(a) 1상 여자 방식

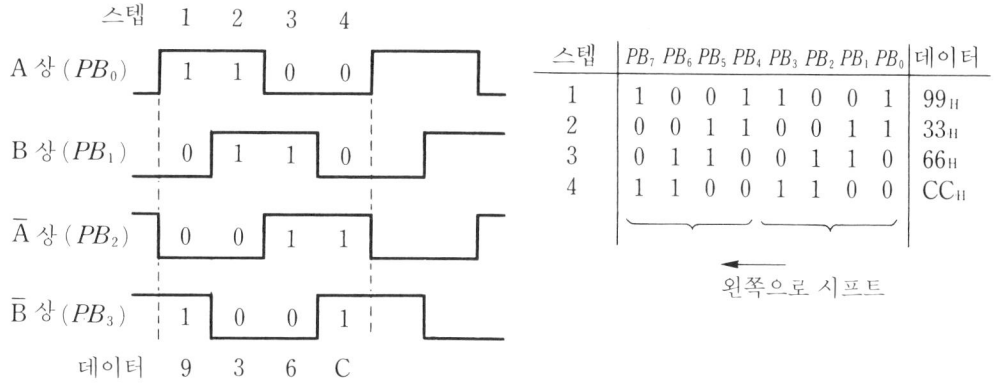

(b) 2상 여자 방식

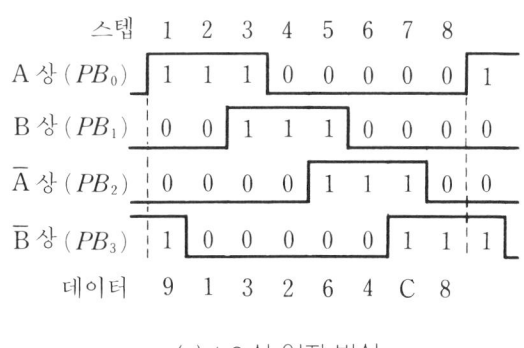

(c) 1-2 상 여자 방식

그림 7.22 스테핑 모터의 여자 방식

7.3.3 스테핑 모터의 구동 회로

[그림 7.23]은 스테핑 모터의 구동 회로 예를 나타낸 것이다. 스테핑 모터 PXC 44-02A는 정격 전압 6[V], 정격 전류 0.8[A]/상(권선 저항 7.5[Ω]/상), 스텝 각도 0.9°이며, 5[V] 전원에서도 동작한다. GND는 굵은 도선으로 8255측의 GND와 접속한다.

스테핑 모터의 구동에는 큰 전류를 스위칭할 필요가 있으므로 트랜지스터에는 달링턴 접속이 사용된다. 이 구동 회로에서 8255의 포트 B의 비트 $PB_0 \sim PB_3$이 "1"(H 레벨)이 되면 달링턴 트랜지스터 2 SD 633이 ON되며, 컬렉터 전류가 흘러 스테핑 모터의 코일이 여자된다. 코일과 병렬로 접속된 다이오드는 트랜지스터가 OFF될 때 코일에 발생하는 역기전력을 흐르게 하여 트랜지스터가 손상되는 것을 방지한다.

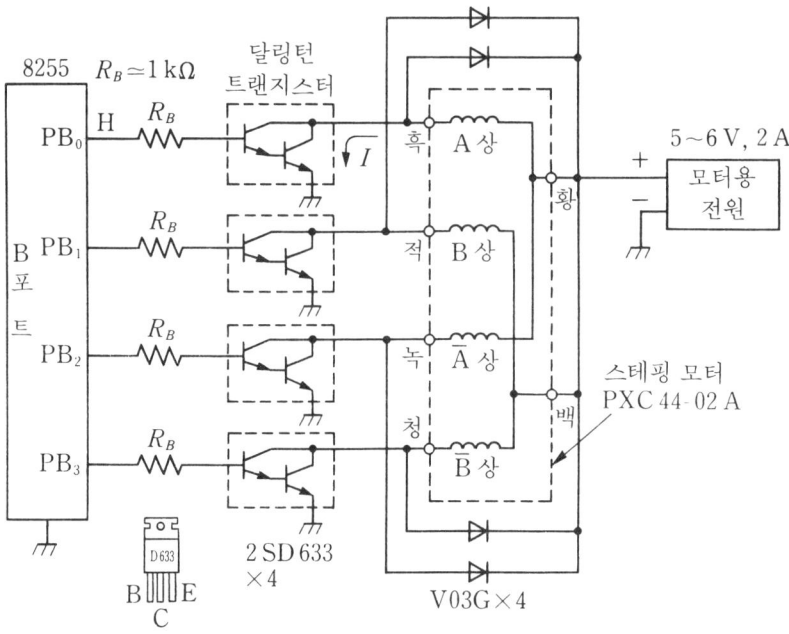

그림 7.23 스테핑 모터의 구동 회로

【예제】 **7.** 〔그림 7.23〕 회로에서 스테핑 모터의 1상당 전류는 $I=0.8$〔A〕로 트랜지스터 베이스에 접속한 저항 R_B의 적절한 값을 구하여라.(단, 트랜지스터 2 SD 633의 전류 증폭률은 $h_{FE}=2000\sim15000$이다.)

해답 〔그림 7.24〕는 〔그림 7.23〕 회로의 1상만을 나타낸 것이다. 트랜지스터의 컬렉터 전류 $I_C=0.8$〔A〕$(=I)$에 대해 베이스 전류 I_B는 $h_{FE}=2000$(최소)에서 충분하다. 이 값은 PPI 8255의 달링턴 드라이브 전류 $I_{DAR}\leq1$〔mA〕의 범위 내이다.

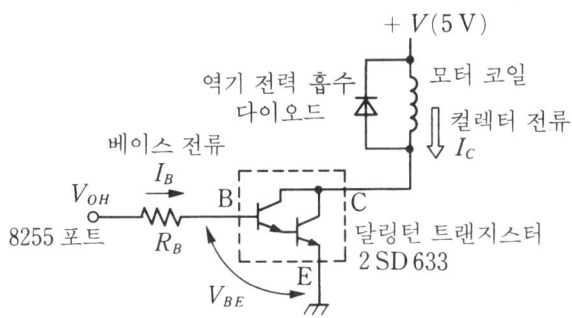

그림 7.24 달링턴 트랜지스터

$$I_B = \frac{I_C}{h_{FE}} = \frac{0.8[\text{A}]}{2000} = 4 \times 10^{-4}[\text{A}] = 0.4[\text{mA}]$$

8255의 H 레벨시의 출력 전압을 $V_{OH} = 2.4[\text{V}]$(최소)로 한다. 또, 컬렉터 전류 I_C를 포화 상태로 하려면 베이스 이미터 사이의 전압 V_{BE}는 일반 실리콘 트랜지스터에서 약 $0.7[\text{V}]$이지만 달링턴 접속에서는 그 2배인 $V_{BE} \fallingdotseq 1.4[\text{V}]$가 되므로

$$V_{OH} = I_B \cdot R_B + V_{BE} \quad\text{…………………………………………………… (7.1)}$$

에 의해 저항값 R_B는

$$R_B = \frac{V_{OH} - V_{BE}}{I_B} = \frac{2.4 - 1.4}{4 \times 10^{-4}} = 2.5 \times 10^3 [\Omega] = 2.5[\text{k}\Omega] \quad\text{…………………… (7.2)}$$

을 얻는다.

일반적으로 베이스 전류 I_B를 2~3배 정도 여유있게 설정하므로 $R_B = 1[\text{k}\Omega]$으로 선택한다. 저항 R_B의 값이 보다 현저하게 작으면 8255측의 출력은 H 레벨을 유지할 수 없게 된다. 또 출력 전류는 한계값을 넘어도 된다. 반대로 R_B의 값이 현저하게 크면 베이스 전류 I_B가 부족하여 모터의 코일을 충분히 여자할 수 없게 된다.

7.3.4 프로그램에 의한 구동

스테핑 모터의 각 상의 여자를 PPI 8255의 출력 포트로의 지령으로 하면 컴퓨터의 프로그램에 의해 스테핑 모터를 구동시킬 수 있다. 여기에는 다음과 같은 방법이 있다.

〔1〕 출력 포트에 직접 여자 패턴을 보내는 방법

【예제】 **8.** 〔그림 7.23〕의 구동 회로에서 스테핑 모터를 2상 여자 방식으로 구동시키는 프로그램(BASIC)을 만들어라.

[해답] 스테핑 모터의 4상 코일 A, B, $\overline{\text{A}}$, $\overline{\text{B}}$는 8255의 B 포트의 비트 $PB_0 \sim PB_3$이 "1"일 때 여자한다. $PB_0 \sim PB_3$의 비트 가중값은 $2^0 \sim 2^3$이며, 2상 여자 방식에서는 〔그림 7.22(b)〕의 타임 차트에서 알 수 있는 바와 같이 16진수의 9, 3, 6, C를 순서대로 출력하면 모터는 1스텝씩 회전한다. 이 반대의 순서로 데이터를 전송하면 모터는 역회전한다. 모터를 일정 속도로 회전시키는 프로그램 예를 〔리스트 7.4〕에 나타낸다.

〔리스트 7.4〕 스테핑 모터의 2상 여자 구동 프로그램(BASIC)

```
100    'SAVE "MOTOR.BAS"
110    'PPI8255 I/O ADDRESS
120      PORTA = &H1E0 : PORTB = &H1E2 : PORTC = &H1E4
130      CWR   = &H1E6
200    'INITIALIZE
210      OUT CWR, &H90 : 'PA-IN, PB-OUT, PC-OUT
300    'MAIN
310      DA(1) = 9 : DA(2) = 3 : DA(3) = 6 : DA(4) = &HC : 'DATA
320      FOR I = 1 TO 4
330        OUT PORTB, DA( I ) : 'ONE STEP
340        FOR K = 1 TO 20 : NEXT K : 'TIMER
350      NEXT I
360      COTO 320
```

〔2〕 출력 데이터를 시프트시키는 방법(Z 80 어셈블러)

B 포트의 상위 4비트 $PB_7 \sim PB_4$를 하위 4비트 $PB_3 \sim PB_0$와 동일하게 하여 16진수의 데이터 99, 33, 66, CC를 순서대로 출력하면 8비트 데이터가 $PB_7 \sim PB_0$은 〔그림 7.22(b)〕에서와 같이 순서대로 왼쪽으로 1비트씩 시프트한다. Z 80 어셈블러에서는 다음과 같은 로테이트(rotate) 명령에 의해 데이터를 A 레지스터(accumulater)상에서 시프트시키므로 출력 포트로 전송하는 것에 의해서 스테핑 모터를 구동시킬 수 있다.

RLCA(rotate left circular) 명령을 실행하면 A 레지스터의 8비트 $A_7 \sim A_0$은 왼쪽으로 1비트씩 시프트하여 비트 A_7이 비트 A_0으로 들어간다. 한편,

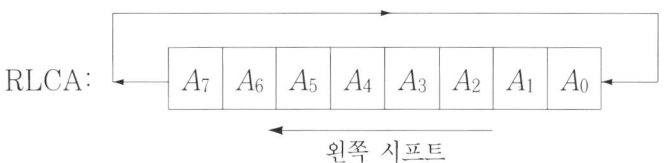

RRCA(rotate right circular) 명령을 실행하면 오른쪽으로 1비트씩 시프트하여 비트 A_0이 비트 A_7로 들어간다.

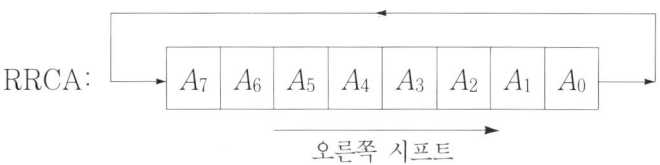

이와 같이 Z 80 어셈블러에서는 RLCA와 RRCA 명령에 의해 정전과 반전이 쉽게 이루어진다. RLCA 명령을 사용한 프로그램 예를 〔리스트 7.5〕에 나타낸다.

〔리스트 7.5〕 스테핑 모터의 2상 여자 구동 프로그램(Z80 어셈블러)

```
         LD   A, 90H      … A 포트 입력, B, C 포트 출력
         OUT  (83H), A    … 8255의 초기화(CWR의 어드레스 83H)
         LD   SP, 8800H   … 스택포인터, SF의 세트
         LD   A, 99H      … 초기 데이터 99H, A 레지스터로 전송
STEP : RLCA               … 로테이트 명령(비트 시프트)
         OUT (81H), A     … 1스텝 회전(B 포트로 출력)
         CALL TIMER       … 시간 대기 서브 루틴
         JP  STEP         … 반복
TIMER: LD  D, 05H         … 타이머 설정
  J1 : LD  E, FFH
  J2 : DEC E
         JP  NZ J2
         DEC  D           … 타이머의 실행
         JP  NZ J1
         RET
```

주) 어셈블러의 프로그램 내에 서브루틴 CALL 명령, 인터럽트, PUSH-POP 명령이 있는 경우는 스택 포인터, SP의 세트가 필요하며, 보통 RAM 어드레스의 최종 번지 +1로 세트한다.
RAM 영역은 $8000_H \sim 87FF_H$로 하여 $SP = 87FF_H + 1 = 8800_H$에 세트하였다.

7.3.5 전용 컨트롤 IC

〔1〕 PMM 8713

스테핑 모터의 상 여자를 하는 전용 IC로는 PMM 8713이 있으며, 〔그림 7.25〕는 핀 배치와 신호명을 나타낸 것이다. 이 IC는 전원 전압 4∼18〔V〕에서 동작하며, 여자 모드 입력 E_A, E_B, E_C의 조합에 의해서 〔표 7.7〕과 같이 여자 방식의 선택이 이루어진다. 2상 여자 방식에서는 $E_A = E_B = 0$, $E_C = 1$로 한다. 이 때 리셋 $\overline{R} = 0$으로 하면 상출력 ϕA, ϕB, $\phi \overline{A}$, $\phi \overline{B}$은 리셋되어 "1001"이 된다.

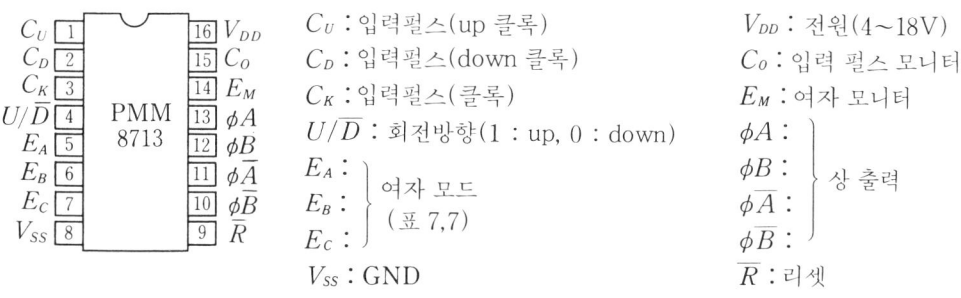

C_U : 입력펄스(up 클록) V_{DD} : 전원(4∼18V)
C_D : 입력펄스(down 클록) C_O : 입력 펄스 모니터
C_K : 입력펄스(클록) E_M : 여자 모니터
$U/\overline{D}$: 회전방향(1 : up, 0 : down) ϕA :
E_A : ϕB : $\Big\}$ 상 출력
E_B : $\Big\}$ 여자 모드 $\phi \overline{A}$:
E_C : (표 7,7) $\phi \overline{B}$:
V_{SS} : GND $\overline{R}$: 리셋

그림 7.25 PMM 8713의 핀 배치

표 7.7 여자 방식의 선택과 리셋($\overline{R}=0$)시의 상출력

여자 방식	입 력				출 력			
	E_A	E_B	E_c	$\overline{R}$	ϕA	ϕB	$\phi \overline{A}$	$\phi \overline{B}$
2상 여자	0	0	1		1	0	0	1
1상 여자	0	1	1	0	1	0	0	0
1-2상 여자	1	1	1		1	0	0	1

〔2〕 이용 방법

　〔그림 7.26〕은 PMM 8713에 의한 2상 여자 방식의 구동 회로를 나타낸 것이다. 전류 제한 저항 R_B에서 앞에는 스위칭 트랜지스터가 접속되며, 〔그림 7.23〕의 회로와 동일하다. CW 입력 C_U(또는 CCW 입력 C_D)에 펄스 신호를 가하면 1펄스마다 상출력 ϕA, ϕB, $\phi \overline{A}$, $\phi \overline{B}$는 〔그림 7.22(b)〕와 같이 시프트하여 스테핑 모터는 시계방향(또는 반시계방향)으로 회전한다. 모든 입력 단자는 시미트 회로를 내장하고 있으며, 각 상의 출력 전류 I_{OH}, I_{OL}은 20〔mA〕까지 흐른다.

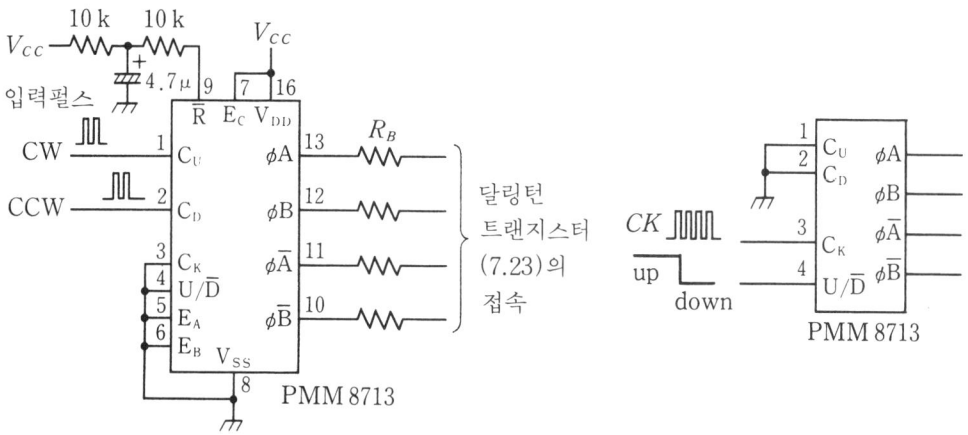

그림 7.26 PPM 8713에 의한 2상 여자 구동　　그림 7.27 방향 전환 입력 $U/\overline{D}$의 이용

　또, PMM 8713은 〔그림 7.27〕과 같이 펄스 입력 C_U와 C_D를 GND에 접속하면 방향 전환 입력 $U/\overline{D}$를 "1"(up) 또는 "0"(down)으로 회전 방향을 전환할 수 있다. 이 경우 클록 입력 CK에 펄스가 가해질 때마다 상출력은 시프트한다. 이와 같이 전용 컨트롤 IC를 사용하면 상 전환을 위한 프로그램이 불필요하며, 스위칭 트랜지스터를 접속하는 것만으로 스테핑 모터의 드라이브 회로가 간단하게 구성된다.

7.4 DC 모터의 PWM 제어

7.4.1 DC 모터의 등가 회로

DC 모터의 등가 회로는 〔그림 7.28〕과 같이 저항 R와 인덕턴스 L의 직렬 회로로 볼 수 있다. 인덕턴스는 1.3절에서 설명한 바와 같이 전류를 흐르게 해도 급격히 흐를 수 없는 성질을 갖는다. 반대로 전류가 차단되면 인덕턴스에는 역기전력이 발생하기 때문에 다이오드를 붙여둔다.

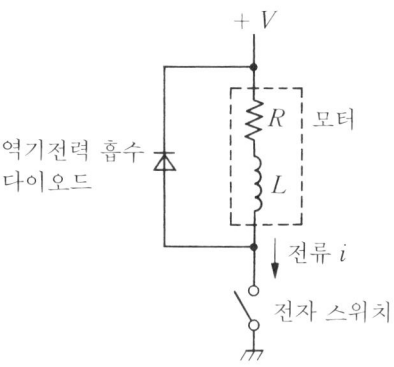

그림 7. 28 DC 모터의 등가 회로

여기서 트랜지스터 등에서 전류의 ON/OFF를 스위칭할 경우 스위칭 주기 T를 모터의 사상수

$$T_M = \frac{L}{R} \ \text{(s)} \ \text{...} (7.3)$$

보다 짧게 하면 모터를 흐르는 전류는 간헐적으로는 없게 된다.

7.4.2 PWM 방식의 원리

DC 모터의 속도 제어는 공급 전압 V를 변화시키는 것이 아니라 〔그림 7.29〕와 같이 모터를 구동할 스위칭 펄스(주기 T)의 듀티비 T_1/T를 변화시키는 방식이다. 이것을 PWM(Pulse Width Modulation : 펄스 변조) 방식이라 하며, 디지털 방식의 제어가 가능하다. 듀티비 T_1/T를 증가시키면 모터에 흐르는 전류 i의 시간 평균값은 증가하며, 그 결과 DC 모터의 속도는 빨라진다. 여기서 전류 i의 변동은 모터 및 부하의 관성력에 흡수되기 때문에 모터의 속도 변동은 작다.

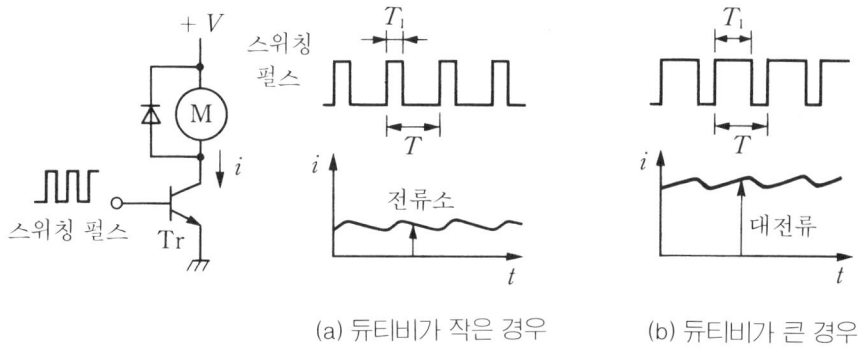

(a) 듀티비가 작은 경우   (b) 듀티비가 큰 경우

그림 7. 29 PWM(펄스폭 변조) 방식의 원리

7.4.3 컴퓨터에 의한 DC 모터의 제어

〔그림 7.30〕과 같이 DC 모터의 드라이버(여기서는 트랜지스터)에서 8255의 포트 예를 들면 포트 C의 비트 PC_0에 의한 변조 신호를 주도록 하면 컴퓨터에서 DC 모터의 PWM 제어를 한다. 여기서는 모터로부터의 잡음이 직접 컴퓨터에 영향을 주지 않도록 인버터 2개가 들어 있다. 그 대신 포토커플러를 넣어도 좋다.

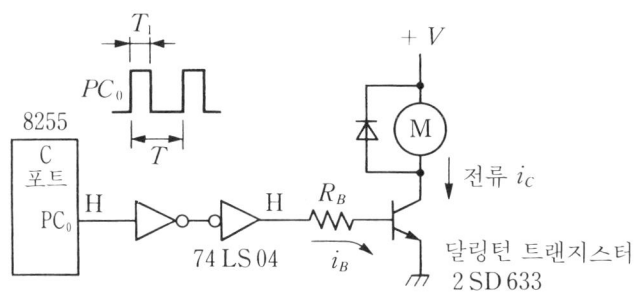

그림 7. 30 DC 모터의 PWM 제어

7.5 포토커플러와 포토인터럽터

회로나 장치 사이의 인터페이스에 광소자가 사용되는 경우가 많다. 대표적인 것으로 포토커플러와 포토인터럽터가 있다.

7.5.1 포토커플러

〔1〕 내부 구조

포토커플러(photocoupler)는 〔그림 7.31(a)〕와 같이 발광 소자의 LED와 수광 소자의 포토트랜지스터(phototransistor)가 1개의 패키지 안에 격납된 것이며, 입출력간의 전기적인 절연(isolation)을 취하기 위해 사용된다. 〔그림 7.31(b)〕는 달링턴 트랜지스터형이다.

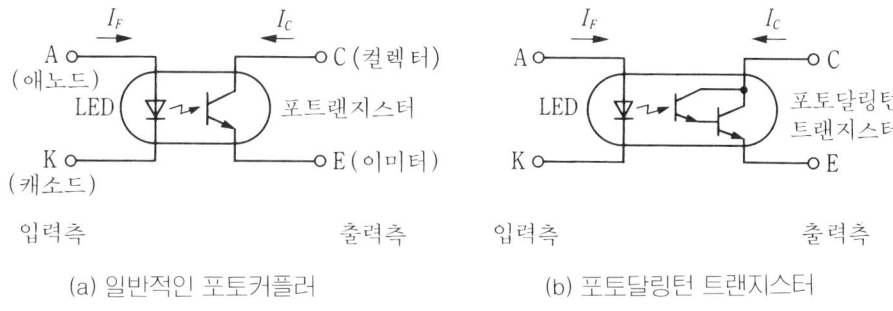

(a) 일반적인 포토커플러   (b) 포토달링턴 트랜지스터

그림 7.31 포토커플러의 내부 구조

포토트랜지스터는 트랜지스터로서의 접합부에 빛을 쪼이면 컬렉터 전류가 변화하는 광변환(photoelectric conversion) 기능을 갖는 것으로서 LED의 입력 전류 I_F, 포토트랜지스터의 출력 전류를 I_C라 하면 CTR(Current Transfer Ratio : 전류 전달비 또는 변환율 〔%〕)는 다음과 같다.

$$\text{CTR} = \frac{I_C}{I_F}$$ ·· (7.4)

〔2〕 이용 방법

〔그림 7.32〕는 컴퓨터와 기계 사이의 인터페이스에 관한 포토커플러의 사용 예를 나타낸 것이다. 모터 등의 구동에 대전류로 스위치할 경우에도 전기적인 절연에 의해 잡음 등의 영향이 컴퓨터측에 미치지 않는다. LED의 드라이버에는 싱크 전류가 큰 버퍼 74 LS 06(인버터 형식에서 $I_{OL} \leq 40$〔mA〕) 등이 사용되며, LED 입력 전류 I_F를 10〔mA〕 정도로 하기 위해 전류 제어 저항은 $R_D = 330$〔Ω〕 정도($V_{CC} = 5$〔V〕)로 취해진다. 4핀의 범용 포토커플러 TLP 521-1의 CTR는 50~600〔%〕이며, 입력 전류를 $I_F = 10$〔mA〕, CTR를 최소 50〔%〕라 하면 출력 전류 I_C는 5〔mA〕이다.

〔그림 7.33〕은 포토커플러를 사용한 신호의 장거리 전송을 나타낸 것이다. 이와 같이 포토커플러는 빛에 의한 신호 전달을 하는 것으로서 입력측과 출력측이 전기적으로 절연되어 잡음의 영향을 받지 않는다. 중간에 신호선은 트위스트 페어 선이 사용된다. 저항 R_C는 오픈 컬렉터 출력의 풀업 저항의 역할을 하며, 출력은 LS-TTL을 구동할 수 있다. 즉, TTL 컴패티블이다.

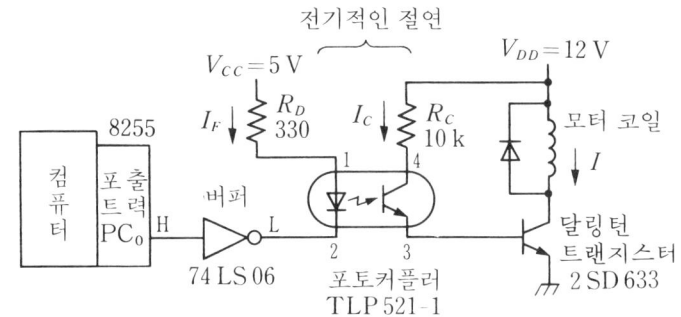

그림 7.32 포토커플러에 의한 액추에이터의 구동

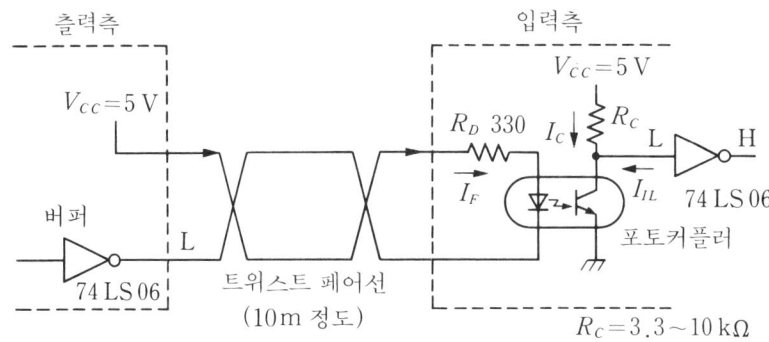

그림 7.33 포토커플러를 사용한 장거리 전송

7.5.2 포토인터럽터

〔1〕 내부 구조

〔그림 7.34〕와 같이 LED의 발광부와 포토트랜지스터의 수광부 사이에 간격이 있으며, 장해물로 차광하면 수광 소자가 OFF되도록 만든 것을 포토인터럽터(photointer-rupter)라 한다. 따라서 작은 물체의 통과나 슬리트 원판에 의한 회전 각도의 검출 등에 폭넓게 사용되고 있다. 이 투과형 외에 물체에 투광하여 반사광을 검출하는 반사형이 있다.

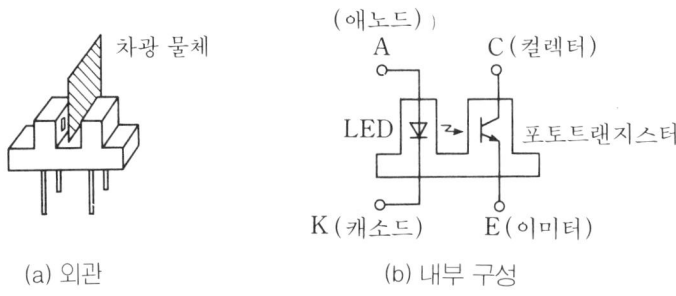

(a) 외관   (b) 내부 구성

그림 7.34 일반적인 투과형 포토인터럽터

〔2〕이용 방법

〔그림 7.35〕는 포토인터럽터에 의한 회전각 검출 회로를 나타낸 것이다. 외주에 실리트나 작은 구멍이 열린 원판을 사용하여 포토인터럽터의 빛을 차단하는 횟수를 카운트하여 회전 각도를 검출한다. 이러한 경우 출력의 파형 정형을 위해 시미트 트리거 74 HC 14(또는 74 LS 14) 등이 접속된다. 포토인터럽터의 입광과 차광에 의해서 출력 Y 는 H 레벨과 L 레벨을 반복한다. 이 펄스를 임의의 일정 시간 카운트하면 회전 속도를 계측할 수 있다.

포토인터럽터의 출력은 포토달링턴 트랜지스터의 경우 컬렉터 이미터 사이의 포화 전압이 $V_{CE(\text{sat})}\fallingdotseq1.0\text{〔V〕}$로 높고, LS-TTL의 L 레벨 입력 전압 $V_{IL}\leqq0.8\text{〔V〕}$을 넘어야 하기 때문에 직접 LS-TTL을 구동할 수 없다. C-MOS의 74 HC 시리즈의 경우 L 레벨 입력 전압은 $V_{IL}\leqq1.5\text{〔V〕}$로 높기 때문에 직접 구동할 수 있다.

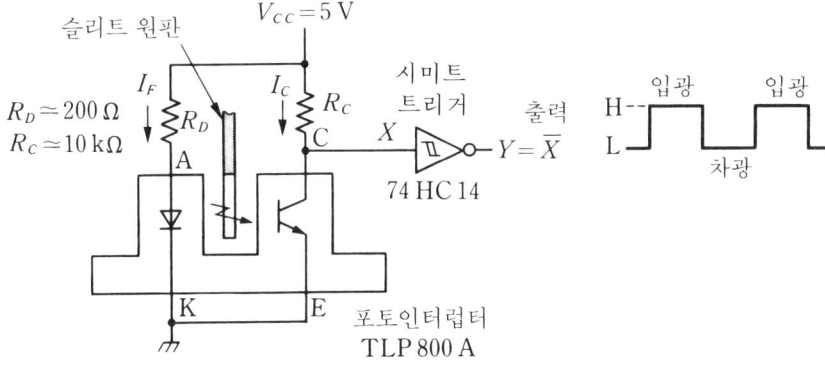

그림 7.35 포토인터럽터에 의한 회전각 검출

LED측의 저항은 내장되어 있는 것도 많다. 빛이 외부로 나오므로 포토인터럽터의 변환 효율은 낮고, 출력 전류 I_C는 작기 때문에 다음 단에 버퍼 또는 트랜지스터가 접속되어 있는 경우가 많다. 〔그림 7.36〕은 앰프 내장의 포토인터럽터로서 단자는 단지 전원, GND, 출력 3가지이며, 풀업 저항 R_H를 접소하는 것만으로 TTL 신호(싱크 전류 16〔mA〕)를 나타낼 수 있어 편리하다.

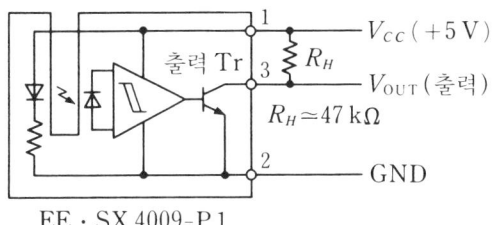

그림 7.36 앰프내장포토인터럽터 (3단자[16])

〔3〕 응용 회로

포토인터럽터를 2개 사용하여 회전 원판의 스릿 피치에 위치(1/4피치)시키면 회전 방향에 따라서 2개의 출력 신호(A상과 B상)의 위상은 〔그림 7.37〕과 같이 빠르거나 느리거나 한다. 이것이 광학식 로터리 엔코더(rotary encoder)에 대한 회전 방향 판별 원리이다.

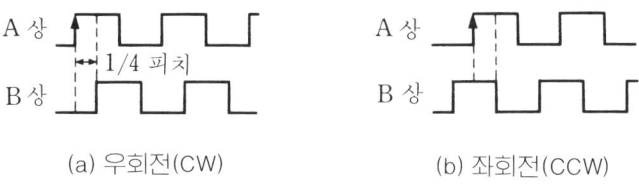

(a) 우회전(CW)　　　　　　(b) 좌회전(CCW)

그림 7.37 로터리 엔코더의 A상과 B상의 펄스 파형

7.6　D-A 변환과 A-D 변환

컴퓨터는 디지털량을 다루지만 외부의 신호가 아날로그 신호인 경우에 필요한 인터페이스는 D-A 및 A-D 변환이다. 〔그림 7.38〕은 마이컴과 기계 사이의 인터페이스에 대한 D-A와 A-D 변환의 역할을 나타낸 것이다.

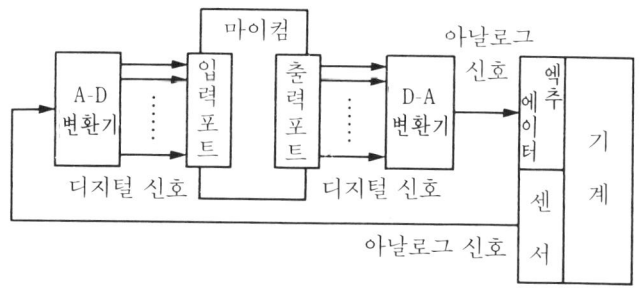

그림 7.38 D-A/ A-D 변환의 역할

7.6.1　D-A 변환

〔1〕 D-A 변환이란?

디지털량을 아날로그량으로 변환하는 것을 D-A 변환(digital to analog conversion)이라 한다. 마이컴의 디지털 출력을 아날로그 전압으로 바꾸어 액추에이터를 제어할 경우 등에 필요한 장치를 D-A 변환기(D-A converter)라 부른다. D-A 변환기는 컨트롤 신호와는 거의 관계가 없어 취급이 간단하며, 디지털 데이터는 바로 아날로그 신호로 변환되어 출력된다. 디지털의 각 비트 사이에 시간 지연이 있으면 불안정한 아날로

그 신호가 되므로 보통은 래치($74\,HC\,573$ 등)을 통해 D-A 변환기에 입력된다. 그러나 PPI 8255는 출력 래치 기능이 있으므로, 직접 D-A 변환기에 접속할 수 있다.

일반적으로 n비트의 D-A 변환기는 2^n 단계로 아날로그 전압을 출력하므로 비트수 n 이 클수록 아날로그 전압을 세밀한 단계로 출력할 수 있다.

〔2〕 D-A 변환 IC

〔그림 7.39〕는 전류 출력형 8비트 D-A 변환 IC의 DAC-08을 PPI 8255에 접속하여 사용하는 경우의 회로의 한 예를 나타낸 것이다. DAC-08은 디지털 입력인 8비트 데이터 $D_7 \sim D_0$를 D-A 변환하여 전류 출력 I로 하여 이것을 연산 증폭기 LF 356으로 전압 출력 v_0로 변환하고 있다.

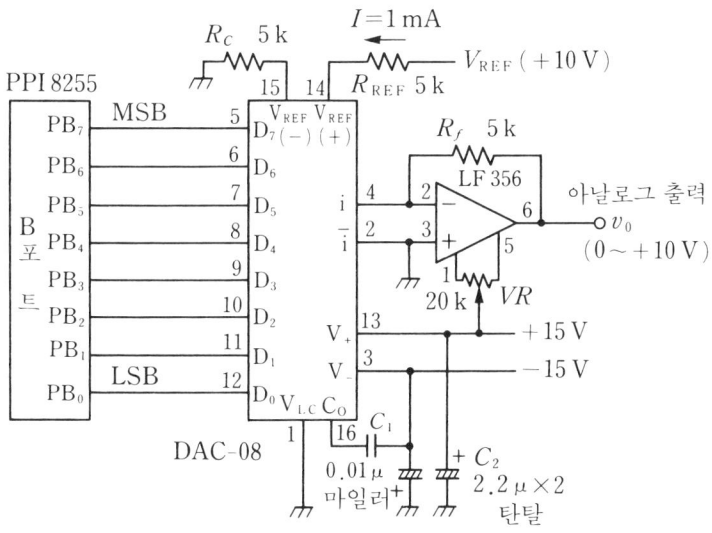

그림 7.39 8비트 D-A 변환기와 PPI 8255와의 접속

【예제】 **9.** 8비트 D-A 변환기로 아날로그 전압의 범위를 $0 \sim 10$〔V〕라 할 때 디지털 입력과 아날로그 출력 전압의 관계를 나타내어라.

해답 8비트 D-A 변환기에는 00_H부터 FF_H까지($0 \sim 255$)의 $256(=2^8)$ 단계의 디지털 입력에 대해 아날로그 전압을 출력한다. 아날로그 전압의 풀스케일 값 FS를 10〔V〕라 하면 1단계인 1LSB의 전압은

$$FS/2^8 = 10\text{〔V〕}/256 = 0.03906\text{〔V〕}$$

가 되며, 디지털 입력과 아날로그 출력 전압의 관계는 〔그림 7.40〕 및 〔표 7.8〕과 같다. 최상위 비트 MSB는 FS값의 1/2을 의미하며, 디지털 값 $80_H(=128)$는 아날로그 전압 5〔V〕에 대응한다. 최하위 비트 LSB는 FS값의 $1/2^8$의 값을 의미한다. 따라서 8비트가 모두 "1"이 되는 FF_H일 때 아날로그 전압 값은 10〔V〕가 아닌 10〔V〕-(1LSB의 전압)의 9.961〔V〕가 된다.

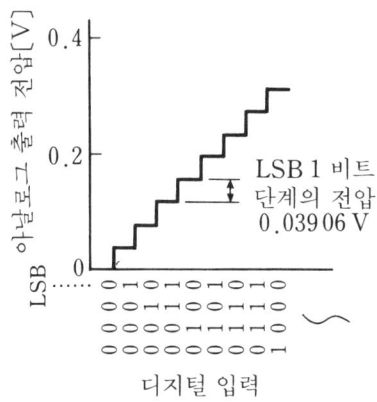

그림 7.40 디지털 입력과 아날로그 출력의 관계

표 7.8 디지털 입력과 아날로그 출력의 관계

디지털 입력		아날로그 출력 전압	
16진수	2진수	0~±10V	−5V~+5V
00ₕ	0 0 0 0 0 0 0 0	0.000V	−5.000V
01ₕ	0 0 0 0 0 0 0 1	+0.039V	−4.961V
⟨	⟨	⟨	⟨
80ₕ	1 0 0 0 0 0 0 0	+5.000V	0.000V
⟨	⟨	⟨	⟨
FFₕ	1 1 1 1 1 1 1 1	+9.961V	+4.961V

〔3〕 D-A 변환기의 조정

〔그림 7.39〕에 나타낸 D-A 변환기의 오프셋 조정은 D/A의 입력을 00ₕ로 하여 연산 증폭기의 가변 저항 VR를 조정하여 D-A의 출력 전압이 $v_0=0$〔V〕가 되도록 한다. 또 최대 출력 전압은 저항 R_f의 일부를 가변 저항으로 하여 조정할 수 있다.

기준 전압을 $V_{REF}=+5$〔V〕로 하면 아날로그 출력 전압의 범위를 −5〔V〕~+5〔V〕로 할 수 있다. 〔표 7.8〕은 아날로그 전압을 −5〔V〕~+5〔V〕로 할 경우의 디지털 값과의 관계를 나타낸 것이다. 이 때 디지털 값 80ₕ는 출력 전압 0〔V〕, 00ₕ는 −5.0〔V〕, FFₕ 는 +4.961〔V〕에 대응한다. 이와 같은 양음의 아날로그 값을 디지털로 표시하는 방식을 오프셋 바이너리 코드(offset binary code)라 한다.

7.6.2 A-D 변환

한편 아날로그량을 디지털량으로 변환하는 것을 A-D 변환(analog to digital conversion)이라 한다.

센서 등의 출력 신호가 아날로그 신호이며, 이것을 컴퓨터에 취입하는 데 필요한 장치를 A-D 변환기(A-D converter)라 한다.

〔1〕 A-D 변환 방식

A-D 변환에는 〔표 7.9〕에 나타낸 방식이 있다. 일반적으로 적분 방식은 변환이 저속이며, 비교 방식은 고속이다. 현재 A-D 변환기의 주류는 추차 비교형이다. 이것은 내부에 D-A 변환기를 가지고 있으며, 출력과 아날로그 입력 전압을 비교함으로써 디지털량을 얻는 방식이다. 입력 신호가 시간적으로 고속으로 변동할 경우 샘플링한 순시의 아날로그 신호의 값을 일정 시간 동안 유지(홀드)하는 것이 필요하며, 샘플 홀드 회로(sample end hold circuit)가 A-D 변환기의 전단에 들어간다.

표 7.9 주요한 A-D 변환 방식

변환 방식		속 도
적분 방식	전압-주파수 변환형	저속
	전압-시간 변환형	
비교 방식	순차 비교형	고속
	병렬 비교형	

〔2〕 A-D 변환 회로의 구성

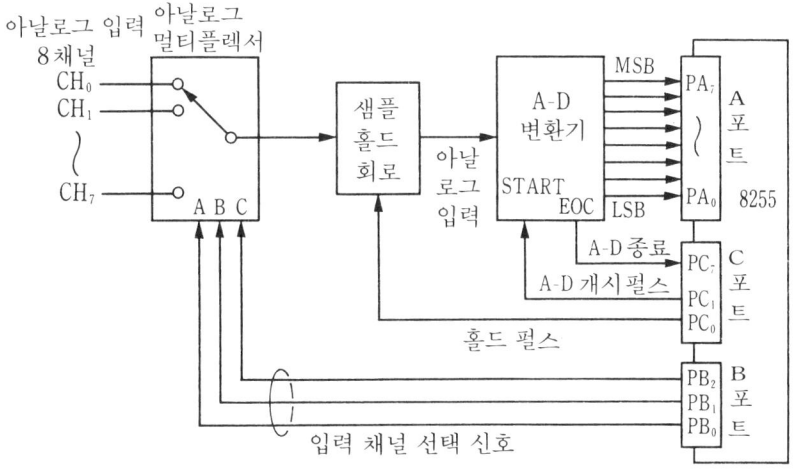

그림 7.41 A-D 변환 회로

〔그림 7.41〕은 PPI 8255와 접속된 A-D 변환 회로의 구성을 나타낸 것이다. 여러 개의 아날로그 신호를 A-D 변환할 경우 일반적으로 멀티플렉서에 의해 순차 입력을 전환

하여 A-D 변환하는 방식이 취해진다. 그리고 아날로그 신호가 샘플 홀드 회로에서 홀드되었다면 A-D 변환 개시 펄스에 의해서 A-D 변환이 개시된다. A-D 변환이 종료되면 변환 종료 신호의 *EOC*(end of conversion)가 출력된다. 이 신호에 의해서 디지털화된 데이터가 PPI 8255로 읽어들여지며, 이후 똑같은 동작을 반복한다. 단, 입력 신호가 완만하게 변화할 경우에는 샘플 홀드 회로는 없어도 상관없다.

〔3〕 A-D 변환 IC

〔그림 7.42〕는 8비트 추차 비교형 A-D 변환 IC의 ADC 0808을 예로 들어 그 동작을 이해하기 위한 실험용 회로를 나타낸 것이다. A-D 변환 종료 신호 *EOC*가 OR 회로를 통해 변환 개시 입력 *START*에 접속되어 있으며, 변환 종료 후에 자동적으로 다음 변환 동작이 개시되며, 연속 동작이 가능하게 된다. 이와 같은 A-D 변환 동작을 프리 런(free run) 동작이라 한다. 변환 개시는 *START* 펄스의 하강에서 이루어지기 때문에 전원 ON 직후에는 리셋 스위치로 확실하게 프리런 동작이 개시되도록 한다.

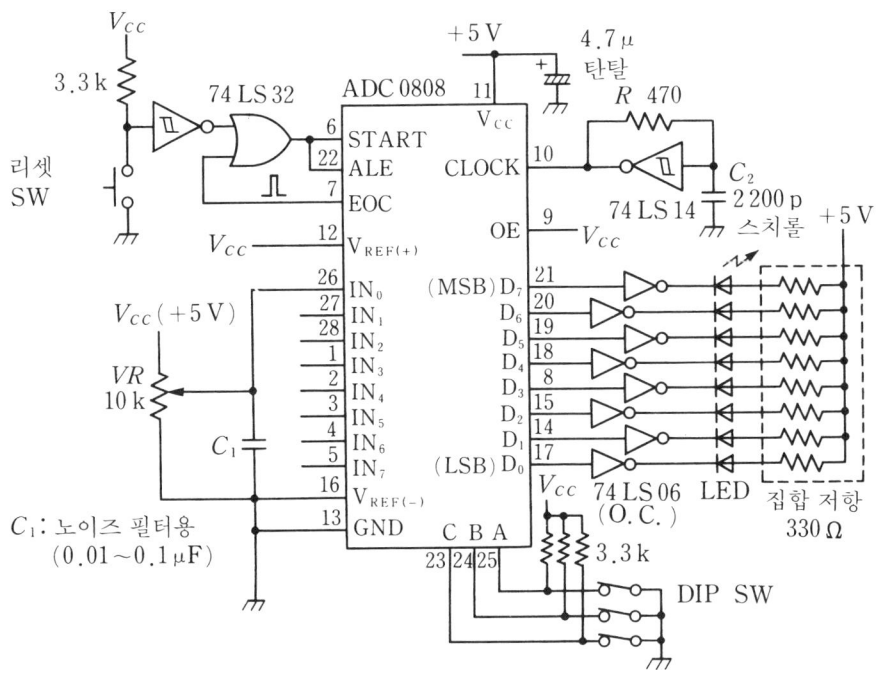

그림 7.42 A-D 변환 IC의 실험용 회로

ADC 0808의 A-D 변환 시간은 $100[\mu s]$(클록 $640[kHz]$시)로 샘플 홀드 기능은 없지만 아날로그 입력 전압 $0 \sim 5[V]$는 8비트, 즉 $1/256$의 분해능으로 디지털 변환된다. 결과는 출력 $D_7 \sim D_0$에 연결된 LED로 쉽게 확인할 수 있다.

입력 채널 $IN_0 \sim IN_7$의 선택은 DIP 스위치로 3비트의 어드레스 입력 A, B, C의 데이터를 전환함으로써 한다. 어드레스 입력은 ALE(Address Latch Enable) 신호의 상승에서 래치된다.

〔4〕 A-D 변환 IC와 PPI 8255의 접속

> **【예제】 12.** 8비트 A-D 변환 IC의 ADC 0808을 PPI 8255와 접속한 회로를 설계하여라. 또 이것을 사용한 A-D 변환의 프로그램(BASIC)을 만들어라.

[해답] 〔그림 7.43〕은 ADC 0808과 PPI 8255를 접속한 회로를 나타낸 것이다. 8비트의 A-D 출력 $D_7 \sim D_0$을 PPI 8255의 A 포트에 접속하며, A 포트를 입력 포트로 한다.

아날로그 입력의 채널 $CH_0 \sim CH_7$의 선택은 C 포트 하위의 3비트로 한다. A-D 개시는 $START$ 입력의 다운에지에서 하기 때문에 ALE와 함께 C 포트의 단자 PC_3에 접속하여 C 포트 하위를 출력 모드로 한다. A-D 변환 종료는 EOC=H를 C 포트의 제7비트 PC_7로 조사함으로써 C 포트 상위를 입력 모드로 한다. 또 B 포트를 출력 모드로서 D-A용으로 비워 둔다. 출력 이네이블 입력 OE는 출력을 마이컴의 버스로 직결되도록 출력(3상태)을 컨트롤하는 것이지만 PPI 8255를 사용함으로써 항상 "H"로 풀업해 둔다.

A-D 변환을 위한 프로그램(BASIC)의 예는 〔리스트 7.6〕과 같다.

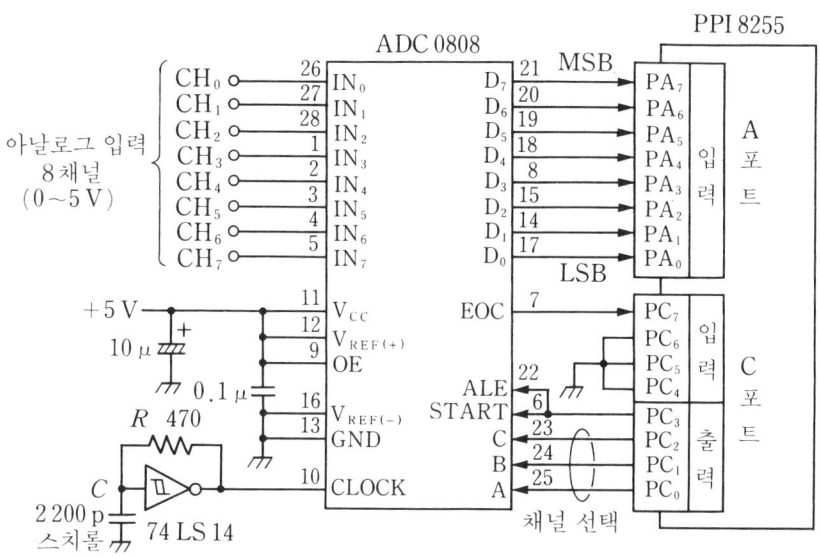

그림 7. 43 8비트 A-D 변환기와 PPI 8255와의 접속

〔리스트 7.6〕 A-D 변환 프로그램(BASIC)

```
100  'SAVE  "AD.BAS"
110  'PPI8255 I/O Address
120    PORTA=&H1EO : PORTB=&H1E2 : PORTC=&H1E4
130    CWR  =&H1E6
200  'INITIALIZE
210    OUT CWR, &H98 : 'PA-IN, PB-OUT, PCH-IN, PCL-OUT
300  *MAIN
310    CLS
320    INPUT "AD CHANNEL = " : CH
330      GOSUB *AD
340      PRINT "D= "; D
350    GOTO 330
400  *AD
410    OUT PORTC, CH                 : 'AD CH SET (0-7)
420    OUT PORTC, CH+8               : '         (PC3=1)
430    OUT PORTC, CH                 : 'AD START (PC3=0)
440      IF INP(PORTC)<128 THEN 440 : 'AD END? (PC7=1?)
450        D=INP(PORTA)              : 'DATA Input from PortA
460    RETURN
```

연습 문제

[문제] **1.** 〔그림 7.5〕에서 D4$_H$부터 시작하는 I/O 어드레스에서 8255를 액세스 하기 위한 어드레스 디코더를 NAND 게이트와 인버터로 구성하여라. 또, 이때의 포트 A, B, C 및 CW 레지스터의 I/O 어드레스를 나타내어라.

[문제] **2.** 문제 1번의 어드레스 디코더를 데이터 IC의 74 LS 138을 사용하여 구성하여라.

[문제] **3.** 〔그림 7.11〕의 퍼스컴 인터페이스 회로에서 I/O 어드레스(짝수)가 1D0$_H$부터 시작하도록 변경하여라. 또, 이 때의 포트 A, B, C 및 CW 레지스터의 I/O 어드레스를 나타내어라.

[문제] **4.** PPI 8255를 모드 0에서 포트 A, B 및 포트 C의 상위 4비트를 입력, 포트 C 의 하위 4비트를 출력에 설정하여 사용할 경우의 컨트롤 워드를 16진수로 나타내어라.

[문제] **5.** 〔그림 7.14〕의 회로에서 짝수 번호의 LED(그림 7.15)를 점등시켜라. B 포트에 출력할 데이터를 6진수로 나타내어라.

[문제] **6.** 〔그림 7.16(a)〕의 회로에서 저항 R_1의 상한값을 구하여라. 단, 스위치가 ON 상태에 대한 점 ⓑ의 L 레벨 전압을 잡음 여유도를 고려하여 $V_b \leqq 0.4$〔V〕로 한다.

[문제] **7.** 스텝각 1.8의 스테핑 모터를 2상 여자 방식에 의해 회전수 72〔rpm〕으로 회전시켜라. 컨트롤 IC의 PPM 8713의 펄스 입력 C_U로 보내는 펄스의 속도를 PPS(Pulse Per Second : 1초당의 입력 펄스 수)로 구하여라.

[문제] **8.** 아날로그 전압 0~10〔V〕를 출력하는 8비트 D-A 변환기에서 입력값이 다음과 같을 때 출력 전압을 나타내어라.

   (a) $(1\ 0110)_2$ (b) $(1001\ 0110)_2$

아날로그 IC의 기초

아날로그 회로(analog circuit)란 연속적인 신호인 아날로그 신호를 처리하는 회로를 말한다. 종래, 아날로그 회로를 트랜지스터 등을 사용하여 제작하려면 상당히 고도한 전자 기술과 경험이 필요하였다. 그러던 것이 현재는 아날로그 IC의 출력에 의해 회로의 내부는 알 수 없어도 그 특성과 지정된 접속 방법을 앎으로써 디지털 IC와 같이 간단하게 이것을 이용할 수 있다. 아날로그 IC는 〔그림 8.1〕과 같이 입력 신호에 대한 출력 신호의 관계가 직선적, 즉 선형(linear)인 것이 많고 그렇기 때문에 리니어(linear) IC라고도 한다. 여기서는 아날로그 IC를 대표하는 OP 앰프에 대해 설명한다.

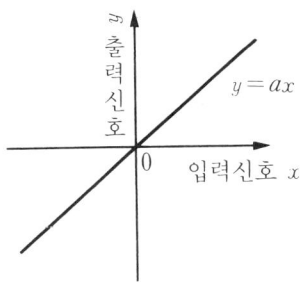

그림 8.1 선형 출력 특성

8.1 OP 앰프의 개요

8.1.1 OP 앰프

OP 앰프(op-amp)란 operational amplifier의 약자로 OP 앰프라고 쓴다. 신호를 증폭하거나 덧셈·뺄셈 등의 계산 또는 미분·적분 등도 할 수 있기 때문에 연산 증폭기라고도 부른다.

〔1〕 회로 기호

〔그림 8.2〕는 OP 앰프의 기호를 나타낸 것이다. 3각 기호는 디지털 회로에서는 버퍼를 의미하지만 아날로그 회로에서는 일반적으로 증폭기를 나타낸다. OP앰프는 2개의

입력 단자와 1개의 출력 단자를 가진 증폭기이다. 입력 신호를 +단자에 가하면 출력측에는 입력과 동위상의 출력이 나타나지만 입력 신호를 −단자에 가하면 입력과는 역상의 신호가 출력에 나타난다. 그러므로 −단자를 반전 입력 단자, +단자를 비반전 입력 단자라 한다.

OP 앰프는 원칙적으로 양음의 2전원 단자 V_+, V_-를 가지며, 일반적으로 ±15〔V〕를 공급한다.

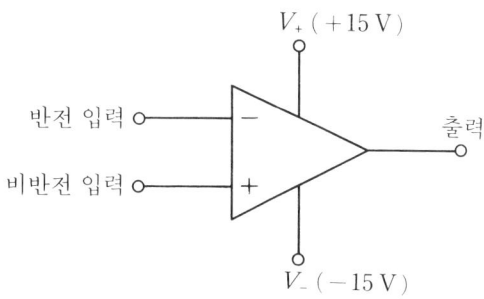

그림 8.2 OP앰프의 회로 기호

〔2〕IC의 핀 배치

〔그림 8.3(a), (b)〕는 대표적인 8핀의 싱글(single : 1회로) 및 듀얼(dual : 2회로) OP 앰프의 핀 배치이다. 그 밖에 14핀으로 4회로가 들어 있는 쿼드(quad) OP 앰프가 있다. 디지털 IC와 같이 단자가 평행으로 나열된 DIP형 패키지가 일반적이며, 단자 번호는 IC를 위쪽에서 보아 1번 단자의 표시점으로부터 반시계 방향으로 붙는다. 현재 사용하고 있는 원통형의 메탈 캔형의 경우는 표시의 다음부터 1, 2, ……로 번호가 붙는다.

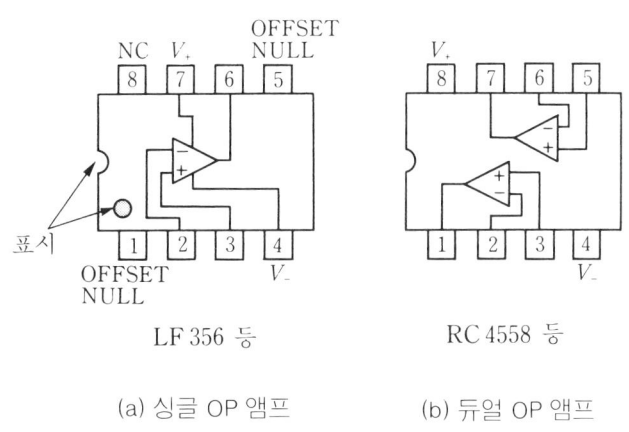

(a) 싱글 OP 앰프   (b) 듀얼 OP 앰프

그림 8.3 OP 앰프의 핀 배치(DIP형)

〔3〕 전원 라인

실제의 배선에서는 디지털 IC일 때와 마찬가지로 〔그림 8.4〕와 같이 바이패스 콘덴서를 넣는다. 즉, 프린트 기판의 전원 라인 입구에 10~100〔μF〕의 전해 콘덴서를 두어 OP 앰프 1~몇 개 다음 1개의 비율로 0.01~0.1〔μF〕의 세라믹 콘덴서를 될 수 있는 한 OP 앰프의 전원 단자 가까이에 두도록 한다. 단, 음전원측에 넣은 전해 콘덴서는 극성에 주의해야 하며, 전압이 높은 GND에 콘덴서의 +측이 접속된다.

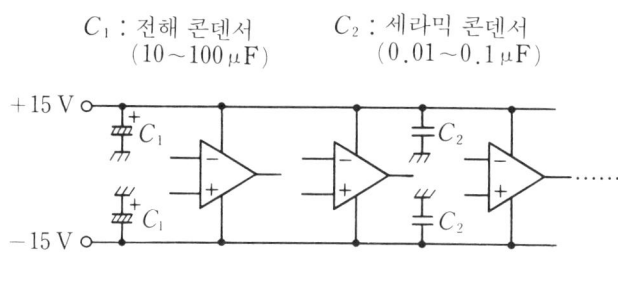

그림 8.4 전원 라인

회로도에 전원 전압을 표시하는 것은 이미 알고 있으므로 전원 라인을 생략하는 경우가 많다. 이 책에서도 특별히 필요한 경우 이외에는 생략하는 것으로 한다.

8.1.2 OP 앰프의 기본 특성

〔그림 8.5〕는 OP 앰프의 등가 회로를 나타낸다. 그 기본 특성은 다음과 같다.

① 전압 증폭도 A_0(개방 루프 : open loop)가 매우 크다. : $A_0 ≒ ∞$

② 입력 임피던스 Z_g가 매우 크다. : $Z_g ≒ ∞$

③ 출력 임피던스 Z_0가 매우 작다. : $Z_0 ≒ 0$

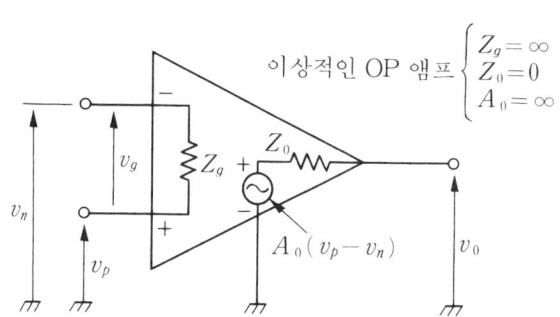

그림 8.5 OP앰프의 등가 회로

반전 입력 (−)의 전압을 v_n, 비반전 입력 (+)의 전압을 v_p라 하면 OP 앰프는 2개의 입력차(차동 입력)를 매우 큰 증폭도로 증폭하여 출력 전압 v_0는

$$v_0 = A_0(v_p - v_n) = -A_0 \cdot v_g \quad\cdots\cdots\cdots\cdots\cdots\cdots\cdots\cdots\cdots\cdots\cdots\cdots (8.1)$$

로 주어진다. 이것에 의해 $A_0 ≒ ∞$에 대해 v_0가 유한 값을 나타낼 경우는 $v_n ≒ v_p$로 된다.

OP 앰프 자체는 무한대에 가까운 증폭도를 가지고 있으므로 일반적으로 〔그림 8.5〕와 같은 개방 루프 그대로는 사용할 수 없으며 유한적인 일정한 증폭도를 얻기 때문에 출력측에서 입력측으로 부궤환(negative feedback)을 가한 폐쇄 루프 회로가 사용된다. 폐쇄루프 회로의 기본에는 다음에서 설명하는 반전 증폭 회로와 비반전 증폭 회로 2가지가 있다.

8.2 OP 앰프에 의한 증폭 회로

8.2.1 반전 증폭 회로

〔1〕 동작 원리

〔그림 8.6〕과 같이 반전 입력 단자 (−)에 입력을 가하여 증폭 작용을 하는 회로를 반전 증폭 회로(inverting amplifier)라 한다. 반전 입력 단자 (−)에 저항 R_1을 접속하여 입력을 가하여 비반전 입력 단자 (+)를 접지하여 사용한다. 그리고 피드백 저항 R_f에 따라서 출력보다 반전 입력 단자에 부궤환이 가해져 있다.

이 회로의 동작에서 중요한 것은 다음과 같다.

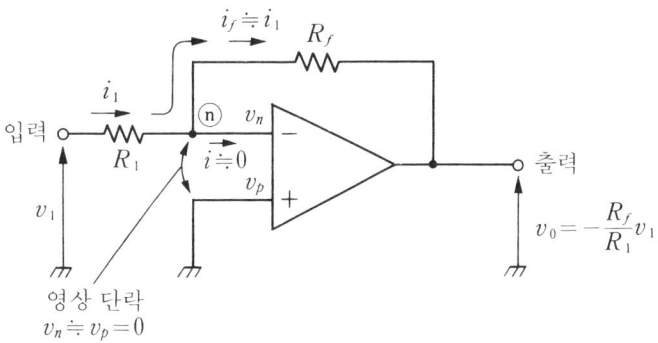

그림 8.6 반전 증폭기의 기본 회로

① OP 앰프에 전류는 거의 유입되지 않는다.

$$i ≒ 0 \quad (8.2)$$

이다. 이것은 OP 앰프 자체의 입력 임피던스 Z_g가 대단히 크기 때문이다.

② 출력 전압 v_0가 유한 값이 되도록 부궤환을 가한 OP 앰프의 입력 단자 사이는 마치 단락(short)된 것과 같은 상태로

$$v_n \fallingdotseq v_p \quad\text{...} \quad (8.3)$$

로 된다. 이 상태를 가상 단락(imaginal short)이라 한다. 또, 가상 단락에 의해서 점 n에 대한 전압 v_n은 접지 전위와 같기 때문에 이것을 가상 접지(virtual ground)라고도 한다. 단, 실제로 단락되어 있는 것이 아니므로 접지(ground)로 전류는 흐르지 않는다.

〔2〕 전압 증폭도

【예제】 1. 〔그림 8.6〕의 반전 증폭 회로의 전압 증폭도를 구하여라.

[해답] 식 (8.2)의 성립에 의해 신호원으로부터의 전류 i는 모두 피드백 저항 R_f로 흘러 $i_1 = i_f$가 된다. 따라서 다음 식이 성립한다.

$$i_1 = \frac{v_1 - v_n}{R_1} = \frac{v_n - v_0}{R_f} \quad\text{..} \quad (8.4)$$

여기서 점 ⓝ에 대한 전압 v_n은 가상 접지의 성립에 의해 $v_n = 0$이 되므로 출력 전압 v_0는 다음 식으로 표시된다.

$$v_0 = -\frac{R_f}{R_1} v_1 \quad\text{...} \quad (8.5)$$

따라서 전압 증폭도 $A_v (= v_0 / v_1)$는

$$A_v = -\frac{-R_f}{R_1} \quad\text{...} \quad (8.6)$$

가 되며, 2개의 저항비 R_f / R_1으로 결정된다. 음의 부호는 위상(극성)이 반전하는 것을 나타낸다.

〔3〕 입출력 전압의 관계

반전 증폭기의 입출력 전압의 관계는 〔그림 8.6〕의 점 ⓝ에 대한 전압이 영(가상 접지)으로 동작하므로 〔그림 8.7〕에서 점 ⓝ을 작용점으로 한 저항 R_1, R_f의 레버비로 표현할 수 있다. 입력 저항 R_1의 값은 작을수록 입력 임피던스가 작아지게 되며 신호원에 대해 큰 부담이 되기 때문에 보통 $10 \sim 100[\text{k}\Omega]$ 정도가 선택된다. 이들 저항에는 정도 $1[\%]$의 금속 피막 저항이 적합하다.

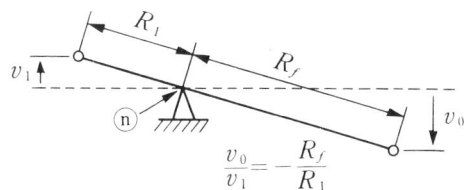

$$\frac{v_0}{v_1} = -\frac{R_f}{R_1}$$

그림 8.7 반전 증폭의 입출력 관계

【예제】 2. 〔그림 8.6〕의 반전 증폭 회로에서 입력 저항 $R_1 = 10\,[\mathrm{k\Omega}]$, 피드백 저항 $R_f = 100\,[\mathrm{k\Omega}]$일 때 〔그림 8.8〕의 입력 신호 v_1(실선)에 대한 출력 신호 v_0를 나타내어라.

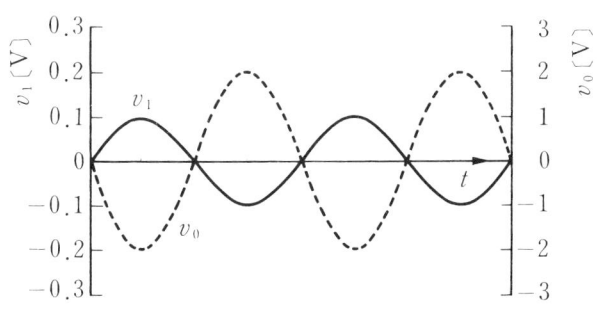

그림 8.8 반전 증폭 회로의 입출력 전압 파형

[해답] 출력 전압 v_0는 식 (8.5)에 의해

$$v_0 = -\frac{R_f}{R_1}\,v_1 = -\frac{200}{10}\,v_1 = -20v_1$$

로 된다. 따라서, 전압 증폭도는 $A_V = -20$으로 되며, 출력 신호 v_0의 파형은 극성이 반전하여 〔그림 8.8〕의 점선과 같이 된다.

8.2.2 비반전 증폭 회로

〔그림 8.9〕와 같이 비반전 입력 단자 (+)에 입력을 가해 증폭 작용을 하는 회로를 비반전 증폭 회로(noninverting amplifier)라 한다. 반전 입력 (−)측에 저항 R_1을 접속하여 접지하며, 출력으로부터 피드백 저항 R_f에 의해서 반전 입력 단자에 부궤환이 가해져 있다.

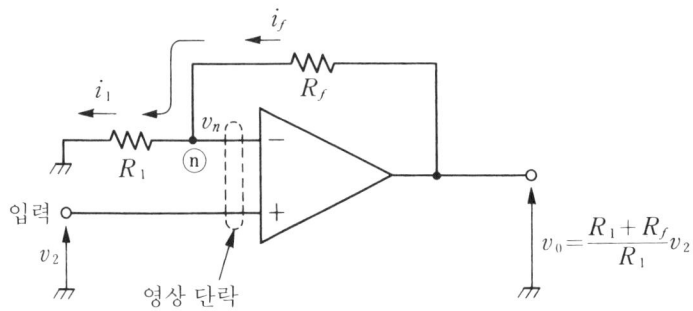

그림 8.9 비반전 증폭기의 기본 회로

〔1〕 전압 증폭도

【예제】 3. 〔그림 8.9〕의 비반전 증폭 회로의 전압 증폭도를 구하여라.

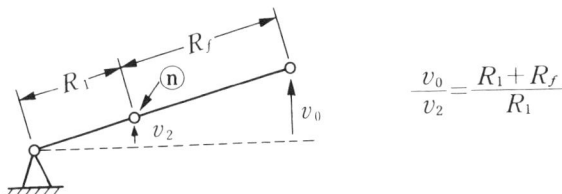

$$\frac{v_0}{v_2} = \frac{R_1 + R_f}{R_1}$$

그림 8. 10 비반전 증폭의 입출력 관계

해답 OP 앰프 자체의 입력 임피던스 Z_g는 ∞이므로 전류는 i_1≒i_f로 되므로 점 ⓝ에 대한 전압 v_n은 R_1, R_f로 분압되어 다음과 같이 된다.

$$v_n = \frac{R_1}{R_1 + R_f} v_0 \quad \text{..} (8.7)$$

가상 단락에 의해 입력 전압은 $v_2 = v_n$으로 되므로 출력 전압 v_0는

$$v_0 = \frac{R_1 + R_f}{R_1} v_2 \quad \text{..} (8.8)$$

가 된다. 이것에 의해 비반전 증폭 회로에서는 출력 전압은 입력 전압과 동위상으로 되며, 전압 증폭도는

$$A_v = \frac{R_1 + R_f}{R_1} = 1 + \frac{R_f}{R_1} \quad \text{..} (8.9)$$

가 됨을 알 수 있다. 이 입력 전압의 관계는 점 ⓝ의 전압이 입력 전압 v_2와 같게 되도록 동작하므로 〔그림 8.10〕과 같이 저항값의 레버비$(R_1 + R_f)$: R_1으로 표현할 수 있다.

비반전 증폭 회로의 특징은 입력 임피던스가 대단히 크다는 것이다. 그러나, 전압 증폭도를 $A_v < 1$로 할 수는 없다.

〔2〕 전압 이득

증폭도를 데시벨〔dB〕로 표시한 것은 특별히 이득(gain:게인)이라 한다. 전압 증폭도 A_v와 전압 이득 G_v에는 다음과 같은 관계가 있다.

$$G_v = 20\log_{10}A_v \text{〔dB〕} \cdots\cdots\cdots\cdots\cdots\cdots\cdots\cdots\cdots\cdots\cdots\cdots\cdots\cdots\cdots (8.10)$$

예를 들면 전압 증폭도가 100배일 때 전압 이득은 $G_v = 20\log_{10}10^2 = 40\text{〔dB〕}$로 표시된다.

〔표 8.1〕은 전압 이득 G_v〔dB〕와 전압 증폭도 A_v의 관계를 대표적인 값으로 나타낸 것이다. 증폭도가 1 이하(감쇠)일 때 데시벨 표시는 음의 값이 된다.

표 8.1 전압 이득 G_v와 전압 증폭도 A_v의 관계

전압 이득 G_v 〔dB〕	60	40	20	6	3	0	−6	−20
증폭도 A_v 〔배〕	10^3	10^2	10	2	$\sqrt{2}$	1	1/2	1/10

8.2.3 차동 증폭 회로

2개의 입력 차를 증폭하는 회로를 차동 증폭 회로(differential amplifier)라 한다.

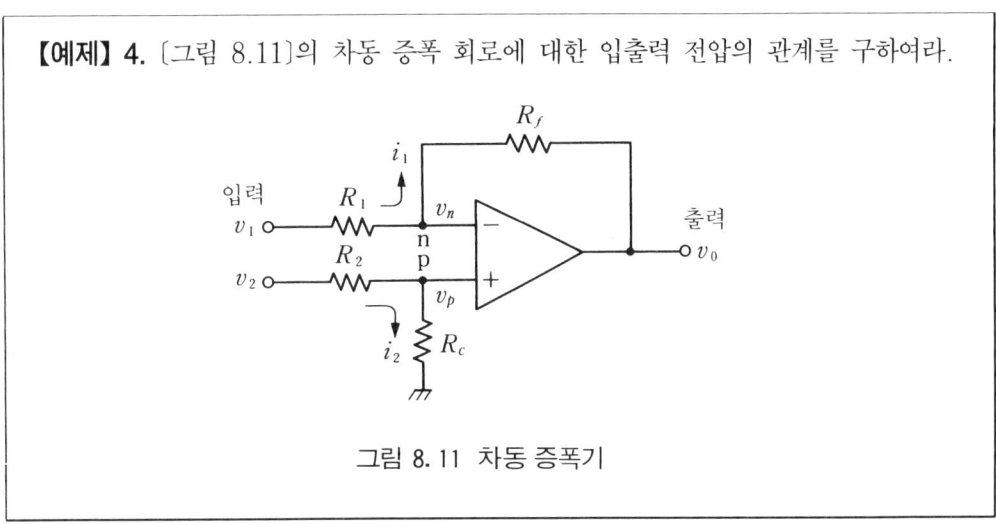

【예제】4. 〔그림 8.11〕의 차동 증폭 회로에 대한 입출력 전압의 관계를 구하여라.

그림 8.11 차동 증폭기

해답 OP 앰프에는 거의 전류가 유입되지 않으므로 저항 R_1과 R_f를 흐르는 전류는 같고 점 n의 전압을 v_n이라 하면 다음 식이 얻어진다.

$$\frac{v_1-v_n}{R_1}=\frac{v_n-v_0}{R_f}(=i_1) \ \text{...} \ (8.11)$$

이것에 의해 출력 전압 v_0는 다음 식으로 구해진다.

$$v_0=\left(1+\frac{R_f}{R_1}\right)v_n-\frac{R_f}{R_1}v_1 \ \text{.......................................} \ (8.12)$$

여기서 전압 v_n은 가상 단락에 의해 점 p의 전압 v_p와 같고 저항의 분압으로 다음 식으로 구해진다.

$$v_n=v_p=\frac{R_C}{R_2+R_C}v_2 \ \text{...} \ (8.13)$$

이것을 식(8.12)에 대입하면 다음 식이 얻어진다.

$$v_0=\frac{R_c(R_1+R_f)}{R_1(R_2+R_c)}v_2-\frac{R_f}{R_1}v_1 \ \text{.........................} \ (8.14)$$

여기서 외부에 붙인 저항을 $R_1=R_2$, $R_f=R_C$라 하면 출력 전압 v_0는

$$v_0=\frac{R_f}{R_1}(v_2-v_1) \ \text{...} \ (8.15)$$

가 되며, 입력 전압의 차(v_2-v_1)이 증폭도 R_f/R_1으로 증폭된다.

이 차동 증폭 회로는 신호의 동상 성분이 제거되기 때문에 2개의 입력 신호에 공통인 잡음 제거 회로로서 이용하는 경우가 많다.

【예제】 5. 센서로부터의 신호 성분이 1[mV]의 미소 신호에 대해 입력측에서 10[mV]의 잡음 성분이 있으면 [그림 8.12(a), (b)]의 증폭 회로에서는 어떠한 차이가 있는가?

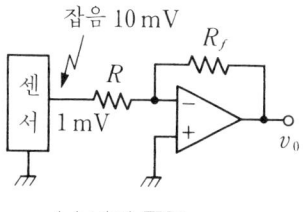

(a) 반전 증폭

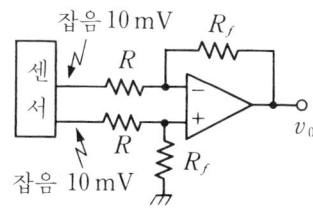

(b) 차동 증폭

그림 8. 12 미소신호 증폭회로의 차이

해답 [그림 8.12(a)]의 단순한 반전증폭회로에서는 출력 신호는 $v_0=-(R_f/R)\times(0.001+0.01)$[V]로 되며, 잡음 성분도 증폭되는 반면 (b)의 차동 증폭 회로에서는 2개의 입력 신호에 공통적인 잡음 성분은 제거되며, 출력 신호는 $v_0=-(R_f/R)\times0.001$[V]로 되어 신호 성분만 증폭된다.

8.2.4 전압 폴로어

〔그림 8.13(a)〕에 나타낸 회로는 〔그림 8.9〕의 비반전 증폭 회로에서 입력 저항 $R_1=\infty$, 피드백 저항 $R_f=0$으로 한 특별한 경우로서 전압 폴로어(voltage follower) 라 부른다. 식 (8.8)에서 $v_0=v_2$로서 입력 전압이 그대로 출력 전압으로 된다. 입력 임 피던스가 대단히 크고 출력 임피던스는 대단히 작게 되는 이점을 가지고 있어 버퍼 (buffer)로 사용하는 경우가 많다.

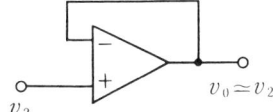

v_2
$v_0 \simeq v_2$

그림 8. 13 전압 플로어 회로

8.2.5 오프셋 조정

OP 앰프에 의한 증폭기에서 입력 전압을 0〔V〕로 할 때 출력 전압이 0〔V〕로 되지 않 는 경우 이 전압을 오프셋 전압(offset voltage)이라 한다. LF 356 등 8핀의 싱글 OP 앰프에는 오프셋 전압을 0으로 하기 위한 조정 회로가 내장되어 있으며, 가변 저항을 붙인 2개의 단자가 준비되어 있다. 〔그림 8.14〕는 FET 입력형의 OP 앰프 LF 356에 의한 반전 증폭 회로에 오프셋 조정 회로를 연결한 것이다. 오프셋 조정에서는 입력 단 자를 접지한 상태($v_1=0$〔V〕)에서 출력 전압이 $v_0=0$〔V〕가 되도록 가변 저항(트리머) VR를 조정한다. 이와 같은 조정은 회로의 전원을 넣은 후 잠깐 사이에 열적으로 안정한 상태로 되어 동작한다.

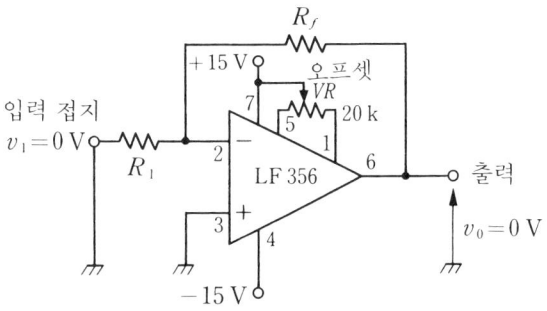

그림 8. 14 오프셋 조정

오프셋 전압의 조정은 오프셋 전압이 무시할 수 없이 미소한 신호를 다룰 경우에 필 요하며 큰 진폭의 신호나 교류 신호를 다룰 경우는 필요없다. 이러한 경우 오프셋 조정 단자는 오픈한 그대로 둔다.

8.3 OP 앰프에 의한 연산 회로

8.3.1 비교기

〔1〕 기본 회로

〔그림 8.15(a)〕에 나타낸 비교기(comparator)는 2개의 전압을 비교하는 증폭기이다. 앞에서 설명한 증폭 회로와 달리 부궤환을 가하지 않은 것으로 $+$, $-$ 양 입력 단자 사이에 영상 단락의 조건이 성립하지 않는다.

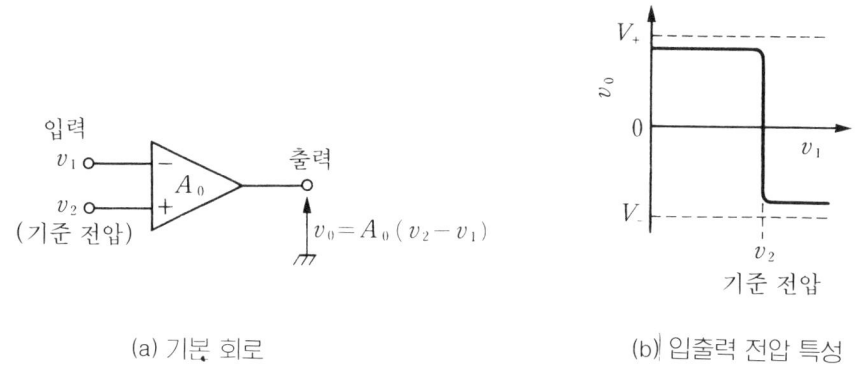

(a) 기본 회로   (b) 입출력 전압 특성

그림 8. 15 비교기

($+$)입력의 전압 v_2를 기준 전압으로 하여 ($-$) 입력의 전압 v_1이 낮은 상태, 즉 $v_2 > v_1$에서는 출력 전압 v_0는 식 (8.1)에 의해

$$v_0 = A_0(v_2 - v_1) \gg 0 \quad\cdots\cdots\cdots\cdots\cdots\cdots\cdots\cdots\cdots\cdots\cdots\cdots (8.16)$$

이 되며, 양의 전원 전압 V_+에 가까운 값까지 포화한다. 반전 입력 전압 v_1을 높여 $v_1 > v_2$로 하면 출력 v_0는 음의 전원 전압 V_-에 가까운 값까지 떨어진다. 〔그림 8.15(b)〕는 이 출력 전압의 특성을 나타낸 것이다. 이와 같이 비교기는 증폭기라기 보다는 스위치 같은 디지털적인 동작을 한다.

〔2〕 응용 회로

비교기 전용 IC로는 LM 311(1회로)이나 LM 339(4회로) 등이 있다. 〔그림 8.16(a)〕는 LM 339의 핀 배치를 나타낸 것이다. LM 339는 $+5$〔V〕의 단전원으로도 사용할 수 있고, 오픈 컬렉터 출력이기 때문에 아날로그 회로와 디지털 회로의 인터페이스용으로 사용하는 것이 좋다. 〔그림 8.16(b)〕는 응용 회로의 한 예로서 입력 전압 v에 비례하여 LED의 점등 수가 증가하는 LED 레벨 미터 회로를 나타낸 것이다.

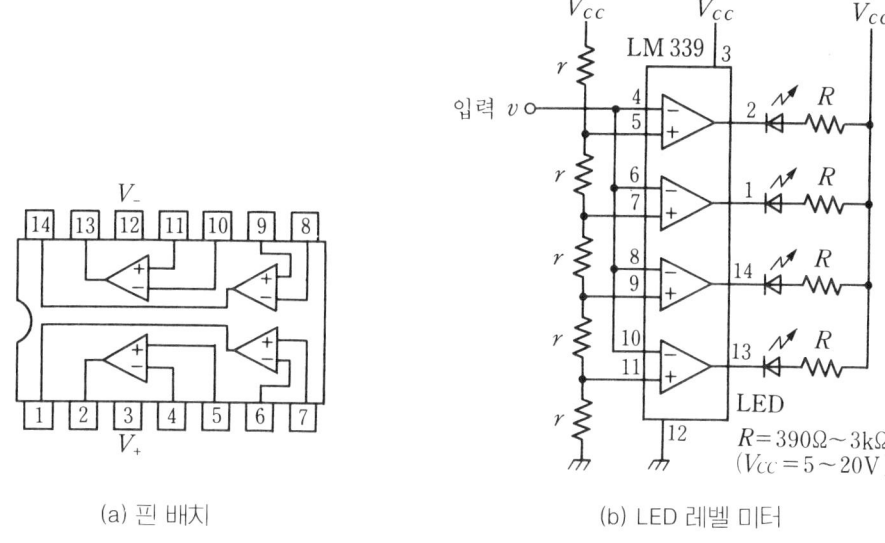

(a) 핀 배치　　　　　　　　　　(b) LED 레벨 미터

그림 8. 16　비교기 LM 339의 핀 배치와 응용 회로의 예

〔3〕 미사용 OP 앰프의 단자 처리

　　듀얼 또는 쿼드 OP 앰프에서 사용하지 않는 OP 앰프는 〔그림 8.17〕과 같이 (+)입력 단자를 접지(GND)에, (−)입력 단자를 출력에 접속해 두는 것이 좋다. 이것에 의해 다른 회로에 영향이 적어진다.

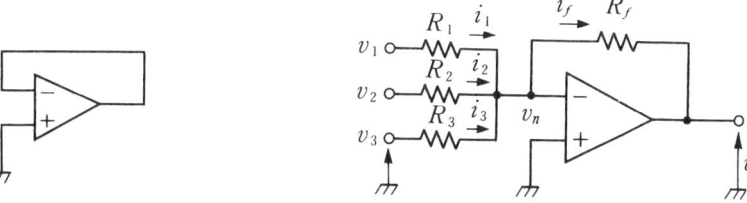

그림 8. 17　미사용 OP앰프의 단자 처리　　　　그림 8. 18　반전형 덧셈 회로

8.3.2　덧셈(뺄셈) 회로

　　몇 개의 전압의 합을 취하는 회로를 덧셈 회로(adder)라 한다. 〔그림 8.18〕은 반전 증폭기를 이용한 반전형 덧셈 회로(inverting adder)이다.

【예제】6.　〔그림 8.18〕의 덧셈 회로에 대한 입출력 전압의 관계를 나타내어라.

[해답]　가상 단락에 의해서 전압 $v_n = 0$이며, 각 저항 $R_1 \sim R_3$를 통한 전류 $i_1 \sim i_3$는 모두 피드백 저항 R_f로 흐르므로 다음 식이 성립한다.

$$i_f = i_1 + i_2 + i_3 \quad \text{...} \quad (8.17)$$

$$v_0 = -R_f i_f = -R_f(i_1 + i_2 + i_3)$$

$$= -\left(\frac{R_f}{R_1} v_1 + \frac{R_f}{R_2} v_2 + \frac{R_f}{R_3} v_3 \right) \quad \text{.........................} \quad (8.18)$$

여기서, 저항 $R_1 = R_2 = R_3 = R_f$일 때 출력 전압 v_0는

$$v_0 = -(v_1 + v_2 + v_3) \quad \text{...................................} \quad (8.19)$$

이 된다. 이것은 입력 전압의 합이 취해지며, 극성을 반전시킨다. 저항 $R_1 \sim R_3$의 값을 변경하면 높은 전압도 가산할 수 있다.

2개 입력의 뺄셈은 앞에서 설명한 차동 증폭 회로에 의해 할 수 있지만 〔그림 8.19〕와 같이 OP 앰프를 2개 조합하여 가감산 회로를 만들 수도 있다.

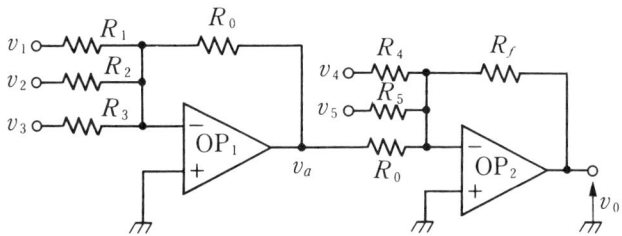

그림 8. 19 가감산 회로

【예제】 **7.** 〔그림 8.19〕의 회로의 입력 전압 $v_1 \sim v_5$에 대한 출력 전압 v_0의 관계
식을 구하고 이 회로의 특성을 설명하여라.

해답 앞쪽 덧셈 회로의 출력 전압을 v_a라 하면 식(8.18)에 의해

$$v_a = -\left(\frac{v_1}{R_1} + \frac{v_2}{R_2} + \frac{v_3}{R_3} \right) R_0 \quad \text{...................................} \quad (8.20)$$

가 된다. v_a를 입력의 일부로 하는 뒤쪽의 출력 전압 v_0는 다음과 같이 된다.

$$v_0 = -\left(\frac{R_f}{R_4} v_4 + \frac{R_f}{R_5} v_5 + \frac{R_f}{R_0} v_a \right) \quad \text{...................} \quad (8.21)$$

위 식에 식(8.20)을 대입하면 다음 식을 얻을 수 있다.

$$v_0 = -\left(\frac{R_f}{R_1} v_1 + \frac{R_f}{R_2} v_2 + \frac{R_f}{R_3} v_3 \right) - \left(\frac{R_f}{R_4} v_4 + \frac{R_f}{R_5} v_5 \right) \quad \text{.........} \quad (8.22)$$

여기서, $R_1 = R_2 = R_3 = R_4 = R_5 = R_f$라면 출력 전압 v_0는

$$v_0 = (v_1 + v_2 + v_3) - (v_4 + v_5) \quad \text{........................} \quad (8.23)$$

가 되며, 〔그림 8.19〕의 회로는 가감산 회로를 구성하는 것을 알 수 있다.

8.3.3 미분 회로

〔1〕 기본 회로

〔그림 8.20(a)〕는 반전 증폭 회로의 입력 저항 R_1을 콘덴서 C로 치환한 회로로서 미분기(differentiator)라 부르는 기본 회로를 나타낸 것이다. OP 앰프에서의 입력 전류는 거의 없고 가상 접지의 성립에서 $v_n = 0$이라 하면

$$i_1 = C\frac{dv_1}{dt} = i_f \quad \text{...} \quad (8.24)$$

$$v_0 = -R_f \cdot i_1 \quad \text{...} \quad (8.25)$$

의 관계에서

$$v_0 = -CR_f\frac{dv_1}{dt} \quad \text{...} \quad (8.26)$$

로 되며, 출력 전압 v_0는 입력 전압 v_1의 미분값에 비례하게 된다.

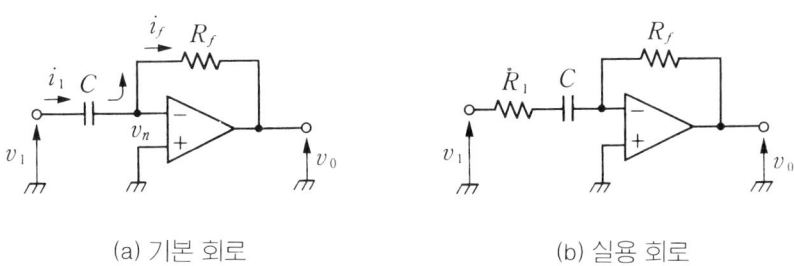

(a) 기본 회로 (b) 실용 회로

그림 8.20 미분 회로

〔2〕 실용 미분 회로

미분 회로의 입력 전압을 $v_1 = V_1\sin\omega t$라 하면 출력 전압은 식(8.26)에서

$$v_0 = -CR_f\frac{dv_1}{dt} = -\omega CR_f V_1\cos\omega t$$

$$= \omega CR_f V_1\sin\left(\omega t - \frac{\pi}{2}\right) \quad \text{...} \quad (8.27)$$

가 되며, 각 주파수 $\omega(=2\pi f)$가 높으면 출력도 비례하여 커지게 된다. 따라서 입력에 주파수가 높은 잡음이 들어오면 출력에 큰 잡음 전압이 나타나게 된다. 그래서 실제의 미분 회로에서는 〔그림 8.20(b)〕와 같이 입력측에 저항 R_1을 접속하여 고주파 성분에 대해 증폭도를 제한하고 있다. 이 회로에서는 미분 동작하는 주파수의 상한은

$$f = \frac{1}{2\pi CR_1} \cdots\cdots\cdots\cdots\cdots\cdots\cdots\cdots\cdots\cdots\cdots\cdots\cdots\cdots\cdots\cdots\cdots\cdots (8.28)$$

이며, f 이상에서는 증폭도 R_f/R_1의 반전 증폭기로 동작한다.

8.3.4 적분 회로

〔그림 8.21〕은 적분기(integrator)의 기본 회로를 나타낸 것이다. 가상 접지의 성립
에서

$$i_1 = \frac{v_1}{R_1} = i_f \cdots\cdots\cdots\cdots\cdots\cdots\cdots\cdots\cdots\cdots\cdots\cdots\cdots\cdots\cdots\cdots (8.29)$$

에 의해

$$v_0 = -\frac{1}{C}\int i_1 dt = -\frac{1}{CR_1}\int v_1 dt \cdots\cdots\cdots\cdots\cdots\cdots\cdots\cdots (8.30)$$

가 되며, 출력 전압 v_0는 입력 전압 v_1의 적분값에 비례하여 나타난다.

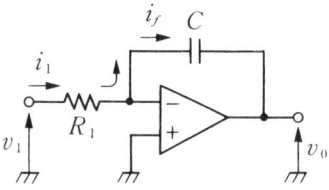

그림 8.21 기본적인 적분 회로

【예제】 8. 〔그림 8.21〕의 적분 회로에서 $R_1 = 10$〔kΩ〕, $C = 0.1$〔μF〕이라 한다. 입
력 전압 $v_1 = 4\sin 2\pi ft$ 〔V〕를 가할 경우의 출력 전압 v_0의 진폭과 위상을 구
하여라.(단, 주파수는 $f = 500$〔Hz〕라 한다.)

〔해답〕 식 (8.30)에 의해

$$v_0 = -\frac{1}{CR_1}\int 4\sin 2\pi ft\, dt = \frac{4\cos 2\pi ft}{2\pi f CR_1}$$

$$= \frac{2\cos 2\pi ft}{\pi \times 500 \times 0.1 \times 10^{-6} \times 10 \times 10^3} = \frac{4}{\pi}\cos 2\pi ft$$

$$= 1.27\sin\left(2\pi ft + \frac{\pi}{2}\right)$$

따라서, 출력 전압 v_0의 진폭은 ±1.27〔V〕이며, 위상은 $\pi/2(90°)$ 빠르다.

8.3.5 전류 전압 변환

〔그림 8.22〕는 전류를 전압으로 변환하는 회로를 나타낸 것이다. 입력 전류 i의 대부분이 저항 R_f를 흐르며, OP 앰프가 반전 입력 (−)를 접지 전위로 하여 동작(가상 단락)하므로 출력 전압 v_0는 다음 식으로 주어진다.

$$v_0 = -R_f \cdot i \quad \text{·· (8.31)}$$

즉, 전류 i에 비례한 전압 v_0로 변환할 수 있다.

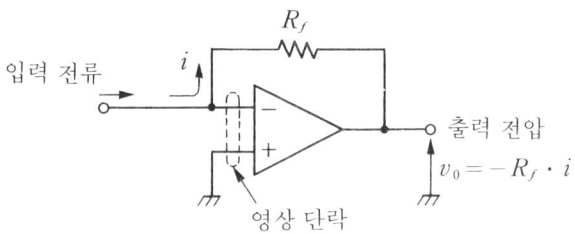

그림 8.22 전류-전압 변환 회로

연습 문제

문제 **1.** 다음 용어에 대해 설명하여라.

(a) 가상 단락   (b) 전압 플로어

문제 **2.** 전압 증폭도가 $A_v = -1$, 즉 출력 전압이 $v_0 = v_1$로 되는 부호 변환 회로를 나타내어라.

문제 **3.** 〔그림 8.9〕의 비반전 증폭 회로에서 $R_1 = 10\,[\mathrm{k\Omega}]$, $R_f = 100\,[\mathrm{k\Omega}]$으로 할 경우의 전압 증폭도 A_v를 구하여라. 또, 전압 이득 $G_v\,[\mathrm{dB}]$를 구하여라.

문제 **4.** 〔그림 8.18〕의 덧셈 회로에서 $R_1 = R_2 = R_3 = 10\,[\mathrm{k\Omega}]$, $R_f = 100\,[\mathrm{k\Omega}]$이라 한다. 입력 전압이 $v_1 = 0.3\,[\mathrm{V}]$, $v_2 = 0.4\,[\mathrm{V}]$, $v_3 = -0.2\,[\mathrm{V}]$일 때, 출력 전압 v_0를 구하여라.

문제 **5.** 〔그림 8.18〕에서 $R_2 = R_1/2$, $R_3 = R_1/4$, $R_f = R_1$으로 할 경우 출력 전압 v_0를 구하여라. 또, 이 저항의 선정 목적은 무엇인가?

문제 **6.** 최대 입력 전류 $10\,[\mathrm{mA}]$를 $-10\,[\mathrm{V}]$의 전압으로 변환하는 전류-전압 변환 회로를 나타내어라.

측 정 기

눈으로 볼 수 없는 전기·전자 회로의 상태를 보기 위한 것이 측정기이며, 메커트로닉스에서는 테스터와 오실로스코프가 매우 중요하다.

9.1 테스터

전원이나 회로의 점검 조정에서 가장 친숙한 측정기가 회로 시험기(circuit tester)이며, 일반적으로 테스터라 부른다. 종래의 지침식에 디지털 표시가 되는 것도 있지만 일반적인 사용에서는 지침식의 것이 다루기 쉽다. 테스터는 1개의 전류계와 회로를 전환하는 스위치로 구성된 간단한 측정기이지만 통전 상태, 저항값, 직류 전류, 직류 전압 및 교류 전압(단 저주파)을 측정할 수 있어 광범위하게 사용된다.

9.1.1 전류 측정

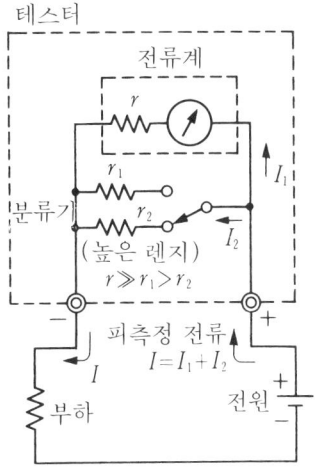

그림 9.1 테스터에 의한 직류 전류의 측정 원리

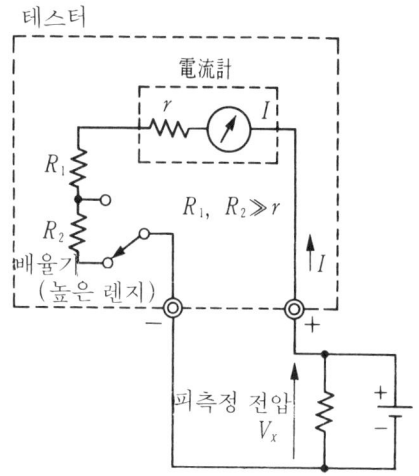

그림 9.2 테스터에 의한 직류 전압의 측정 원리

테스터를 전류계로 사용할 경우에는 〔그림 9.1〕과 같이 회로의 일부를 열고 직렬로 연결하고, 테스터 안의 전류계는 작은 전류로서 동작하는 감도가 좋은 것이 사용되고 있으며, 전류계로서 측정 범위를 넓게 하기 위해 테스터 내에는 내부 저항 r보다 작은 저항(분류기라 한다) r_1, r_2…가 병렬로 접속되며 스위치로 전환하도록 되어 있다.

교류 전류를 측정할 경우에는 미리 정류기로 직류로 변환시켜서 가한다.

9.1.2 전압 측정

테스터를 전압계로 사용할 때는 〔그림 9.2〕와 같이 측정 단자를 전위차가 있는 곳에 병렬로 연결한다. 전압계의 경우는 입력 저항을 크게 하여 전류의 증가를 억제할 필요가 있다. 또 전압계로서 측정 범위를 넓게 하기 위해 테스터 안의 전류계에 직렬로 큰 저항 R(배율기라 한다.)를 접속한다. 전류계의 내부 저항을 r라 하면 전류 I와 피측정 전압 V_x의 관계는 다음과 같다.

$$V_x = I(R + r) \cdots\cdots\cdots\cdots\cdots\cdots\cdots\cdots\cdots\cdots\cdots\cdots\cdots\cdots\cdots\cdots\cdots (9.1)$$

이것에 의해 전류 I에 비례한 전류계의 지침의 움직임으로 전압이 측정된다.

테스터에 의한 전류 및 전압의 측정에서 측정 범위를 넘는 전류나 전압을 가하면 테스터가 손상될 수 있다. 따라서 전류 및 전압의 값이 미지일 경우에는 높은 렌지에서부터 접속하여 지침의 지시가 작아지는 쪽으로 측정 렌지를 전환한다. 또 측정 단자를 접속한 그대로 전압에서 전류의 측정으로 전환하는 것은 위에서 설명한 바와 같이 입력 저항의 차이($R \gg r$)에 의해 테스터가 손상되므로 해서는 안 된다. 고장시에는 먼저 테스터 안의 퓨즈를 확인하는 것이 좋다.

9.1.3 저항값의 측정

테스터에 의한 저항 측정에서 외부로부터는 에너지가 공급되지 않으므로 내부 전지(건전지)가 전원으로 사용된다. 〔그림 9.3〕은 저항값 측정의 원리를 나타낸 것이다. 피측정 저항 R_x를 측정 단자에 연결하면 흐르는 전류 I와 R_x의 관계는 다음과 같다.

$$I = \frac{V}{R_x + R_0} \quad \text{..} \quad (9.2)$$

여기서, R_0는 0〔Ω〕 조정기의 저항이다. 따라서 전류 I를 나타내는 테스터 내의 전류계 지침에 따라서 저항값 R_x를 나타낸다.

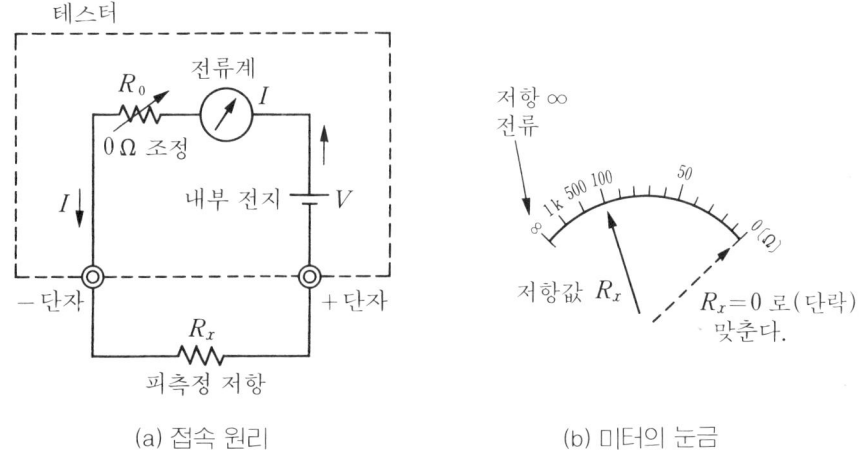

(a) 접속 원리   (b) 미터의 눈금

그림 9.3 테스터에 의한 저항 측정

측정할 경우에는 2개의 테스터봉을 단락시켜($R_x=0$) 가변 저항 R_0에서 0〔Ω〕 조정을 할 필요가 있다. 이와 같은 조작을 측정기의 교정(calibration)이라 한다. 0〔Ω〕의 조정을 해도 미터의 지침이 0〔Ω〕 위치(우측의 풀 스케일 : full scale)로 되지 않을 경우에는 테스터 안의 건전지를 새 것으로 교환한다.

이 저항값 측정을 이용하여 다이오드나 트랜지스터 등을 체크할 수 있다. 이 때 주의할 점은 적색 리드선의 플러스 단자는 테스터 내부 전지의 (−)에 접속되며, 흑색 리드선의 마이너스 단자는 내부 전지의 (+)에 접속되어 있으며, 측정 렌지에 따라서 흐르는 전류가 달라진다.

〔그림 9.4〕는 npn형 트랜지스터를 체크하기 위해 테스터를 이용하는 경우를 나타낸 것이다. npn형 트랜지스터에서는 베이스로부터 이미터로 전류가 흘러 미터의 지침이 움직이면 정상이다. 단, 큰 전류로 인해 트랜지스터가 손상되는 것을 막기 위해서는 저항 측정의 렌지를 높게 취한다.

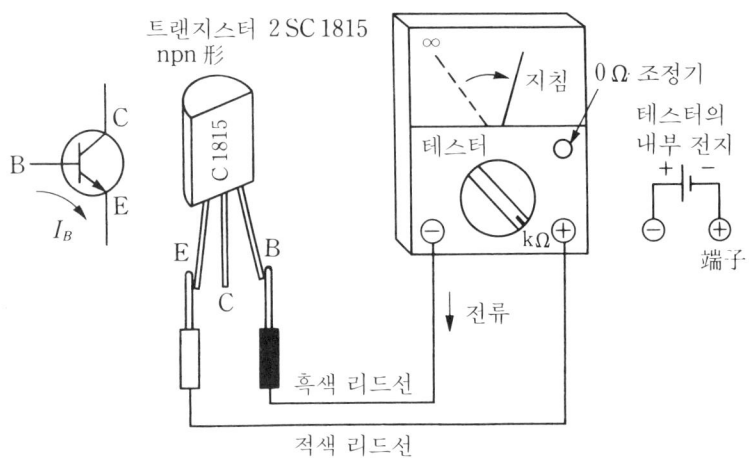

그림 9.4 테스터에 의한 트랜지스터의 체크

9.1.4 기타 측정

보통의 테스터로는 교류 전류나 고주파 전압의 측정은 할 수 없으며, 이와 같은 측정에는 디지털 볼트미터(DVM : digital voltmeter), 간단히 디지볼 또는 디지털 멀티미터(DMM : digital multimeter)라고 부르는 측정기가 사용된다. 또 디지털 회로의 논리 상태(H 또는 L 레벨)를 알기 위한 전용의 것은 로직 테스터(logic tester)라 부르며, LED의 색별이나 음의 고저로 판정한다.

9.2 오실로스코프

9.2.1 오실로스코프의 기능

전기 신호의 파형이나 시간적 변화를 조사하는 데에는 오실로스코프(oscilloscope)가 편리하다. 최근은 성능의 향상과 가격의 저하가 현저하며, 다루기 쉬운 측정기이다.

현재의 오실로스코프는 거의 트리거 소인(trigger sweep) 방식의 동기 회로가 사용되고 있다. 트리거란 방아쇠의 의미로서 트리거 레벨을 조절기로 설정함으로써 신호 파형을 동기시켜 관측을 용이하게 한다.

　〔그림 9.5〕는 오실로스코프에 의한 신호 파형의 주기와 전압의 측정법을 나타낸 것이다. 소인 시간(sweep time/div)은 그림 우측의 다이얼에 의해서 변화되며, 디스플레이 이상의 시간축(횡축)의 눈금(div:division)에서 관측 파형의 주기를 알 수 있다. 이 경우 내측의 VARIABLE의 조절기는 시계 방향으로 로크될 때까지, 즉 CAL(calibration : 교정)의 위치까지 돌려 놓는 것이 중요하다. 마찬가지로 그림 좌측의 수직축(종축)의 전압 감도도 교정되는 것으로서, 1눈금당의 전압〔V/div〕에서 입력 신호의 전압도 알 수 있다.

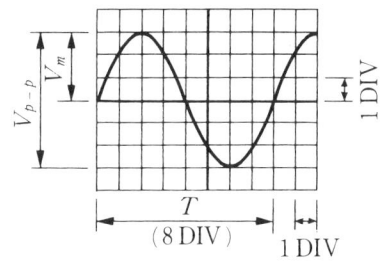

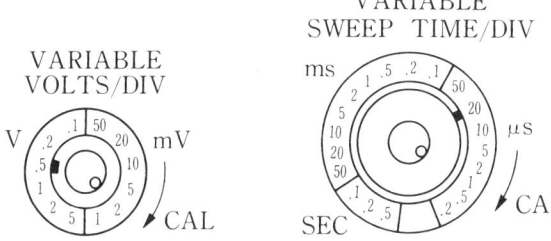

그림 9.5 오실로스코프에 의한 주기와 전압의 측정

　오실로스코프의 프로브에는 감쇠비가 1:1인 것과 10:1인 것이 있다. 후자의 경우 입력 전압은 1/10로 감쇠된다. 오실로스코프의 입력 임피던스는 감쇠비 1:1의 프로브를 사용하면 일반적으로 1〔MΩ〕이지만 감쇠비 10:1의 프로브를 사용하면 10〔MΩ〕이 된다.

9.2.2 오실로스코프에 의한 측정

　【예제】 1. 〔그림 9.5〕에 나타낸 오실로스코프의 신호 파형에서 주기 T, 주파수 f
　　　　및 전압의 진폭 V_m을 구하여라.

[해답] 소인 시간 다이얼에 의한 시간축의 설정은 $20[\mu s/div]$이고, 파형의 1파장은 8눈금 $(8[div])$이므로 주기 T는 다음과 같다.

$$T = 20\mu s/div \times 8div = 160\mu s$$

주파수 f는 주기 T의 역수이므로

$$f = \frac{1}{T} = \frac{1}{160 \times 10^{-6}} = 6.25 \times 10^{3}(1/s) = 6.25[kHz]$$

이다. 또 수직축의 설정은 $0.5[V/div]$이며, 디스플레이상의 파형 진폭은 3눈금이므로 전압의 진폭은 $V_m = 0.5 \times 3 = 1.5[V]$이다. 단, 프로브의 감쇠비가 $10:1$의 경우에는 그 10배의 $V_m = 1.5 \times 10 = 15[V]$가 된다. 피크 투 피크(peak to peak) 전압 $V_{p \cdot p}$는 전압의 진폭 V_m의 2배를 나타낸다.

또, 최근의 판독(read out) 기능이 첨가된 오실로스코프에는 디스플레이상에 1눈금의 값이 디지털로 표시되며, 기억(storage) 기능이 첨가된 것은 파형이 기억되어 편리하다.

9.3 입출력 임피던스

9.3.1 이상적인 계측기

[그림 9.6]은 계측기에 입력 신호를 접속할 때의 입출력 임피던스 관계를 나타낸 것이다. 이상적인 계측기란 계측기를 연결하더라도 전기 회로의 상태를 교란하지 않는 것이다. 계측기의 입력 임피던스 Z_i가 충분히 크면 입력 단자에 입력 전류 i가 유입되지 않으므로($i \fallingdotseq 0$) 외부 회로의 전류를 교란시키지 않는다.

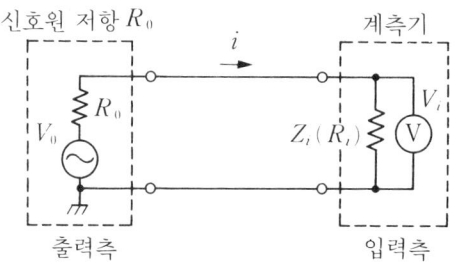

그림 9.6 입출력 임피던스의 관계

또, 신호원의 출력 임피던스 Z_0(신호원 저항 R_0라고도 한다.)가 0에 가까운 값이면 출력 전압은 출력단으로부터 유출된 전류의 영향을 거의 받지 않는다. 계측기 및 회로의 이상적인 입출력 임피던스는 다음과 같다.

> (1) 입력 임피던스 $Z_i \fallingdotseq \infty$
> (2) 출력 임피던스 $Z_0 \fallingdotseq 0 (\Omega)$

9.3.2 입출력 임피던스에 의한 측정 오차

현실적으로 계측기를 연결하면 그 지시는 원래의 회로의 전류나 전압과는 약간 다르며 측정 오차가 생긴다.

> **【예제】 2.** 〔그림 9.6〕에서 신호원 저항이 $R_0 = 100 (\Omega)$, 계측기의 입력 임피던스가 $R_i = 1 (k\Omega)$일 때 측정한 전압의 오차를 구하여라.

해답 신호 전압 V_0에 대해 측정기의 입력 전압 V_i는 저항 R_0와 R_i로 분압되어

$$V_i = \frac{R_i}{R_0 + R_i} V_0 \quad\text{(9.3)}$$

가 된다. 따라서

$$\frac{V_i}{V_0} = \frac{R_i}{R_0 + R_i} = \frac{1}{1 + R_0/R_i} = \frac{1}{1.1} \fallingdotseq 0.91 \quad\text{(9.4)}$$

에 의해 입력 전압의 오차는 약 10〔%〕가 된다. 이것은 계측기의 입력 임피던스 R_i에 대한 신호원 저항 R_0의 비 R_0/R_i가 크기 때문이다.

연습 문제

[문제] **1.** 테스터의 측정 단자를 접속한 그대로 전압과 전류의 측정을 전환해서는 안 되는 이유를 설명하여라.

[문제] **2.** 오실로스코프의 프로브에서 감쇠비가 1:1인 것과 10:1인 것의 측정에는 어떠한 차이가 있는가?

[문제] **3.** 계측기 및 회로의 이상적인 입출력 임피던스에 대하여 설명하여라.

연습 문제의 해답

제1장

문제 **1.** (a) 1.1.2항 참조　　(b) 1.4.1항 참조
　　　　(c) 1.5.3항 참조　　(d) 1.5.4항 참조

문제 **2.** 〔1〕 (a) 7.5〔kΩ〕 (±5%)　　(b) 20〔kΩ〕 (±1%)
　　　　〔2〕 (a) 황색 백색 갈색 금색　　(b) 적색 적색 흑색 금색

문제 **3.** $\dfrac{R_2}{R_1+R_2} = \dfrac{1}{1+R_1/R_2} = \dfrac{1}{10}$

$\dfrac{R_1}{R_2} = 9$

$\therefore \; R_2 = R_1/9 = 2\,\text{〔kΩ〕}$

문제 **4.** (a) 0.1〔μF〕　　　(b) 0.022〔μF〕　　　(c) 51〔pF〕

문제 **5.** 해답 그림 1.1

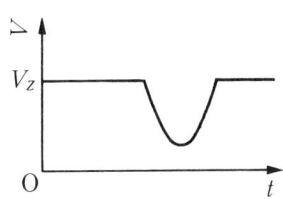

해답 그림 1.1 출력 전압 파형

문제 **6.** $V_F \fallingdotseq 2\,\text{〔V〕}$라 하고

$$R = \frac{V_{DD} - V_F}{I_F} \fallingdotseq (12\text{-}2)\,\text{〔V〕}/0.01\,\text{〔A〕} = 1\,\text{〔kΩ〕}$$

문제 **7.** 〔1〕 npn형
　　　　〔2〕, 〔3〕 해답 그림 1.2
　　　　〔4〕 (c)

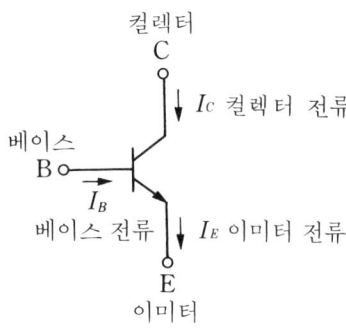

해답 그림 1.2 npn형 트랜지스터의 전극과 전류

문제 **8.** 〔1〕 $I_E = I_C + I_B = 12.08$〔mA〕 　　〔2〕 $h_{FE} = 12/0.08 = 150$

제2장

문제 **1.** (a) 2.1.2항의 〔2〕 참조　　　　(b) 2.3절 참조

문제 **2.** 2.2.2항 참조

문제 **3.** (a) $(11\ 1100)_2 = 3C_H = 3 \times 16^1 + 12 \times 16^0 = 60$
　　　(b) $(101\ 0101)_2 = 55_H = 85$
　　　(c) $(1111\ 1111)_2 = FF_H = 16^2 - 1 = 255$

문제 **4.** (a) $14 = (1110)_2 = E_H = (0001\ 0100)_{BCD}$
　　　(b) $100 = (110\ 0100)_2 = 64_H = (0001\ 0000\ 0000)_{BCD}$
　　　(c) $1984 = (111\ 1100\ 0000)_2 = 7C\ 0_H$
　　　　　　$= (0001\ 1001\ 1000\ 0100)_{BCD}$
　　　(d) 생략

제3장

문제 **1.** 〔1〕 해답 그림 3.1(a)
　　　〔2〕 해답 그림 3.1(b)

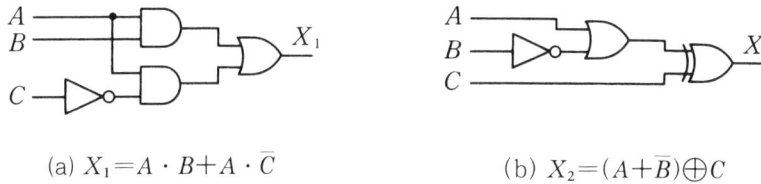

(a) $X_1 = A \cdot B + A \cdot \overline{C}$ (b) $X_2 = (A + \overline{B}) \oplus C$

해답 그림 3.1 논리 회로

문제 **2.** (a) $X_1 = A \cdot B + A \cdot \overline{C}$ (b) $X_2 = (A + \overline{B}) \oplus C$

$$\overline{A \cdot \overline{B} + \overline{A} \cdot B} = \overline{(A \cdot \overline{B}) \cdot (\overline{A} \cdot B)}$$

$$= (\overline{A} + B) \cdot (A + \overline{B}) = \overline{A} \cdot A + \overline{A} \cdot \overline{B} + A \cdot B + B \cdot \overline{B}$$

$$= A \cdot B + \overline{A} \cdot \overline{B}$$

$$(\therefore A \cdot \overline{A} = B \cdot \overline{B} = 0)$$

문제 **3.** 〔1〕 $X = A \cdot (B + \overline{C})$

〔2〕 해답 표 3.1   〔3〕 해답 그림 3.2

해답 표 3.1 진리표 해답

A	B	C	$\overline{C}$	D	X
0	0	0	1	1	0
0	0	1	0	0	0
0	1	0	1	1	0
0	1	1	0	1	0
1	0	0	1	1	1
1	0	1	0	0	0
1	1	0	1	1	1
1	1	1	0	1	1

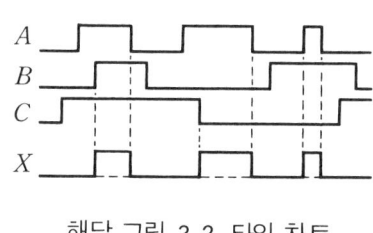

해답 그림 3.2 타임 차트

문제 **4.** 해답 그림 3.3

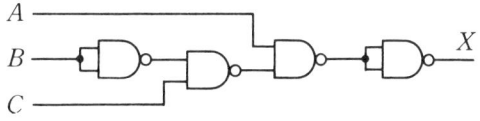

해답 그림 3.3 NAND 게이트에 의한 회로

문제 **5.** Ex.NOR 게이트의 논리식은 식(3.5)에 의해 $X = A \cdot B + \overline{A} \cdot \overline{B}$이므로 해답
도 그림 3.4(a)에 의해 변환하면 (b)를 경유하여 (c)로 된다.

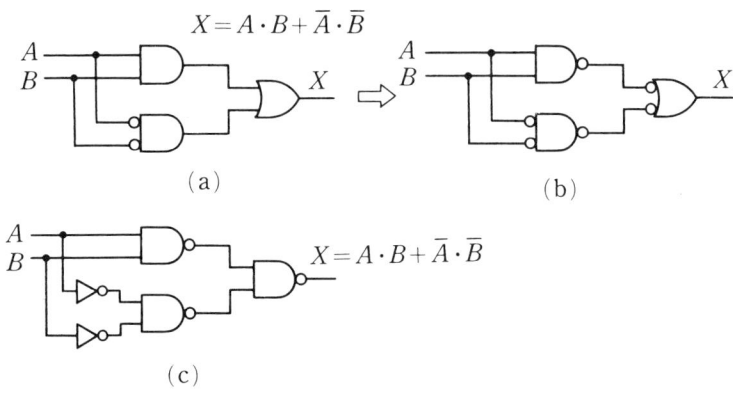

해답 그림 3. 4 NAND와 인버터에 의한 Ex. NOR 게이트

제4장

문제 **1.** (a),(b) 4.3.3항의 〔2〕참고   (c) 4.3.5항 참고

문제 **2.** 4.3절, 4.4절 참고

문제 **3.** 〔1〕 TTL의 경우 논리 레벨 H로 되지만 잡음에 의해 오동작을 일으키기 쉽다.
　　　　〔2〕 C-MOS의 경우 논리 레벨이 불확정적이며, 불필요한 대전류가 흐르거나
　　　　　　　정전 파괴의 위험성도 있다.(사용하지 않는 소자의 입력 단자도 똑같다.)

문제 **4.** 4.3.3항의 〔2〕 참고

문제 **5.** 식(4.4)에 의해

$$R \fallingdotseq \frac{V_{DD} - V_F}{I_F} = \frac{(12-2)[\mathrm{V}]}{0.01[\mathrm{A}]} = 1 \times 10^3 [\Omega] = 1[\mathrm{k}\Omega]$$

문제 **6.** 해답 그림 4.1

$$R \fallingdotseq \frac{V_{CC} - V_F}{I_F} = \frac{(5-2)[\mathrm{V}]}{0.08[\mathrm{A}]} = 380[\Omega]$$

（∴ 저항 $R = 390[\Omega]$）

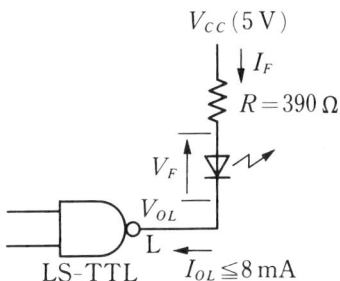

해답 그림 4.1 LS-TTL에 의한 LED의 점등

[문제] **7.** 풀업쪽이 잡음 여유도가 크고, 스위치의 ON 상태에 대한 소비 전류도 작기 때문이다(4.3.7항 참고).

[문제] **8.** TTL의 L 레벨 출력 전압을 $V_{OL} \fallingdotseq 0[V]$라 하면

$$I_{OL} = \frac{V_{DD} - V_{OL}}{R_H} \fallingdotseq \frac{V_{DD}}{R_H} = \frac{12V}{4.7k\Omega} = 2.6mA$$

(C-MOS에서의 전류는 매우 작으며, 무시된다.)

[문제] **9.** 예를 들면 해답 [그림 4.2]와 같이 3상태 버퍼의 컨트롤 입력 C에 정논리와 부논리의 것을 사용하면 용이하게 2개의 데이터 전환을 할 수 있다. $C=H$일 때 $Y=A$, $C=L$일 때 $Y=B$가 된다.

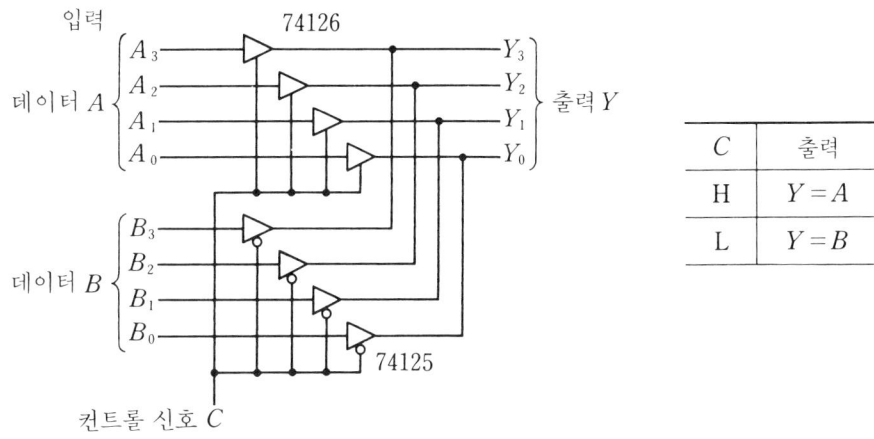

C	출력
H	$Y = A$
L	$Y = B$

해답 그림 4.2 4비트 데이터의 선택 회로

제5장

문제 **1.** (a) 5.1절 참고   (b) 5.4.3항의 〔3〕 참고

       (c) 5.6.1항 참고   (d) 5.8.2항 참고

문제 **2.** 5.1.3항 〔1〕 참고

문제 **3.** 해답 〔그림 5.1〕과 같이 D-FF의 출력 $\overline{Q}$를 입력 D에 접속(피드백)하면 출력 Q의 반전 출력 $\overline{Q}$가 다음의 입력 D로 되므로 클록 펄스 CK가 상승할 때마다 출력 Q는 반전한다. 즉, T-FF로 된다.

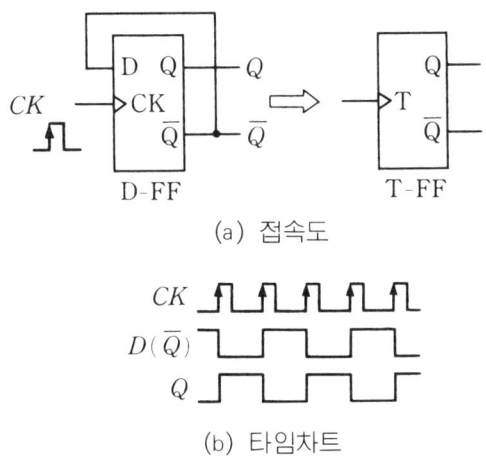

(a) 접속도

(b) 타임차트

해답 그림 5. 1   D-FF에 의한 T-FF으로 변환

문제 **4.** 해답 그림 5.2

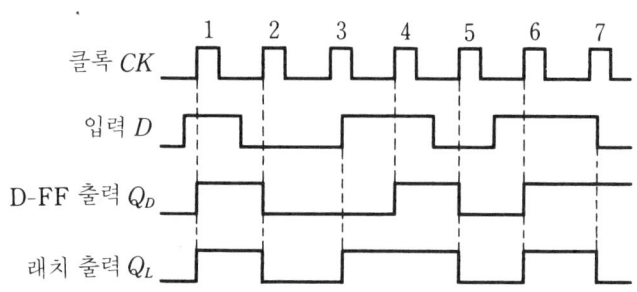

해답 그림 5. 2   D-FF와 래치의 출력 타임 차트

문제 **5.** 해답 〔표 5.1〕과 같이 $\overline{LATCH}=0$일 때에는 $\overline{S}=\overline{R}=1$이 되기 때문에 출력 Q는 변화하지 않는다. 즉, 그 직전의 데이터 Q_n이 래치된다.

해답 표 5.1 진리표

$\overline{LATCH}$	D	$\overline{S}$	$\overline{R}$	Q	$\overline{Q}$	동 작
1	0	1	0	0	1	리셋
1	1	0	1	1	0	세트
0	0	1	1	Q_n	$\overline{Q_n}$	래치
0	1	1	1	Q_n	$\overline{Q_n}$	래치

문제 **6.** 해답 〔그림 5.3〕과 같이 첫번째의 클록 펄스 CK의 상승에서 모든 FF의 출력 $Q_C \sim Q_A$는 "1"이 되며, 이후 CK 입력의 상승이 있을 때마다 1씩 감산한다.

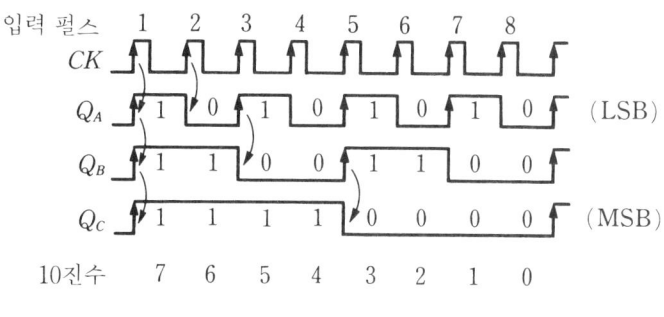

해답 그림 5.3 다운 카운터의 타임 차트

문제 **7.** 〔1〕 해답 〔그림 5.4(a)〕 〔2〕 해답 〔그림 5.4(b)〕

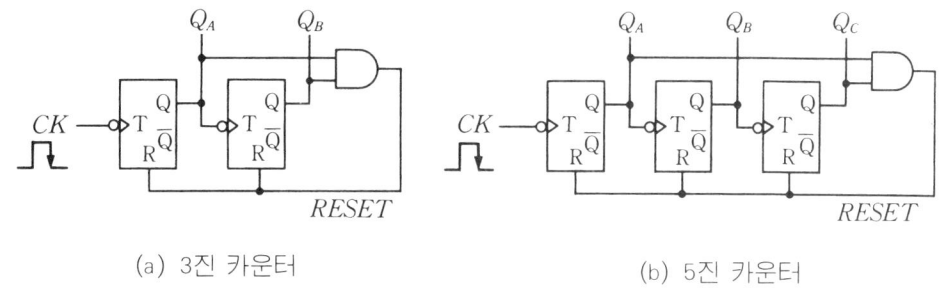

(a) 3진 카운터 (b) 5진 카운터

해답 그림 5.4 리플 3진 카운터와 5진 카운터

문제 **8.** 2개의 74290을 10진 카운터와 2진 카운터로 하여 해답 〔그림 5.5〕와 같이 직렬로 접속한다. 그러나 전단과 후단을 반대로 하면 듀티비는 50〔%〕로 되지 않고 20〔%〕로 된다.

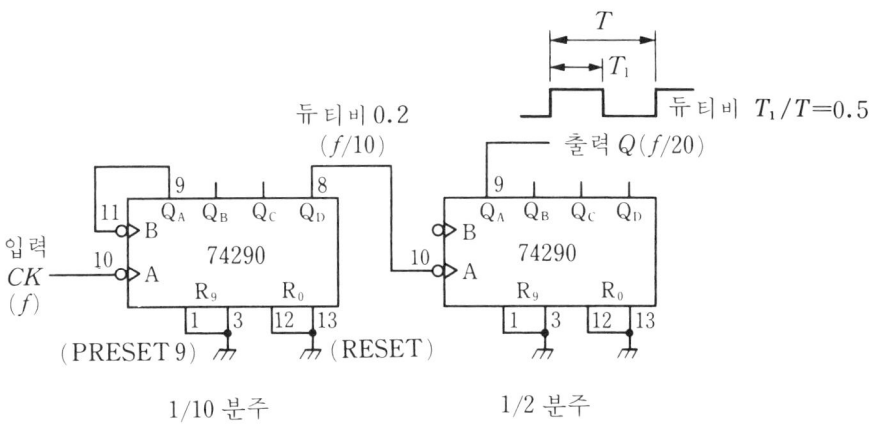

해답 그림 5. 5 74290에 의한 1/20 주파수 분주기

[문제] **9.** LED의 세그먼트의 점등수가 증가하면 각 세그먼트를 흐르는 전류는 분기되어 감소하기 때문에 표시하는 숫자에 따라서 휘도가 변한다.

[문제] **10.** 해답 〔그림 5.6〕(클록에 동기시켜 펄스의 업에지를 검출하는 〔그림 5.10〕 참고)

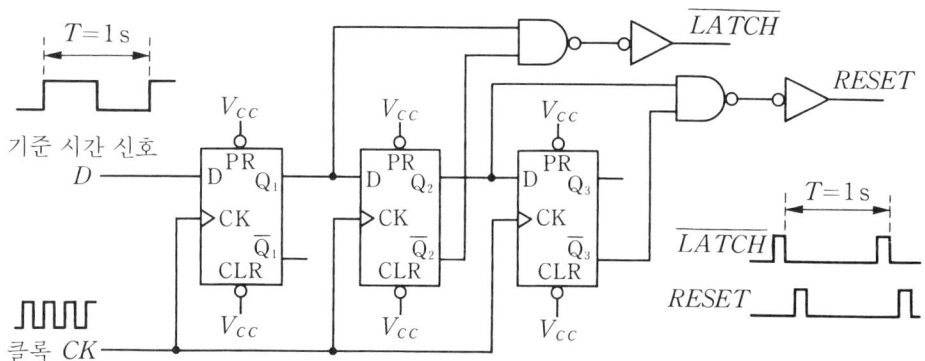

해답 그림 5. 6 카운터용 래치와 리셋 신호의 발생 회로

[문제] **11.** 해답 〔그림 5.7〕(상위의 입력 $\overline{Y_8}(8) \sim \overline{Y_F}(15)$ 중 1개가 "L"가 되면 $\overline{EO}$ =H로 된다. 이 때 하위의 이네이블 입력 $\overline{EI}$ =H로 되며, 하위의 엔코더는 금지된다.)

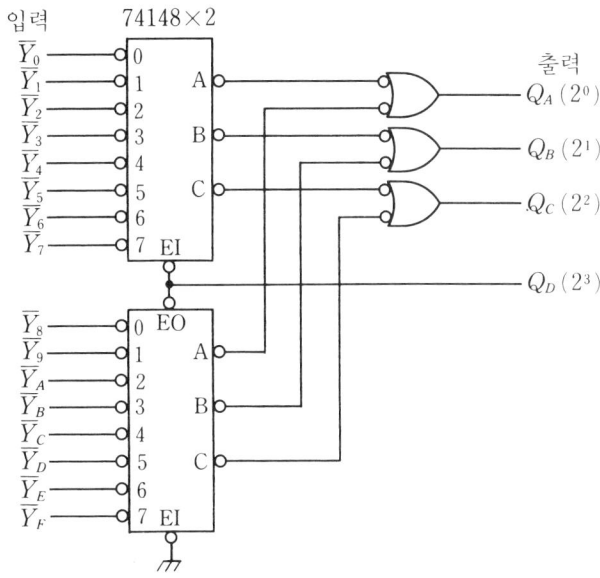

해답 그림 5.7 4비트 2진 엔코더

제6장

문제 **1.** (a) 6.3.1항 참고   (b) 6.3.2항 참고   (c) 6.3.3항 참고

문제 **2.** 2K바이트. 11개

문제 **3.** 6.4.1항 참고

문제 **4.** 6.4.2항과 6.4.3항 참고

문제 **5.** $1001010_B = 4A_H$에 의해 〔표 6.2〕에서 영문자 "J"를 나타낸다.

제7장

문제 **1.** 해답 〔그림 7.1〕

문제 **2.** 해답 〔그림 7.2〕($A = B = C = 1$일 때 $\overline{Y_7} = 0$)

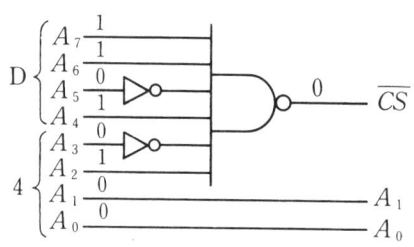

그림 7. 1 D4ₕ~D7ₕ의 어드레스 디코더

포트명	I/O 어드레스
A	$D4_H$
B	$D5_H$
C	$D6_H$
CWR	$D7_H$

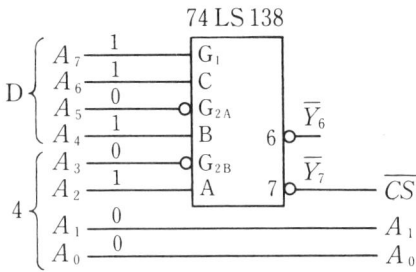

해답 그림 7. 2 디코더 74LS 138에 의한 어드레스 디코더

문제 **3.** 해답 〔그림 7.3〕과 같이 디코더 74 LS 138의 입력 G_1과 B를 바꾸어 넣는다. $1D0_H$(포트 A), $1D2_H$(포트 B), $1D4_H$(포트 C), $1D6_H$(CW 레지스터)로 할당된다.

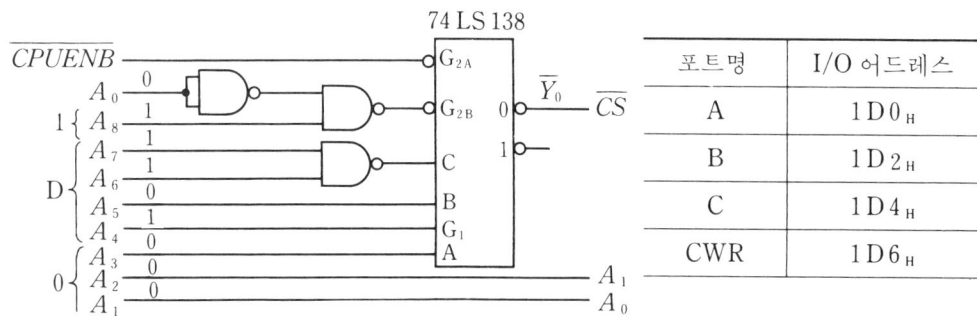

포트명	I/O 어드레스
A	$1D0_H$
B	$1D2_H$
C	$1D4_H$
CWR	$1D6_H$

해답 그림 7. 3 $1D0_H$부터 시작하는 짝수 어드레스 디코더

문제 **4.** $1001\ 1010_B = 9A_H$

문제 **5.** $1010\ 1010_B = AA_H$

[문제] **6.** 해답 〔그림 7.4〕에 의해 다음 식이 성립한다.

$$V_{CC} - V_b = I_2 R_2$$

$$V_b = (I_2 + I_{IL})R_1 \quad \text{...} \quad (7A.1)$$

위 식에서 전류 I_2를 소거하면 점 ⓑ의 전압 V_b는 다음 식으로 얻어진다.

$$V_b = \frac{R_1}{R_1 + R_2}(V_{CC} + I_{IL} \cdot R_2) \quad \text{.....................................} \quad (7A.2)$$

$$I_{IL} = 0.4\text{mA(max)}, \quad R_2 = 10\text{k}\Omega, \quad V_b \leq 0.4\text{V} \quad R_1 \leq 465\Omega$$

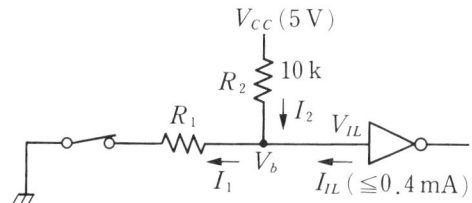

해답 그림 7.4 저항 R_1에 의한 전압 강하

[문제] **7.** 모터는 1회전에 360/1.8=200스텝이며, 이것을 1초 사이에 72/60=1.2 회전시키는 데 필요한 펄스 수는 $200 \times 1.2 = 240$〔pps〕이다.

[문제] **8.** (a) $(1\ 0110)_2 = 16_H = 22$, $(10\text{V}/256) \times 22 = 0.86\text{V}$
 (b) $(1001\ 0110)_2 = 96_H = 150$, $(10\text{V}/256) \times 150 = 5.86\text{V}$

제8장

[문제] **1.** (a) 8.2.1항 참고   (b) 8.2.4항 참고

[문제] **2.** 해답 〔그림 8.1〕

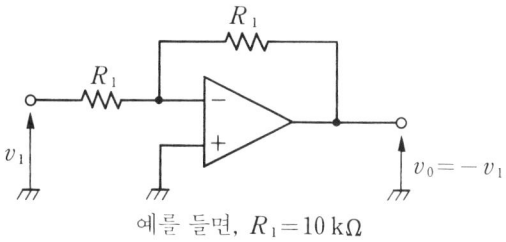

예를 들면, $R_1 = 10\text{k}\Omega$

해답 그림 8.1 부호 변환 회로$(v_0 = -v_1)$

문제 **3.** 식(8.9)에 의해

$$A_v = \frac{R_1 + R_f}{R_1} = \frac{10 + 100}{10} = 11, \quad G_v = 20.8\mathrm{dB}$$

문제 **4.** 식(8.18)에 의해

$$v_0 = -\left(\frac{R_f}{R_1} v_1 + \frac{R_f}{R_2} v_2 + \frac{R_f}{R_3} v_3 \right)$$

$$= -10(v_1 + v_2 + v_3) = -10(0.3 + 0.4 - 0.2) = -5\mathrm{V}$$

문제 **5.** 식(8.18)에 의해

$$v_0 = -\left(\frac{R_f}{R_1} v_1 + \frac{R_f}{R_2} v_2 + \frac{R_f}{R_3} v_3 \right)$$

$$= -(v_1 + 2v_2 + 4v_3)$$

저항의 선택은 2진 코드의 가중값(2^0, 2^1, 2^2)에 의해 달라진다.

문제 **6.** 해답 [그림 8.2]에서 저항 R_f 는 식(8.31)에 의해

$$R_f = -\frac{v_0}{i} = -\frac{(-10\,[\mathrm{A}])}{-10\,[\mathrm{mA}]} = 1\,[\mathrm{k}\Omega]$$

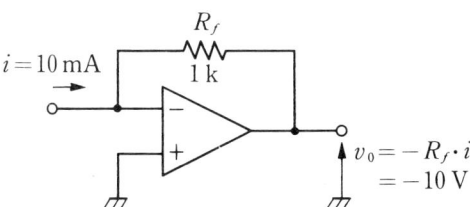

해답 그림 8.2 전류-전압 변환 회로

제9장

문제 **1.** 9.1.1항과 9.1.2항 참고

문제 **2.** 9.2.1항 참고

문제 **3.** 9.3.1항 참고

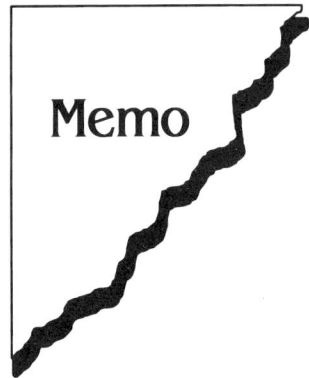

노력해도 해결될 수 없을 만큼 어려운 일은 아무 것도 없다.

인용 · 참고문헌

제1장
1) 大橋伸一, 他：實用基礎電子回路, 코로나社 (1988)
2) 青木英彦：아날로그回路의 設計·製作, CQ 出版, p.52 (1989)
3) 滑川敏彦, 他：電子回路 1, 電気工学入門시리즈 5, 森北出版 (1990)
4) 丹野賴元：機械技術者를 위한 알기쉬운 일렉트로닉스, 工業調査会 (1982)
5) 松下電器工学院：프로그램学習에 의한 基礎電子工学 [電子回路編 I], 電気基礎講座 5, 廣済堂出版 (1975)
6) 最新 트랜지스터規格表, 半導体規格表시리즈 1, CQ 出版 (1992年版)

제2장～제5장
1) 最新 74 시리즈 IC 規格表, 半導体規格表시리즈 8, CQ 出版 (1992年版)
2) 最新 CMOS 디바이스規格表, 半導体規格表시리즈 9, CQ 出版 (1992年版)
3) 하이스피드 C^2MOS TC 74 HC 시리즈, 데이터북, 東芝 (1991年版)
4) 千葉幸正：IC 機器의 設計, 産報 (1971)
5) 湯山俊夫：디지털 IC 回路의 設計, CQ 出版 (1986)
6) 加瀨邦夫：디지털回路와 아날로그回路, 基礎일렉트로닉스 3, 매크로힐 出版 (1988)
7) 白土義男：図解디지털 IC 의 基礎, 東京電気大学出版局 (1980)
8) 白土義男：図解디지털 IC 의 모든 것, 東京電気大学出版局 (1984)
9) 塩田泰仁：메커트로닉스回路의 基礎와 演習, 総合電子出版社, p.181 (1985)
10) 遠坂俊昭：CMOS IC 선정법·사용법, 프로세서·BOOK 1, 技術評論社, p.94 (1987)
11) 西堀賢司, 他：로봇 用超音波모터의 正逆転펄스 幅変調에 의한 速度制御, 日本機械学会論文集 C 編, Vol. 57, No. 538, p. 1956 (1991)
12) 高木正平：変動入力의 平均値를 測定한다. 트랜지스터技術, p. 325 (1981-4)
13) 宮本義博：디지털情報回路의 基礎, 初歩의 디지털回路 2, 技術評論社, p.260 (1985)
14) 角田秀夫：実用디지털回路, 東京電気大学出版局 (1984)
15) 第 1 章의 文献 2), p.22

제6장, 제7장
1) 末松良一：制御用 마이컴入門, 메커트로닉스入門시리즈, OHM 社 (1983)
2) 山之上寬二, 他：機械技術者를 위한 마이컴制御入門, 日刊工業新聞社 (1983)
3) 戸苅吉孝, 他：퍼스컴計測制御과 인터페이스 活用法, HARDWARE BOOKS 1, 技術評論社, p.225 (1984)
4) 横山直隆：퍼스컴 인터페이스의 制作実習, HARDWARE BOOKS 2, 技術評論社 (1986)

5) 須田健二, 他：마이컴制御에 의한 메커트로닉스入門, 共立出版 (1983)

6) 太平洋工業 KK：機械에 知力을 부여하는 制御用마이컴·初步에서 応用까지—
第 2 版—, 日刊工業新聞社 (1986)

7) 五島奉文, 他：図解 마이컴·인터페이스의 基礎, 東京電気大学出版局 (1986)

8) 武藤一夫：메커트로닉스와 마이컴 Ⅰ, 工学図書 (1985)

9) 斎藤浩之：PC 工作入門, 日本 소프트뱅크, p.29 (1986)

10) 真壁國昭：스텝 모터의 制御回路設計, CQ 出版 (1987)

11) 中尾喜紀：C 言語와 計測制御, 工学図書 (1992)

12) 武藤高義：액추에이터의 駆動과 制御, 메커트로닉스教科書시리즈 3, 코로나
社 (1992)

13) 西堀賢司, 他：레이저를 이용한 퍼스널 컴퓨터 制御微圧力計의 研究
(퍼지制御에 의한 自動마노미터), 日本機械学会論文集 C 編, Vol. 58, No. 553,
p. 2675 (1992)

14) 옵토커플러, 데이터북, 東芝 (1991 年版)

15) 光센서, 데이터북, 東芝 (1991 年版)

16) 마이크로 센싱 디바이스, 데이터북·오므론, p.134 (1994 年版)

17) 最新 A-D/D-A 컨버터規格表, 半導体規格表시리즈 18, CQ 出版 (1992 年版)

18) 佐藤清忠：퍼스컴과 A-D 컨버터의 인터페이스技術, 트랜지스터技術, p.309
(1984-2)

제 8 장, 제 9 장

1) 岡村廸夫：改訂 OP 앰프回路의 設計, CQ 出版, p.16 (1983)

2) 第 1 章의 文献 3), p.129

3) 白土義男：図解 아날로그 IC의 모든 것, 東京電気大学出版局, p.135 (1986)

4) 角田秀夫：実用 OP 앰프回路, 東京電気大学出版局 (1983)

5) 第 6 章, 第 7 章의 文献 8), p.220

6) 第 6 章, 第 7 章의 文献 4), p.56

색 인

$$\boxed{\quad\square\quad}$$

$$\boxed{\quad\text{ㅂ}\quad}$$

ㅈ

![BM 성안당]

국가기술자격 수험서는 **41년 전통의 성안당** 책이 좋습니다.

과년도 전기기사 실기

오철균 저 | 4·6배판 | 408쪽 | 20,000원

이 책은 전력시설물을 안전하게 시공하고 검사하기 위한 전문인력을 양성할 목적으로 재정된 전기기사 자격증 취득에 어려움을 느끼고 있는 수험생들을 위하여 최근 10년간의 과년도 문제를 검토·재정리하여 좀 더 효율적으로 공부할 수 있도록 구성하였습니다.

과년도 전기산업기사 실기

오철균 저 | 4·6배판 | 360쪽 | 20,000원

전기산업기사 자격증 취득에 어려움을 느끼고 있는 수험생들을 위하여 과년도 문제를 검토하여 좀더 효율적으로 공부할 수 있도록 구성하였습니다. 문제를 가급적 원문대로 기재하여 실전 시험에 대비하였고 풀이과정을 생략하여 문제 유형을 정확하게 파악 할 수 있도록 하였습니다.

과년도 전기공사기사 실기

오철균 저 | 4·6배판 | 392쪽 | 20,000원

이 책은 저자가 학원 강단에서 쌓아온 노하우를 살려 최근 과년도 문제를 재정리하였습니다.
연도별로 문제를 수록하여 시대 흐름에 따라 문제 유형을 정확하게 파악하여 수험생들이 전기공사기사 자격증을 취득하는데 도움이 될 수 있도록 하였습니다.

과년도 전기공사산업기사 실기

오철균 저 | 4·6배판 | 368쪽 | 20,000원

정보화의 근간으로써 자리잡고 있는 전기 기술 인력을 양성하고자 이 책을 출간하였습니다. 자격증 취득에 어려움이 많은 수험생들을 위해 좀 더 쉬운 방향을 연구 분석한 결과를 담았습니다.

전기이론

김판신 저 | 4·6배판 | 520쪽 | 20,000원

공무원 및 자격증 관련 시험 추세가 전반적으로 어렵고 넓게 출제되는 경향이 있습니다. 특히 전기이론은 범위가 너무 넓기 때문에 어떻게 준비해야 될지 고민하는 수험생들이 많은 것이 사실입니다. 이 책은 오랫동안 강의하던 자료를 기초로 하고 그 위에 실제 기출문제를 추가하여 수험생들이 각종 시험 준비를 하는 데 모자람이 없도록 하였습니다. 또한 최근에 실시한 국가직 전기이론 기출문제를 수록하였습니다.

전기안전기술사

이형준 외 2인 공저 | 4·6배판 | 752쪽 | 50,000원

이 책은 전기안전기술사 시험에 대비할 수 있도록 문제풀이에 필요한 핵심 이론을 수록하고, 문제풀이 요령을 파악할 수 있도록 전기안전기술사 문제풀이와 과년도 출제문제를 수록하였습니다. 또한 면접에 대비하고자 면접 요령과 질문예상 문제도 함께 수록하였습니다.

http://www.cyber.co.kr

121-838 서울시 마포구 양화로 127 첨단빌딩 5층(출판기획 R&D 센터) TEL : 02)3142-0036
413-120 경기도 파주시 문발로 112(제작 및 물류) TEL : 031) 955-0511
※ 본사의 사정에 따라 책표지와 정가는 변동될 수 있습니다.

국가기술자격 수험서는 41년 전통의 성안당 책이 좋습니다.

7개년 과년도 전기기사

전기기사연구회 편 | 4 · 6배판 | 676쪽 | 25,000원

이 책은 최근 7년간 출제된 문제들을 상세한 해설과 함께 수록하여 빠른 시간 내에 능률적으로 전기기사 자격증을 취득할 수 있도록 하였습니다. 단기에 자격검정에 합격해야 하는 수험생이나 마지막 정리가 필요한 수험생들에게 최적의 지침서가 될 것입니다.

7개년 과년도 전기산업기사

전기산업기사연구회 편 | 4 · 6배판 | 664쪽 | 25,000원

이 책은 최근 7년간 출제된 문제들을 상세한 해설과 함께 수록하여 빠른 시간 내에 능률적으로 전기기사 자격증을 취득할 수 있도록 하였습니다. 중요한 내용을 선정하여 정리한 핵심 요점 노트를 제공하고 있습니다.

7개년 과년도 전기공사기사

전기공사기사연구회 편 | 4 · 6배판 | 640쪽 | 25,000원

이 책은 해마다 과거 문제를 빼고 최근 7년간 출제된 문제로만 엮어 최근의 출제 경향을 파악할 수 있도록 하였습니다.
이와 같은 책의 특성은 단기에 합격 또는 마지막 정리가 필요한 수험생들에게 최적의 지침서가 될 것입니다.

7개년 과년도 전기공사산업기사

전기공사산업기사연구회 편 | 4 · 6배판 | 648쪽 | 25,000원

이 책은 단기에 자격검정에 합격해야 하는 수험생이나 마지막 정리가 필요한 수험생에게 최적의 지침서로, 최근 7년간 출제문제에 대한 상세한 해설을 수록하여 빠른 시간 내에 능률적으로 전기공사산업기사 자격증을 취득할 수 있도록 하였습니다.

전기기능사 실기

유인종 저 | 4 · 6배판 | 304쪽 | 17,000원

이 책은 전기기능사 실기 시험을 준비하는 수험생들에게 필요한 기초 지식과 기능을 스스로 습득할 수 있도록 하였고, 교육 현장에서는 자동화 설비, 전력설비 등의 실습교재로 활용할 수 있도록 구성하였습니다. 특히, 과년도 출제문제를 분석하여 각 단자마다 번호를 부여하고 실제 결선도를 수록하여 스스로 학습할 수 있게 하였습니다.

전기(산업)기사 실기

임한규 외 2인 공저 | 4 · 6배판 | 840쪽 | 32,000원

모든 산업의 기초가 되는 전기분야의 기술자 수요가 급증함에 따라 전기(산업)기사의 자격취득에 대한 관심도 높아지고 있습니다. 이 책은 저자가 20여년간의 경험을 토대로 수험생의 입장에서 좀 더 쉬운 방향으로 연구 · 분석하여 효율적으로 공부할 수 있도록 구성하였습니다.

http://www.cyber.co.kr

TEL : 02)3142-0036 (출판기획 R&D 센터)
TEL : 031) 955-0511 (제작 및 물류)

121-838 서울시 마포구 양화로 127 첨단빌딩 5층(출판기획 R&D 센터)
413-120 경기도 파주시 문발로 112(제작 및 물류)

※본사의 사정에 따라 표제지와 정가는 변동될 수 있습니다.

BM 성안당

국가기술자격 수험서는 **41년 전통의 성안당** 책이 좋습니다.

합격비법 1 전기자기학

전수기 저 | 4·6배판 | 680쪽 | 20,000원

이 책은 어려운 수식을 가능한 배제하고 최소의 수식을 도입하여 각 장의 개념 파악에 노력하였으며, 각 장마다 본문 내용의 이해를 돕기 위해 각 장 중요 문제를 단원핵심문제로 선정하였습니다. 그리고 각 문제마다 key point를 제시하여 혼자서도 충분히 이해할 수 있도록 하였습니다.

합격비법 2 전력공학

정종연 저 | 4·6배판 | 572쪽 | 20,000원

이 책은 전기분야의 국가기술자격시험, 기술직 공무원시험 및 공사시험을 준비하는 학생은 물론 현장실무자들이 각종 시험에 대비할 수 있도록 집필하였습니다. 어려운 수식을 가능한 배제하고 최소의 수식을 도입하여 각 장의 개념 파악에 노력하였습니다.

합격비법 3 전기기기

임한규 저 | 4·6배판 | 692쪽 | 20,000원

기사·산업기사 국가기술자격증 취득을 위하여 공부하는 학생들은 물론 실무자들을 위하여 20여년 간의 강단 강의 경험을 토대로 수험생의 입장에서 꼭 필요한 내용을 알기 쉽게 수록하였습니다.
특히, 문제은행 방식인 국가기술자격시험 경향에 따라 과년도 출제문제를 상세한 해설과 함께 수록하였습니다.

합격비법 4 회로이론

전수기 저 | 4·6배판 | 672쪽 | 19,000원

이 책은 출제기준에 맞춘 체계적인 구성으로 이론을 상세하게 해설하였습니다.
각 장마다 본문 내용의 이해를 돕기 위해 각 장의 중요한 문제를 단원핵심문제로 선정하여 수록하였습니다.

합격비법 5 제어공학

전수기 저 | 4·6배판 | 408쪽 | 16,000원

기사·산업기사 국가기술자격증 시험은 문제은행 방식으로서, 과년도에 출제된 문제들이 대부분 출제되거나 유사문제가 출제되므로 출제예상문제 편에 과년도 출제 문제를 수록하였습니다. 다양한 문제 유형을 풀어봄으로써 각종 국가기술자격시험에 대비할 수 있도록 하였습니다.

합격비법 6 전기설비기술기준 및 판단기준

정종연 저 | 4·6배판 | 640쪽 | 20,000원

이 책은 각 장마다 본문 내용의 이해를 돕기 위해 각 장 중요 문제를 단원핵심문제로 선정하고 각 문제마다 자세한 해설을 제시하여 혼자서도 충분히 이해할 수 있도록 하였습니다.

http://www.cyber.co.kr

121-838 서울시 마포구 양화로 127 첨단빌딩 5층(출판기획 R&D 센터) TEL: 02)3142-0036
413-120 경기도 파주시 문발로 112(제작 및 물류) TEL: 031) 955-0511
※본사의 사정에 따라 책표지와 정가는 변동될 수 있습니다.

국가기술자격 수험서는 **41년 전통의 성안당** 책이 좋습니다.

합격비법 7 전기응용 및 공사재료

정종연, 김용신 공저 | 4·6배판 | 480쪽 | 17,000원

이 책은 저자가 20여년의 강단에서의 경험을 토대로 출간한 것으로 혼자서도 충분히 이해할 수 있도록 저술하였습니다.
체계적이고 상세한 이론 해설과 과년도 기출문제의 완전 분석으로 수험생들이 철저하게 시험을 준비할 수 있도록 하였습니다.

적중 전기기능사

전수기·정종연·임경순 공저 | 4·6배판 | 892쪽 | 27,000원

이 책은 모든 산업 현장의 기본이자 일상생활의 근간이 되고 있는 전기 분야에 처음 발을 내딛는 수험생들이 능률적으로 시험에 대비할 수 있도록 구성되었습니다. 암기 위주의 내용보다는 초보자도 쉽게 이해할 수 있도록 상세한 문제풀이 과정을 수록하여 쉽게 이해하고 계산능력을 키워줄 수 있도록 체계화하였습니다.

적중 전기기사

전기기사연구회 편 | 4·6배판 | 1,348쪽 | 38,000원

이 책은 다년간 전기기사 자격시험 문제를 철저하게 검토·분석하여 출제 가능성 높은 문제를 최단기간 내에 학습할 수 있도록 하였습니다. 또한 반복 학습을 통해 출제문제에 대한 응용력과 실전력을 배양할 수 있도록 하여 수험생에게 도움을 주고자 하였습니다.

적중 전기산업기사

전기산업기사연구회 편 | 4·6배판 | 1,188쪽 | 30,000원

이 책은 출제기준에서 요구하는 필수적인 내용(이론 및 공식)을 요점정리하여 가장 빠른 시간 내에 내용을 파악, 숙지할 수 있도록 하였습니다. 기출문제의 레벨. 범위. 경향을 파악한 후 문제를 엄선하여 체계적으로 정리하였으며 출제빈도가 높은 문제를 쉽게 파악하고, 중복 또는 유사문제에 대한 응용과 실전력을 단기간 내에 배양할 수 있도록 하였습니다. 또한, 최근 출제된 전기산업기사 문제를 부록으로 수록하여 최근 경향을 파악할 수 있게 하였습니다.

적중 전기공사기사

전기공사기사연구회 편 | 4·6배판 | 1,352쪽 | 38,000원

이 책은 지난 다년간 출제된 전기공사기사 자격시험 문제를 철저하게 검토·분석하여 합격에 필요한 지식을 전달하는 데 목적을 두고 있습니다. 개정된 출제기준의 항목별로 매년 중점적으로 출제되고 있는 빈도가 높은 문제 및 이후에도 계속 출제될 가능성이 높은 문제를 최단기간 내에 학습할 수 있도록 하였습니다.

적중 전기공사산업기사

전기공사산업기사연구회 편 | 4·6배판 | 1,136쪽 | 30,000원

이 책은 출제기준에 요구하는 필수적인 내용을 요점 정리하여 가장 빠른 시간 내에 내용을 파악. 숙지할 수 있도록 하였습니다. 합격을 위한 최소한의 필요 문제를 중점적으로 반복해서 학습할 수 있도록 편집, 배열하였으며, 최근 출제된 전기공사산업기사 문제를 부록에 수록하여 출제경향을 파악할 수 있게 하였습니다. 또한 기출문제의 레벨. 범위 등을 분석하여 앞으로의 시험에 대처할 수 있도록 정리하였습니다.

http://www.cyber.co.kr

TEL : 02)3142-0036
TEL : 031) 955-0511

121-838 서울시 마포구 양화로 127 첨단빌딩 5층(출판기획 R&D 센터)
413-120 경기도 파주시 문발로 112(제작 및 물류)

※본사의 사정에 따라 책표지와 정가는 변동될 수 있습니다.

도서 A/S 안내

당사에서 발행하는 모든 도서는 독자와 저자 그리고 출판사가 삼위일체가 되어 보다 좋은 책을 만들어 나갑니다.

독자 여러분들의 건설적 충고와 혹시 발견되는 오탈자 또는 편집, 디자인 및 인쇄, 제본 등에 대하여 좋은 의견을 주시면 저자와 협의하여 신속히 수정 보완하여 내용 좋은 책이 되도록 최선을 다하겠습니다.

구입 후 14일 이내에 발견된 부록 등의 파손은 무상 교환해 드립니다.

본서 기획자 e-mail : hck8181@hanmail.net(황철규)

홈페이지 : http://www.cyber.co.kr

전화 : 031)955-0511

[저자약력]

- 1970年　名古屋大學工學部機械學科卒業
- 1972年　名古屋大學大學院修士課程修了 (機械工學專攻)
- 1972年
  ~ 78年　도요타自動車株式會社勤務
- 1978年　名古屋大學助手
- 1984年　工學博士 (名古屋大學)
- 1987年　名古屋大學講師
- 1988年　大同工業大學助教授
- 1993年　大同工業大學教授 (工學部機械工學科)
- 1997年　米國 매사추세츠工科大學(MIT)客員教授

메카트로닉스에 의한

전자회로기초

1997. 10.　6. 초　판 1쇄 발행
2009.　6.　9. 초　판 6쇄 발행
2011.　3. 18. 초　판 7쇄 발행
2014.　9.　5. 초　판 8쇄 발행

저자와의
협의하에
인지생략

지은이 ┃ 西堀賢司
옮긴이 ┃ 월간 전기기술 편집부
펴낸이 ┃ 이종춘
펴낸곳 ┃ **BM** 성안당

주소 ┃ 121-838 서울시 마포구 양화로 127 첨단빌딩 5층(출판기획 R&D 센터)
　　　┃ 413-120 경기도 파주시 문발로 112(제작 및 물류)

전화 ┃ 02) 3142-0036
　　　┃ 031) 955-0511
팩스 ┃ 031) 955-0510
등록 ┃ 1973.2.1 제13-12호
출판사 홈페이지 ┃ **www.cyber.co.kr**
ISBN ┃ 978-89-315-3210-4 (93560)
정가 ┃ 18,000원

이 책을 만든 사람들
기획 ┃ 황철규
진행 ┃ 김용하
교정·교열 ┃ 이동원
전산편집 ┃ 이지연
표지 ┃ 임형준
홍보 ┃ 전지혜
마케팅 ┃ 구본철, 차정욱, 나진호, 강호묵
제작 ┃ 김유석

이 책의 어느 부분도 저작권자나 **BM** 성안당 발행인의 승인 문서 없이 일부 또는 전부를 사진 복사나 디스크 복사 및 기타 정보 재생 시스템을 비롯하여 현재 알려지거나 향후 발명될 어떤 전기적, 기계적 또는 다른 수단을 통해 복사하거나 재생하거나 이용할 수 없음.

※ 잘못된 책은 바꾸어 드립니다.